Ekbert Hering
Jürgen Triemel (Hrsg.)

CAQ im TQM

Rechnergestütztes
Qualitätsmanagement

Qualitäts- und Zuverlässigkeitsmanagement
herausgegeben von Franz J. Brunner

Ekbert Hering / Jürgen Triemel (Hrsg.)

CAQ im TQM

Rechnergestütztes Qualitätsmanagement

unter Mitarbeit von Brigitte Alder, Billy A. Bauer,
Hans Kortus, Horst Quentin, Alexander Schloske,
Lothar Steinhauser und Franz-Otto Vogel

Die Deutsche Bibliothek – CIP-Einheitsaufnahme

CAQ imTQM: rechnergestütztes Qualitätsmanagement /
Ekbert Hering/Jürgen Triemel (Hrsg.). Unter Mitarb. von
Brigitte Alder ... – Braunschweig; Wiesbaden: Vieweg, 1996
   (Qualitäts- und Zuverlässigkeitsmanagement)
   ISBN 978-3-322-96374-1   ISBN 978-3-322-96373-4 (eBook)
   DOI 10.1007/978-3-322-96373-4
NE: Hering, Ekbert [Hrsg.]; Alder, Brigitte

Qualitäts- und Zuverlässigkeitsmanagement
Exposés oder Manuskripte zu dieser Reihe werden zur Beratung erbeten
unter der Adresse: Verlag Vieweg, Postfach 58 29, D-65048 Wiesbaden

Herausgeber der Reihe:
Univ.-Doz. Dipl.-Ing. Dr. techn. Franz J. Brunner, Direktor i. R.,
Qualitäts- und Zuverlässigkeitstechnik der IVECO-FIAT,
Dozent für Qualitäts- und Zuverlässigkeitsmanagement an
der TU Wien und FH Ulm.

Bandherausgeber: Prof. Dr. Dr. Ekbert Hering, Hochschule für Technik
                 Aalen
                 Dr.-Ing. Jürgen Triemel, MTU Friedrichshafen

Autoren: Brigitte Alder, Friedrich & Co., Stuttgart
         Billy A. Bauer, Friedrich & Co., Stuttgart
         Prof. Dr. Dr. Ekbert Hering, FH Aalen
         Dipl.-Ing. (FH) Hans Kortus, MTU, Friedrichshafen
         Prof. Dr.-Ing. Horst Quentin, GFQ-Akademie, Bad Kreuznach
         Dipl.-Ing. Alexander Schloske, Fraunhofer Gesellschaft, Stuttgart
         Dipl.-Ing. (BA) Lothar Steinhauser, MTU, Friedrichshafen
         Dr.-Ing. Jürgen Triemel, MTU, Friedrichshafen
         Dr.-Ing. habil. Franz-Otto Vogel, MTU Friedrichshafen

Gedruckt auf säurefreiem Papier

ISBN 978-3-322-96374-1

Geleitwort

Als ich 1989 den Vorgänger dieses Buches „CAQ unter CIM-Zielen" im gleichen Verlag veröffentlichen durfte, ging ich von acht grundsätzlichen CAQ-Ansätzen aus, die ich damals noch Visionen nannte. Viele dieser Vorstellungen sind heute längst Realität, anderes ist dazugekommen. CAQ hat sich praxisorientiert weiterentwickelt. Der Rechnereinsatz im Qualitätsgeschäft ist selbstverständliches Handwerkszeug geworden, ohne das kein Unternehmen heute und in Zukunft mehr auskommen kann. Höchste Zeit für eine Neuausgabe, eine Bestandsaufnahme und einen Ausblick in die weitere Entwicklung!

Ich freue mich sehr, daß Herr Kollege Prof. Dr. Dr. Ekbert Hering diese Aufgabe übernommen hat. Buch und Thema gliedern sich hervorragend in die Qualitätsreihe der bekannten blauen Bücher des Vieweg-Verlages ein. Möge es dem Leser Mut machen und Hilfestellung leisten, den Weg in sein eigenes rechnerunterstütztes Qualitätsmanagement sicherer und ohne größere Umwege zu finden.

Prof. Dr. Jürgen P. Bläsing

Vorwort der Herausgeber

Qualität von Produkten ist das Ergebnis eines umfassenden und systematischen Qualitätsmanagements, das alle beteiligten Menschen, Abläufe und Prozesse im Unternehmen steuert. Diese anspruchsvolle Arbeit wird sinnvollerweise durch den Einsatz von Rechnern unterstützt und durch sie erst effizient möglich. Vorzugsweise werden hierbei einzelne Qualitätssicherungs-Aufgaben nicht als Insellösungen einzeln gelöst, sondern in einem kompletten CAQ-System vereinigt und datenmäßig integriert. Dabei wird mit CAQ ein ganzheitliches Qualitätsmanagement unterstützt, das über alle Funktionen des Unternehmens und in allen Phasen des Produktlebenszyklus eingesetzt wird. Deshalb ist CAQ zu einer wichtigen CIM-Komponente geworden. Die Entwicklungen auf dem Hard- und Softwarebereich ermöglichen durch das wesentlich verbesserte Preis-Leistungsverhältnis einen wirtschaftlich sinnvollen Einsatz von CAQ. Die gesetzlichen Bestimmungen der Produkthaftung, die wachsende Bedeutung der Kundenorientierung und die schlanken Unternehmensstrukturen erfordern sowohl die genaue und fehlerfreie Rückverfolgbarkeit der Produkte, als auch aktuelle und schnelle Qualitätsinformationen auf der Basis reduzierten Personals. Dies alles ist nur mit EDV-Einsatz möglich.

Die Herausgeber danken den Firmen der Mitautoren für ihre Unterstützung. Es sind dies die Firma Friedrich & Co, die GFQ-Akademie in Aachen, die MTU Friedrichshafen und das Fraunhofer Institut für Produktionstechnik und Automatisierung in Stuttgart sowie viele CAQ-Firmen, die uns mit aktuellem Bildmaterial unterstützt haben. Dies sind insbesondere die Firmen: Böhme und Weihs, CDE, Q-DAS, QualiSoft, IDOS, Schillinger & Partner und Technische Software (TS).

Heubach, Friedrichshafen, im September 1995 Prof. Dr. Dr. Ekbert Hering
Dr. Jürgen Triemel

Inhaltsverzeichnis

1 Einleitung

Ein CAQ-System ist ein Baustein der *CA...x-Techniken (Computer Aided: rechnerunterstützte Techniken)*, die Voraussetzung für CIM (Computer Integrated Manufacturing, rechnergesteuerte Fabrik) sind. Wie eng CIM mit Qualitätsmanagement zusammenhängt, erfährt man in der Definition von CIM nach dem Ausschuß für wirtschaftliche Fertigung (AWF):

> *CIM* ist als umfassender integrierter Rechnereinsatz in der Produktion einschließlich Planung und Steuerung/Überwachung sowie bei den ausführenden Funktionen in Verbindung zur Entwicklung und Fertigungsvorbereitung als auch Qualitätssicherung zu verstehen.

Ein *CIM*-Konzept besteht grundsätzlich somit aus dem informationstechnischen Zusammenwirken der *CA...x*-Elemente:

CAD   *(Computer Aided Design: rechnerunterstütztes Konstruieren)*,

CAP   *(Computer Aided Planning: rechnerunterstütztes Planen)*,

CAM   *(Computer Aided Manufacturing: rechnerunterstütztes Fertigen)*,

CAQ   *(Computer Aided Quality Assurance: rechnerunterstütztes Qualitätsmanagement)*

und dem

PPS   *(Produktions-, Planungs- und Steuerungs)-System zur rechnerintegrierten Fabrik.*

Waren jedoch früher zeitweise zentralistische und streng arbeitsteilige, hierarchische Strukturen in Logistik, Produktionsplanung und Qualitätssicherung vorherrschend und letztendlich bestimmend für die Architektur von *CIM* und damit auch für die *CAQ*-Systeme, so hat die oben aufgeführte Trendumkehr in der Gestaltung betrieblicher Prozesse folgende Neuausrichtung angestoßen:

- Der Mensch ist Teil einer teamorientierten Organisation und steht im Mittelpunkt betrieblicher Prozesse.

- IV (informationsverarbeitende)-Systeme und Logistikabläufe müssen sich von zentralistischen Organisationsformen auf dezentrale Organisation umstellen. Lediglich eine zentrale Reststruktur sorgt für übergeordnete Eckdaten bzw. Planungsvorgaben.

- IV-Systeme müssen künftig einfach aufgebaut, von allen rasch anwendbar und beherrschbar sein und insbesondere ein günstiges Preis-/Leistungsverhältnis aufweisen. Fachleute sprechen in diesem Zusammenhang von *CIM* der 2. Generation, bei dem auch die *CAQ*-Komponente eine bedeutende integrative Rolle spielen wird.

Die Ursachen dieser Trendumkehr waren in erster Linie begründet durch folgende Veränderungsprozesse:

- Die bislang moderne Fabrikorganisation, vor allem in der Automobilbranche der westlichen Welt, schnitt bei der *MIT-Studie* (MIT: Massachusetts Institute of Technology) im Vergleich zu japanischen Unternehmen sehr schlecht ab. Die Erfolge der fernöstlichen Konkurrenz führte zur Rückbesinnung auf frühere Erfolgsgaranten beim Aufbau der Industrialisierung. Verstärkt wurde diese Entwicklung in vielen wichtigen exportorientierten Branchen durch eine allgemeine Strukturschwäche und die unbefriedigende Konjunktursituation. Mit der bereits angeführten trendmäßigen Abkehr von bisher zentralistisch ausgerichteter Logistik, verbunden mit ausgereiztem technischen Standard, sind CIM und somit auch CAQ einer Neuausrichtung unterworfen.

- In einer Fabrik mit überschaubaren, weitgehend selbstverantwortlichen Fertigungseinheiten, d.h. in der Regel Fertigungsinseln, hat auch die bislang konventionelle Qualitätssicherungsorganisation keinen Platz. Sie muß sich an den veränderten Strukturen neu ausrichten.

- Durch die im Sinne vermehrter Eigenverantwortlichkeit für Qualität praktizierte Übertragung von bisher in der Qualitätssicherungsorganisation alter Struktur wahrgenommenen Aufgaben an andere Stellen in beispielsweise Entwicklung, Produktion und Vertrieb, wird die Informationsbereitstellung und die Qualitätslenkung mit CAQ zu einer unternehmensweiten, funktionsübergreifenden Aufgabe.

- Funktionsübergreifende Qualitätssicherungsverantwortung und auch entsprechende Aktivität erfordert in der Regel besonders geschulte und informierte Mitarbeiter, die mit den CAQ-Werkzeugen (Tools) umgehen und sie auch effizient einsetzen können.

- Der Kostendruck im internationalen Wettbewerb erfordert die Anwendung von *Lean-Techniken*, d.h. Beschränkung auf das unbedingt Notwendige im Sinne der Wertschöpfungskette.

Somit ist ein Wandel der bisherigen Qualitätssicherungsorganisation zum bereichsübergreifenden *Qualitätsmanagement* vorprogrammiert. Der Baustein CAQ wird damit als *rechnerunterstütztes Qualitätsmanagement* ein Teil der Ausführungsebene im *CIM-System*. Aus Bild 1-1 ist erkennbar, in welchen

Bereichen die CA-x-Techniken eingesetzt werden und daß CAQ eine Querschnittsfunktion zukommt, d. h. daß es überall im funktionalen und zeitlichen Ablauf ein wichtige Rolle spielt. CAQ ist Teil eines ganzheitlichen Bauplans im CIM-Würfel. Jeder Prozeß und jede Querschnittsaufgabe haben qualitätsrelevante Anteile, die integriert zu planen und im CAQ/CIM-System abzubilden sind. Die automatisierte Fabrik läßt sich mit ihren vernetzten und auf die logistischen Ketten optimierten Prozessen in drei Dimensionen betrachten:

– Aufgaben- bzw. Funktionsbereiche in der Produktentstehungskette,

– interne und externe Wirkungsbereiche und

– Horizonte für funktionale und zeitorientierte Abläufe.

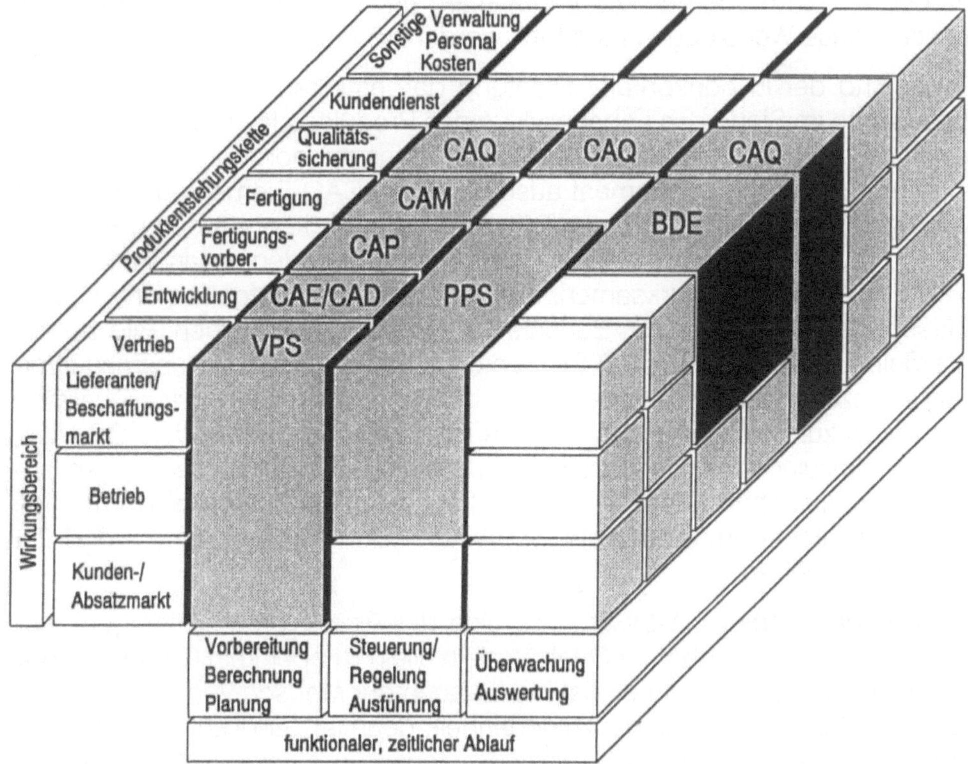

Bild 1-1 CIM-Würfel nach PSI

Damit diese Querschnittsaufgabe über alle im Unternehmen installierten Prozeßketten effizient wahrgenommen werden kann, muß als Voraussetzung für CAQ ein funktionierendes Qualitätsmanagement-System aufgebaut und wirksam sein, wie es der Sichtweise des operativen Qualitätssicherers entspricht. Erst wenn das Qualitätsmanagement-System den Erwartungen des

Kunden hinsichtlich Qualität der Produkte und Dienstleistungen grundsätzlich entspricht, kann eine EDV-Unterstützung die Prozeßabläufe beschleunigen und zur besseren Produktivität beitragen.

Bild 1-2 zeigt, wie solch ein umfassend funktionierendes Qualitätsmanagement-System aufgebaut werden muß. Hierbei muß unterschieden werden zwischen Werkzeugen, die

– *je nach Lage* im Produktlebenszyklus eingesetzt werden (dafür kann es auch Insellösungen geben) und die

– *umfassend*, d. h. in allen Phasen des Produktlebenslaufes angewandt werden (für sie kommen nur integrierte Lösungen in Frage).

Mit den Mitteln moderner *IV-Komponenten (Individuelle Datenverarbeitung)* müssen diese Werkzeuge unterstützt werden können.

Dabei sind der in horizontaler Richtung dargestellten Produkterstellungs-Prozeßkette im Sinne des Lebenszyklus des Produktes jeweils einzelne Bausteine des Qualitätsmanagement (QM)-Systems zugeordnet, die mit einzelnen, nur auf das Prozeßelement ausgerichteten CAQ-Elementen unterstützt werden können (Bild 1-2 oberer Teil). Des weiteren können durch entsprechende CAQ-Systemelemente auch alle weiteren, über den gesamten Lebenszyklus des Produktes wirksamen, qualitätsrelevanten Aufgaben und Datenerfassungen im Rahmen des Berichtswesens bearbeitet werden (Bild 1-2 unterer Teil). Gelingt es, alle CAQ-Elemente auf Basis einer gemeinsamen Informatik-Konzeption zu verknüpfen, so steht dem QM ein integriertes *Qualitäts-Controlling* zur Verfügung, das ihm erlaubt, rechtzeitig notwendige QS-Maßnahmen einzuleiten und die Qualität von Produkten und Dienstleistungen laufend zu überwachen. Diese Zusammenhänge und die Verknüpfung mit den Logistikfunktionen im Industriebetrieb sind in den Abschnitten 2.3 und 2.4 näher beschrieben.

Ein *funktionierendes QS-System* als eine der Grundvoraussetzungen zum Erreichen der vorgegebenen Qualitätsziele allein ist aber kein Garant für eine gute Produktqualität. Vielmehr ist hierfür auch der *Mensch* von entscheidender Bedeutung für die Kundenzufriedenheit; denn letztendlich erzeugt er die Qualität. Dabei ist sowohl der einzelne Mensch mit seinem Wissensstand und seiner Motivation als auch sein Zusammenwirken im betrieblichen Umfeld in der betrieblichen Organisation und den zur Verfügung stehenden technischen Mitteln unter Nutzung der modernen Tools des QM von Bedeutung. Im Verständnis einer modernen Qualitätssicherungsstrategie sind dies Inhalte eines *TQM (Total Quality Management)*-Prozesses, der umfassend und unternehmensweit alle qualitätsbezogenen Aktivitäten beinhaltet.

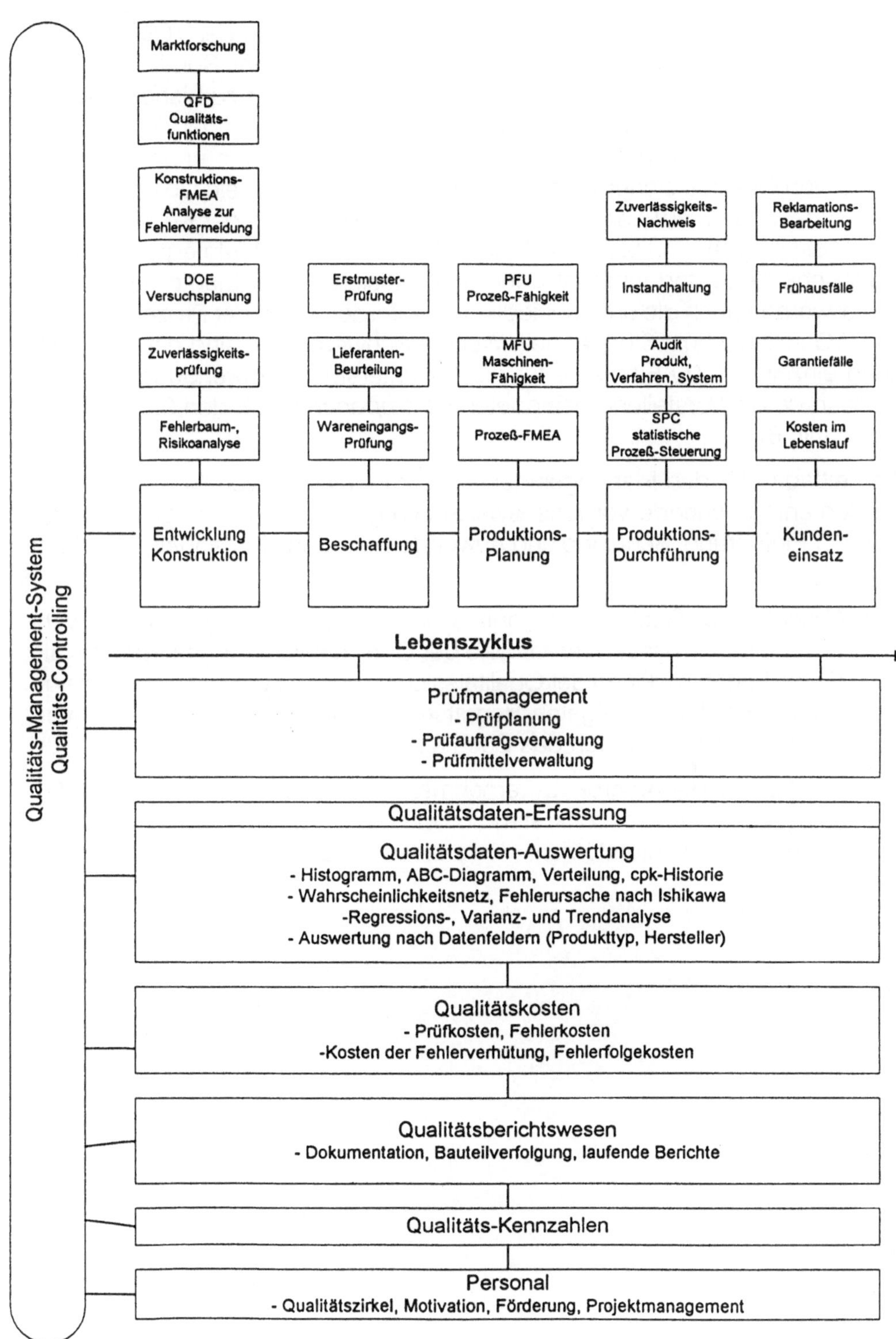

Bild 1-2 CAQ als umfassendes Qualitäts-Management-System

Eine Einführung von *CAQ*-Systemen muß sich folglich an der *TQM*-Philosophie orientieren, zu der sich das Unternehmen bekannt hat. Somit wird die in diesem Werk behandelte *CAQ*-Thematik, als Erweiterung zu bisher bekannter Fachliteratur zur *CAQ*-Anwendung, in engem Bezug zu den *TQM*-Zielen aufgezeigt. Dabei werden zunächst der grundsätzliche Aufbau und die Strategien von Qualitätssicherungssystemen diskutiert, ferner ein Überblick über die CAQ-Systeme auf dem Markt und die Anforderungen der Kunden gegeben (Abschnitt 3). Im Hauptteil (Abschnitt 4) wird die *CAQ*-Integration in die logistische Kette und innerhalb der Qualitätssicherungsabläufe dargestellt. Dabei werden auch die unterschiedlichen Anforderungen der Prozeßindustrie an CAQ im Abschnitt 5 behandelt. Weitere Schwerpunkte sind die Beschreibung einzelner *CAQ*-Elemente für die *DV*-unterstützte Anwendung von *QS-Tools* sowie die Vorstellung geeigneter *IV-Komponenten* für den *CAQ*-Einsatz (Abschnitt 6).

Als Leitfaden für den Planungsingenieur zur Einführung von *CAQ*-Systemen werden entsprechende Vorgehensweisen vorgestellt und auch das wichtige Feld der Einführung, Schulung und Anwenderbetreuung behandelt (Abschnitt 7).

Zum Abschluß des Buches (Abschnitt 8) werden Entwicklungstrends sowohl für den *IV*-Einsatz im gesamten Umfeld der Qualitätssicherungsaufgaben, als auch für die Fortentwicklung der Qualitätssicherungsschwerpunkte aufgezeigt. Ein Glossar mit den wichtigsten Begriffserläuterungen und ein Literaturverzeichnis (Abschnitt 9) runden das Buch ab.

Es ist die Absicht der Autoren, Unternehmen, die vor der Einführung von CAQ stehen, bei ihrer Wahl der konkreten Software und der methodisch erprobten Vorgehensweise zu unterstützen. Möge dieses Buch einen wichtigen Beitrag dazu leisten.

2 CAQ-Strategie im modernen Industriebetrieb

Die modernen Qualitätssicherungs-Strategien bzw. Qualitätsmanagement-Systeme werden heute durch folgende Faktoren besonders geprägt, die ihre Effizienz maßgeblich bestimmen:

- Zur Erzielung wettbewerbsfähiger Preise deutscher Produkte und Waren – insbesondere für Exportmärkte – ist eine deutliche Reduzierung der Kosten in den Unternehmen unabdingbar. Ansätze hierfür sind beispielsweise:

  - Beseitigung von Redundanzen bei der Qualitätsprüfung durch Übergabe der Verantwortung für die Bauteilqualität an die Produktion im Sinne einer Selbstprüforganisation;

  - die Qualitätssicherung übernimmt die Überwachungsfunktionen der Selbstprüfung;

  - die Fertigungstiefe wird reduziert und der Beschaffungsmarkt globalisiert und die

  - Produktvarianten werden im Rahmen des Vielfaltsmanagements auf Standardvarianten mit reduziertem Preis und teuren Sondervarianten neustrukturiert angeboten;

- kurzfristige Lieferbereitschaft mit entsprechender Liefertermintreue bedingen eine darauf ausgelegte Logistik und angepaßte Produktionsorganisation.

- Flexibles Eingehen auf Kundenforderungen mit entsprechender Innovationsfreudigkeit setzen die Anwendung bereichsübergreifender *Projekt- und Team-Management-Methoden* in Entwicklung, Arbeitsvorbereitung und Qualitätssicherung mit dem Vertrieb voraus.

- Hohe Anforderungen und Erwartungen an die Qualität von Produkten und Dienstleistungen verlangen vermehrt ein funktionierendes Qualitäts-Management und Qualitätssicherungs-System. Dies wird vielfach durch Forderung Dritter nach einer *Zertifizierung* durch entsprechend akkreditierte Institutionen noch verstärkt.

Die aus diesen hier sicher nur beispielhaft genannten Faktoren abzuleitenden Forderungen an das notwendige Veränderungspotential im Unternehmen sind bedeutend und wirken sich tiefgreifend auf die Unternehmensorganisation aus. Für die Qualitätssicherungsorganisation bedeutet das eine Neuausrichtung hinsichtlich des Qualitätsmanagements und des Qualitätssicherungssystems.

Diese für die Qualitätssicherung und insbesondere die hierfür notwendigen *CAQ*-Systeme relevanten Entwicklungsprozesse werden im folgenden Teil schwerpunktmäßig beschrieben.

2.1 Kennzeichen neuer Unternehmensstrukturen

Die zunehmenden Zwänge in der Wettbewerbssituation auf den weltweit umkämpften Exportmärkten erfordern eine Rückbesinnung zu alten Tugenden und zur Minderung von Defiziten, wie sie insbesondere aus der Sicht des Kunden, aber auch der Bewertung des Managements oder Controllers, als auch der Mitarbeiter im Unternehmen empfunden werden. In Tabelle 2-1 sind solche Mängel, wie sie in alten Unternehmensstrukturen waren und auch heute noch zum Teil anzutreffen sind, entsprechend der verschiedenen Sichtweisen zusammengestellt. Die Schwerpunkte sind naturgemäß unterschiedlich, da diese Mängel auch verschieden empfunden werden.

Das *neue Denken* in den fortschrittlichen Unternehmen hat die entsprechende Gegenstrategie zum Abbau der genannten Defizite entwickelt. So hängt die Wettbewerbsfähigkeit eines Unternehmens zunehmend davon ab, wie es gelingt, Kosten deutlich, d.h. in bedeutender Größenordnung von etwa 20 bis 30 % und mehr, zu senken und gleichzeitig die Qualität der Produkte und Dienstleistungen zu erhöhen. Dies gelingt nur durch Mobilmachung und Identifikation aller Mitarbeiter im Sinne der Zielerfüllung, einen zufriedenen Kunden, der sich zu dem Produkt bekennt, aufzubauen und zu erhalten.

Wichtig bei der Umsetzung der Kostenreduktionsmaßnahmen zum *schlanken Unternehmen (LPM: lean production management)* ist der *ganzheitliche Ansatz* in den funktionsübergreifenden Prozeßketten im Unternehmen und in den Außenbeziehungen zum Lieferanten und Kunden. Dabei wird eine *Globalisierung* der Märkte und damit auch der Kundenforderungen unumgänglich und zur Erfüllung der in Bild 2-1 aufgezeigten Ziele notwendig sein. Erschwerend kommt hinzu, daß die Ziele auch in Wechselwirkung zueinander stehen.

Voraussetzung für die Handlungs- und Reaktionsfähigkeit eines Unternehmens ist in erster Linie eine effiziente Führungsorganisation. Hier gilt es auch, bei der Neustrukturierung zuerst anzusetzen, denn in einem Unternehmen mit einem entscheidungsschwachen, unbeweglichen Wasserkopf kann kein neues Denken vorgelebt werden. Mehr Verantwortung des einzelnen als *Unternehmer im Unternehmen* muß das Ziel für das neue Management sein.

Defizite aus Sicht des:

Kunden	Managements/Controllers	Mitarbeiters
☐ Produktinnovation zu lang	☐ Produktentwicklungszeit und Serienanlaufzeit zu lang	
☐ Kundenwünsche an das Produkt nicht ausreichend berücksichtigt	☐ Variantenvielfalt in heutigen Systemen zu teuer ☐ Trennung von Standardprodukten und Sonderausführungen im Vielfaltsmanagement nicht befriedigend gelöst	
☐ Lieferzeiten zu lang	☐ Beschaffungszeiten von Kaufteilen, Material zu hoch ☐ Fertigungsdurchlaufzeiten zu hoch	
☐ Kosten für Produkte und Dienstleistungen zu hoch	☐ Beschaffungskosten zu hoch ☐ Produktionskosten zu hoch ☐ Kapitalbindungskosten zu hoch ☐ Gewinn nicht ausreichend	☐ Entgeltregelung nicht befriedigend ☐ Arbeitszeitregelung verbesserungswürdig
☐ Qualität nicht befriedigend ☐ Kundendienst bzw. Product Support nicht befriedigend	☐ Fehlerkosten und Beanstandungsraten zu hoch ☐ präventive Qualitätssicherung nicht ausreichend ☐ Fehlerbehebung im Rahmen der Feldergebnisse nicht effizient	☐ Qualifizierungsstrategien, bzw. Schulung und Ausbildung zur Qualitätserfüllung nicht befriedigend ☐ Team-Management-Techniken zu wenig praktiziert ☐ Kontinuierlicher Verbesserungsprozeß und Verbesserungsvor-schlagswesen nicht befriedigend gelöst
☐ Führungsorganisation ineffektiv ☐ Eigenverantwortung nicht ausgeprägt ☐ Führungsstil nicht demokratisch ☐ Freude an Arbeit durch Anreize und Motivation nicht gefördert ☐ Wir-Gefühl unterentwickelt		

Tabelle 2-1 Defizite früherer Unternehmensstrukturen

Die traditionelle Organisationsstruktur besteht sowohl aus zu vielen Management- als auch Funktionsebenen. Folge davon sind viele operative Inseln, die sich selbst optimieren und wenig zum Unternehmenserfolg beitragen. Fla-

Bild 2-1 Schwerpunkte für den Prozeß der Neuausrichtung

che und schmale Organisationsstrukturen beinhalten weniger Management-
ebenen und Funktionsbereiche. Nur so können Blindleistungen und
Abteilungsegoismen in den operativen Inseln reduziert und die Barrieren zur
Handlungsfähigkeit abgebaut werden. Die Vorteile der geringeren Anzahl von
operativen Inseln einer reorganisierten Struktur werden noch verstärkt, wenn
die integrativen Möglichkeiten durch *Team-Management-Methoden* zwischen
den operativen Inseln genutzt werden.

2.2 Qualitätssicherungssystem im TQM

Das schlanke, reorganisierte Unternehmen verlangt auch nach einer Neuorientierung des Qualitätsmanagements. Hierbei ist es sinnvoll, die wichtigen
Entwicklungsstufen im Sinne einer optimierten Neuausrichtung nachzuvoll-
ziehen.

In der Vergangenheit war die Arbeitsteilung (Taylorismus) sehr hoch, und die
Prüfung der Qualität wurde meist von Kontrolleuren aus zentralen Bereichen

durchgeführt. Erst Mitte der 80er Jahre setzte langsam wieder eine Rückbesinnung auf die Vorteile der Selbstprüfung ein. Weitere Auslöser für die Verringerung der arbeitsteiligen Prinzipien waren:

- Integration der Fremdarbeiter;

- ständig steigende Qualifikation durch werkseigene Schulungen und Ausbildung;

- Unterstützung durch statistische QS-Werkzeuge – insbesondere für Großserienfertiger – und entsprechende Meßausrüstung für Stichprobenprüfung;

- Forderungen an die Qualitätssicherungs-Systeme bei Zulieferanten durch die Automobilindustrie. Wegbereitend war die *Qualitätssicherungs-Anweisung Q 101* von Ford, die als Lieferbedingung durch die Auditoren von Ford bei allen Zulieferanten von Ford auf Erfüllung abgeprüft wurde.

- Reimport von ehemals besonders in den USA und auch Europa entwickkelter und dann in Japan erfolgreich angewendeter Qualitätssicherungsstrategien aus Japan.

Kennzeichnend für diese auf Stichprobenprüfung aufgebaute Prüforganisation sind *CAQ*-unterstützte Systeme, die einen sogenannten „Dynamisierungsmodul" beinhalteten, der die Prüfschärfe entsprechend der Qualitätsergebnisse von davorliegenden Prüfungen festlegt.

Der zunehmende Kostendruck aufgrund der Wettbewerbsdruckes hat konsequenterweise den weiteren Abbau von Redundanzen beschleunigt. Somit ist derzeit in den meisten Betrieben eine Umbruchsituation verbunden mit einer Neuausrichtung der Qualitätssicherungs-Systeme und des Qualitäts-Managements erkennbar. Delegation der Qualitätsverantwortung an die Ausführenden einer Leistung und ein auf *Coaching* ausgerichtetes *Total Quality Management-System (TQM)* sind wesentliche Kriterien. Hierbei wird unter *TQM* ein unternehmensweites, ganzheitliches Qualitätsmanagement verstanden, auf das im folgenden ausführlicher eingegangen wird.

Im Sinne der *TQM*-Ziele sind hierbei die Delegation von operativen Tätigkeiten, Kostenbewußtsein und die Beachtung der Kundenzufriedenheit gegenüber dem bisherigen Qualitätssicherungs-Verständnis neu und besonders herausgehoben gewichtet.

Somit läßt sich grundsätzlich festhalten:

Aufgabe der Qualitätssicherung ist Sicherstellung bzw. Erfüllung der Qualitätsanforderungen unter Beachtung der Kosten.

Zur Sicherstellung der Qualitätsanforderungen greift das Qualitäts-Management auf eine funktionierende Ablauforganisation zurück. Verantwortungsgrenzen, Schnittstellen und die Aufgliederung nach hierarchischer und projektbezogener Aufgabenübertragung ist in der Aufbauorganisation festzulegen und im Qualitätsmanagementhandbuch (QMH) zu dokumentieren. Der Informations- und Kommunikationsaufwand wird dadurch beträchtlich ansteigen. Deshalb werden immer mehr CAQ-Elemente eingesetzt werden müssen.

Eine klare und von allen Unternehmensbereichen getragene Aufbau- und Ablauforganisation zur Durchführung der Qualitätssicherung ist die notwendige Basis für ein effizientes CAQ-System.

Ein modernes Qualitäts- bzw. Management-System orientiert sich an den Elementen der DIN EN ISO 9004. Dabei gilt es, das Ineinandergreifen von Tätigkeiten oder Prozessen in den Phasen der Planung, Produktentstehung und der Produktnutzung im Rahmen der Qualitätserfüllung zu gewährleisten.

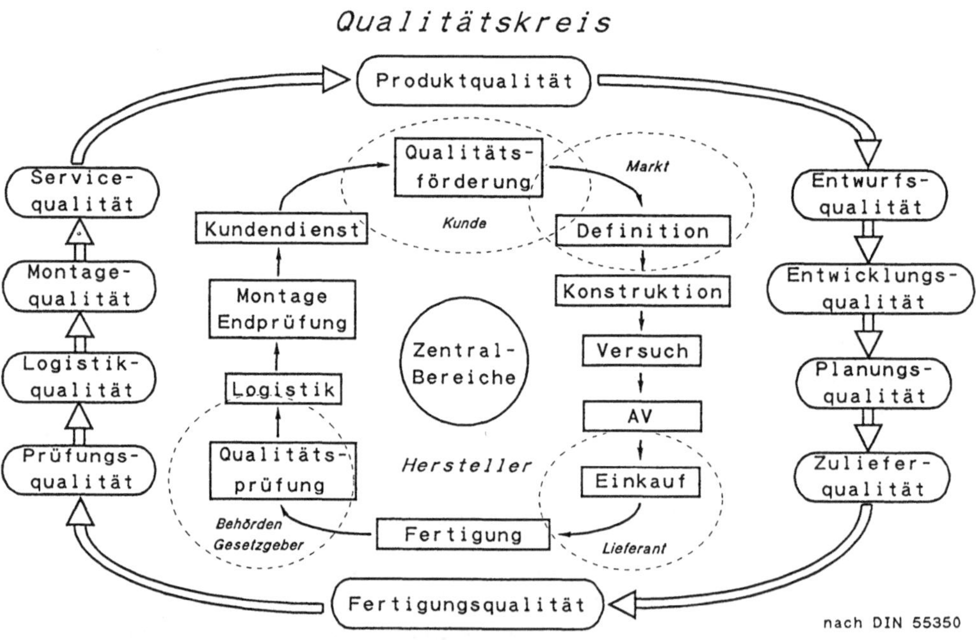

Bild 2-2 Qualitätskreis in Anlehnung an DIN 55 350

Nach DIN 55350, Teil 11, werden diese Abläufe durch einen produktbezogenen Qualitätskreis dargestellt (Bild 2-2). Dabei repräsentiert der innere Teil des Qualitätskreises in seiner Anordnung die logistische Folge der an der Produktentstehung beteiligten Funktionen, nicht aber den zeitlichen Ablauf. Die jeweilig den Funktionen zugeordneten Qualitätselemente zeigen auf, daß sich

Qualitätssicherung als funktions- und verantwortungsbereichsübergreifende Aufgabe auf den gesamten Produktlebenszyklus in der logistischen Kette von der Akquisition, Entwicklung, Produktion bis hin zur Kundennutzung bezieht und nur mittels eines *integrierten Qualitätsmanagements* im Sinne der *TQM* gehandhabt werden kann.

Hieraus wird verständlich, daß *TQM* eine *grundlegende Philosophie* im Sinne eines neuen Qualitätsverständnisses und eines neuen Kunden-/Lieferantenverhältnisses ist. In Bild 2-3 ist eine allgemein gültige Definition des Begriffes *TQM* aufgeführt.

T	**Ganzheitlich, umfassend und integrierend unter Einbeziehung aller Mitarbeiter auf allen Unternehmensebenen einschließlich Zulieferer**
Q	**Orientierung am Arbeitsprozeß sowie an vereinbarten Eigenschaften bei Produkten und Dienstleistungen mit internen und externen Lieferant-Kunde-Beziehungen**
M	**Vorbildfunktion mit kooperativem Führungsstil und gemeinsamen Zielvorgaben**

Total Quality Management

Ganzheitlicher Ansatz eines Unternehmens, die Qualität seiner Produkte und Dienstleistungen zur Zufriedenheit der Kunden effizient mit langfristigem Geschäftserfolg sicherzustellen.

Bild 2-3 Begriffserläuterung zum TQM

Obwohl die Vielzahl von bekannten oder auch neuen *QS-Basismethoden* oder *„QA-Tools"* Grundlage von Qualitätssicherungsarbeit sind und in den einzelnen Anwendungsfällen ihre Berechtigung aufzeigen und auch gute Erfolge zu verzeichnen haben, ist letztlich die gemeinsame spontane Aufbruchstimmung im Unternehmen mit den drei Triebfedern der

– Bewußtseins-Veränderung,

– Struktur-Veränderung und

– Führungs-Veränderung

entscheidend für das Gelingen der *TQM-Idee.* Diese drei Säulen müssen eine tragfähige Struktur für die neuen Wege der Zusammenarbeit und im Prozeß der *kontinuierlichen Verbesserung (KVP)* im Unternehmen mit permanenter Optimierung aller Abläufe geben.

In Bild 2-4 ist beispielhaft für die MTU *Motoren- und Turbinen-Union Fried-richshafen GmbH*, einem Hersteller von schnellaufenden Hochleistungs-dieselmotoren, mit einer Klein- und Mittelserienproduktion und rd. 5000 Be-schäftigten, der momentane Stand in der Realisierung von *TQM-Elementen* aufgezeigt. Insbesondere die umfassende, flächendeckende Anwendung von Teamarbeit, der Aufbau interner und externer Kundenorientierung und die sogenannten *weichen mitarbeiter- und managementbezogenen Faktoren* be-reiten erheblichen Einsatz und Zeitaufwand bei der Realisierung. Vielfach ist eine Entscheidung zu neuen Wegen nur mittels Betriebsvereinbarungen und bedeutender Eingriffe in die Unternehmensprozesse möglich.

Die Umsetzung der *TQM-Philosophie* im Produktionsprozeß und der logisti-schen Kette vom Fertigungsauftrag bis zur Auslieferung des Produktes an den Kunden ist am gleichen Beispiel der MTU Friedrichshafen in Bild 2-5 dargestellt.

Kernelement der Fertigungsorganisation ist die *Fertigungsinsel.* In dem in der Fertigungsinsel zugeordneten Planungsteam – bestehend aus Fertigungs-, Betriebsmittel-, Prüf-, Instandhaltungs-Planer – werden mit dem Inselteam die Vorgaben für eine prozeßsichere Fertigung für die einzelnen *Arbeitsvor-gänge (AVO)* erarbeitet. Störungen der Prozesse, wie Ausschuß, Nacharbeit usw. werden über *QS-Beauftragte,* bzw. *QS-Berater* bearbeitet. Die *Fertigungs-insel* ist für die *Bauteil-Qualität* selbstverantwortlich. Der Materialfluß der ferti-gen Bauteile läuft über das Lager oder zum Teil auch direkt zur Montage, den Prüfstand oder zum Kunden. Zur Überwachung der Bauteilqualität ist im CAQ-System *QUISS (Qualitäts-Informations- und Steuerungs-System)* ein system-seitiger *Haltepunkt* installiert, der eine *Auditprüfung* in der außerhalb der Ferti-gungsinsel aufgebauten *Auditstelle* steuert. Der Algorithmus der Auditsteue-rung orientiert sich an den Ergebnissen der *Selbstprüfungs-Qualifizierung* sowie an der *Bauteilhistorie* hinsichtlich Beanstandungsraten (Abschn. 4.1). QUISS ist auch die Informationssteuerungs- und Regelungsschiene für alle qualitätsrelevanten Daten, die mit der Fertigungsinsel kommuniziert oder als Abweichungen und Beanstandungen im Verlauf der logistischen Ablaufkette gemeldet werden.

Die unternehmensspezifische Beschreibung eines Qualitätsmanagement-Systems wird gewährleistet durch:

– Qualitätssicherungs- bzw. Qualitätsmanagement-Normen (DIN EN ISO 9000er Reihe);

– Qualitätsmanagement-Handbuch (QMH nach DIN EN ISO 9000);

– Zertifizierung des QM-Systems durch akkreditierte Zertifizierungsstellen.

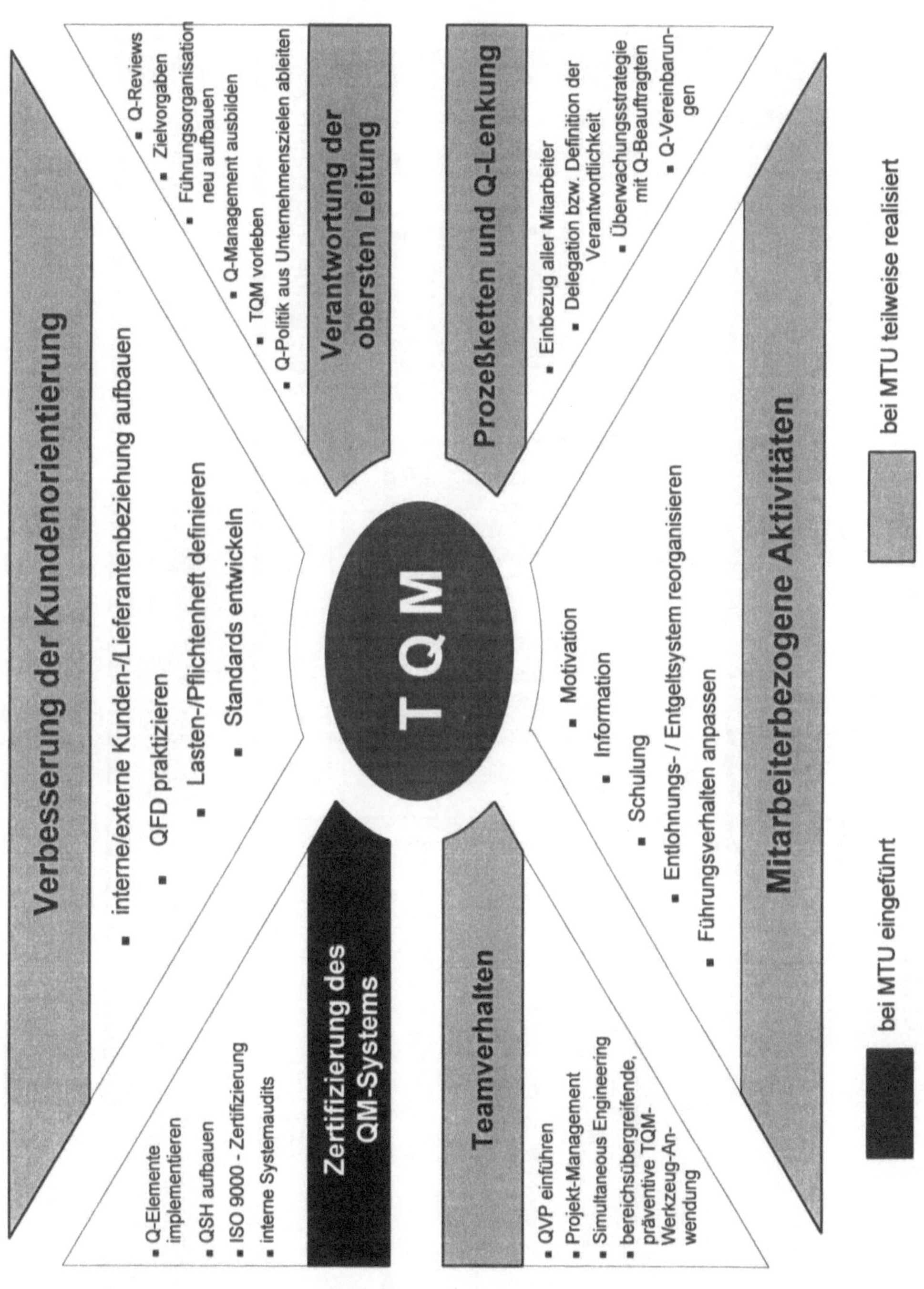

Bild 2-4 Umsetzung von TQM-Elementen bei der MTU

Gerade in einem fortschrittlichen Unternehmen, das die Qualitätsmanagement-Verantwortlichkeiten auf die verschiedenen Funktionsbereiche verteilt hat, ist eine zentral abrufbare Dokumentation der QM-Aufgaben lebensnotwendig. Ein *Qualitätsmanagement-Handbuch (QMH)* bildet natürlich auch die wich-

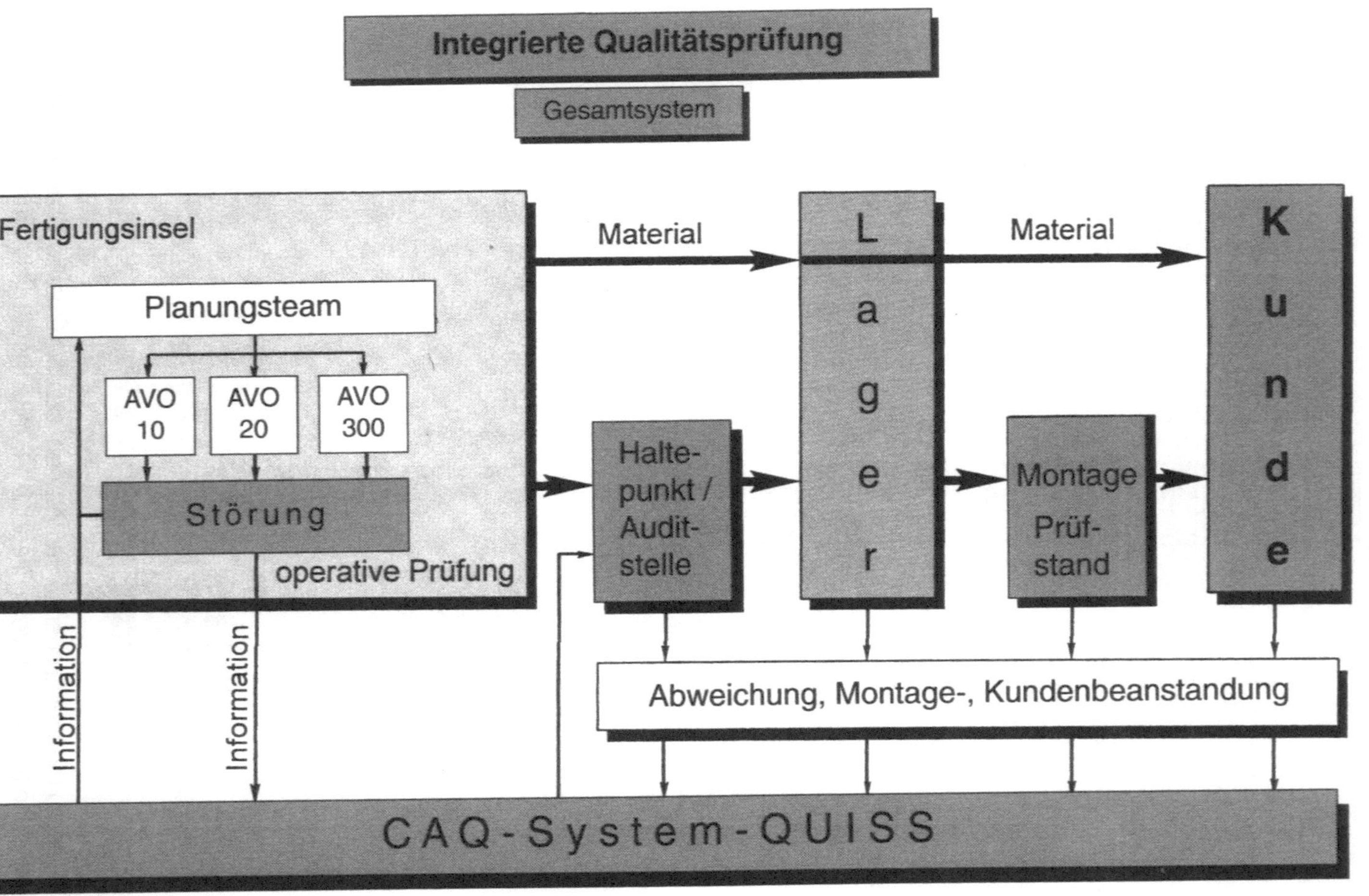

Bild 2-5 Integrierte Qualitätssicherung in der Produktion nach TQM-Zielen (Quelle: MTU)

tigste Grundlage als Pflichtenheft für die CAQ-Auswahl und den erfolgreichen Einsatz. Denn für die Planung von CAQ-Systemen ist es von großem Vorteil, auf ein dokumentiertes Qualitätssicherungs- und Management-System zurückgreifen zu können. Zweckmäßigerweise gliedert sich ein nach neueren Empfehlungen der DGQ oder gemäß DIN EN ISO 9000 ff aufgebautes QMH in folgende drei Teile:

- Teil 1: Leitfaden, Organisation und QM-Rahmenbeschreibung der QM-Elemente nach DIN EN ISO 9001 bis 9003;

- Teil 2: Richtlinien und QS-Verfahrensanweisungen, die für Führung und Lenkung des QM maßgebend sind;

- Teil 3: Arbeits-, Prüfanweisungen, QS-Pläne und alle Arbeitspapiere für die operative Ebene der QS.

Das QMH ist für alle Mitarbeiter, auch über das eigentliche Qualitätssicherungspersonal hinaus, sehr wichtig, dient es doch der Unterstützung bei der übertragenden QM-Verantwortung – aber auch für den externen Gebrauch ist das QMH von besonderem Interesse:

- Eine ständig wachsende Anzahl von Kunden, Behörden fordern eine Information über das dokumentierte QM-System zum Abgleich der eigenen QS-Forderungen bzw. als Vertragsinhalt der Kunden/Lieferantenbeziehung. Da in den Teilen 2 und 3 in der Regel sehr viel vom „Know how" des Unternehmens enthalten ist, wird meist nur Teil 1 zur externen Verwendung freigegeben.

- Das QMH ist Basis für die Auditierung durch Dritte.

- Für die unternehmensweite Projektierung von CAQ ist das QMH die Grundlage der Systemplanung.

Es wird empfohlen, einen modularen Aufbau für das QMH zu wählen. Entsprechende Textsysteme der IV-Welt im Unternehmen, gegebenenfalls auch das CAQ-System können helfen, die erforderlichen QM-Elementbeschreibungen zu erstellen und einen raschen, kostengünstigen Änderungsdienst zu unterhalten.

2.3 CIM-Strategie im modernen Industriebetrieb

Wie bereits in Abschnitt 1 erwähnt, hat die CIM-Euphorie in der Mitte der 80er Jahre mit ihrer Vielzahl von Definitionen, Systembildern und ihren häufig überzogenen konzeptionellen Ansätzen an Eigenentwicklungen oder Standardsoftware einen herben Dämpfer erlitten.

Der größte Fehler der Vergangenheit lag sicherlich darin, daß die Bedeutung des Menschen als Gestalter und Nutzer moderner IV-Techniken von Anfang an unterschätzt wurde. Viele CIM-Ruinen sind darauf zurückzuführen. Es gilt, einen Weg zu finden, das schlanke Unternehmen unter sinnvollem Einsatz der CIM-Strategien zu gestalten. Kompetente Fachleute sprechen in diesem Zusammenhang vom CIM der 2. Generation, bei dem die CAQ-Komponente gemäß Bild 1-1 eine bedeutende integrative Rolle spielen wird.

Im folgenden Abschnitt soll etwas näher auf die enge Verknüpfung zwischen CIM und Logistik-Funktionen im Industriebetrieb eingegangen werden, denn gerade eine optimale Verbindung beider Systemansätze und die Ausrichtung auf das Notwendige bilden die Voraussetzungen für eine schlanke Fabrik.

Durchgängige Informationsflußstrukturen sind die Voraussetzung, um im Rahmen eines PPS-Systems die Materialbereitstellung entsprechend dem Fertigungs- und Montageablauf zu koordinieren. In Bild 2-6 wird Logistik als bereichsüberschreitende Strategie zur Optimierung der Produkterstellung definiert.

Diese Darstellung verdeutlicht sehr anschaulich, daß es bei der Umsetzung eines Logistik-Systems nicht nur darum geht, Materiallagerungs- und Transportkonzepte zu realisieren, sondern daß Logistik im heutigen Sinne den durchgängigen Informationsfluß und das effektive Zusammenwirken von Personal, Material, Betriebsmitteln und Energie im weitesten Sinne beinhaltet. Demnach erstrecken sich die Logistik-Funktionen über den gesamten Informations- und Materialkreislauf zwischen Wareneingang, Fertigung, Vormontage, Lager und Endmontage im innerbetrieblichen Geschehen.

Durch die konsequente Integration der PPS- und CA-Funktionen zum CIM-Gesamtkonzept und die enge Verknüpfung des Informations- und Materialflusses im Sinne der Gesamtlogistik kann der o.g. integrierte Datenverbund zur Wirklichkeit werden. Voraussetzung für das durchgängige Informationssystem über alle Funktionen der Auftragsabwicklung, beginnend bei der Projekt- und Angebotsbearbeitung über Konstruktion, Auftragsverwaltung, Fertigung, Einkauf bis hin zur Montage und zum Versand der Erzeugnisse, ist die Installation eines CIM- und logistikgerechten PPS-Systems, das sich an den Strategien zum Aufbau des schlanken Unternehmens orientieren muß.

Bild 2-7 steht repräsentativ für eine Vielzahl anderer Darstellungen zur Gesamtintegration der Auftragsabwicklung im Sinne einer CIM- und logistikgerechten Auftragsabwicklung.

Die Vernetzung der einzelnen Elemente der Auftragsabwicklung wird in ähnlicher Form auch für die zukünftigen Systeme gelten, da die Basisfunktionen vom Prinzip her erhalten bleiben. Sie müssen jedoch in ihrer organisatorischen und IV-technischen Ausprägung an die Belange der schlanken Orga-

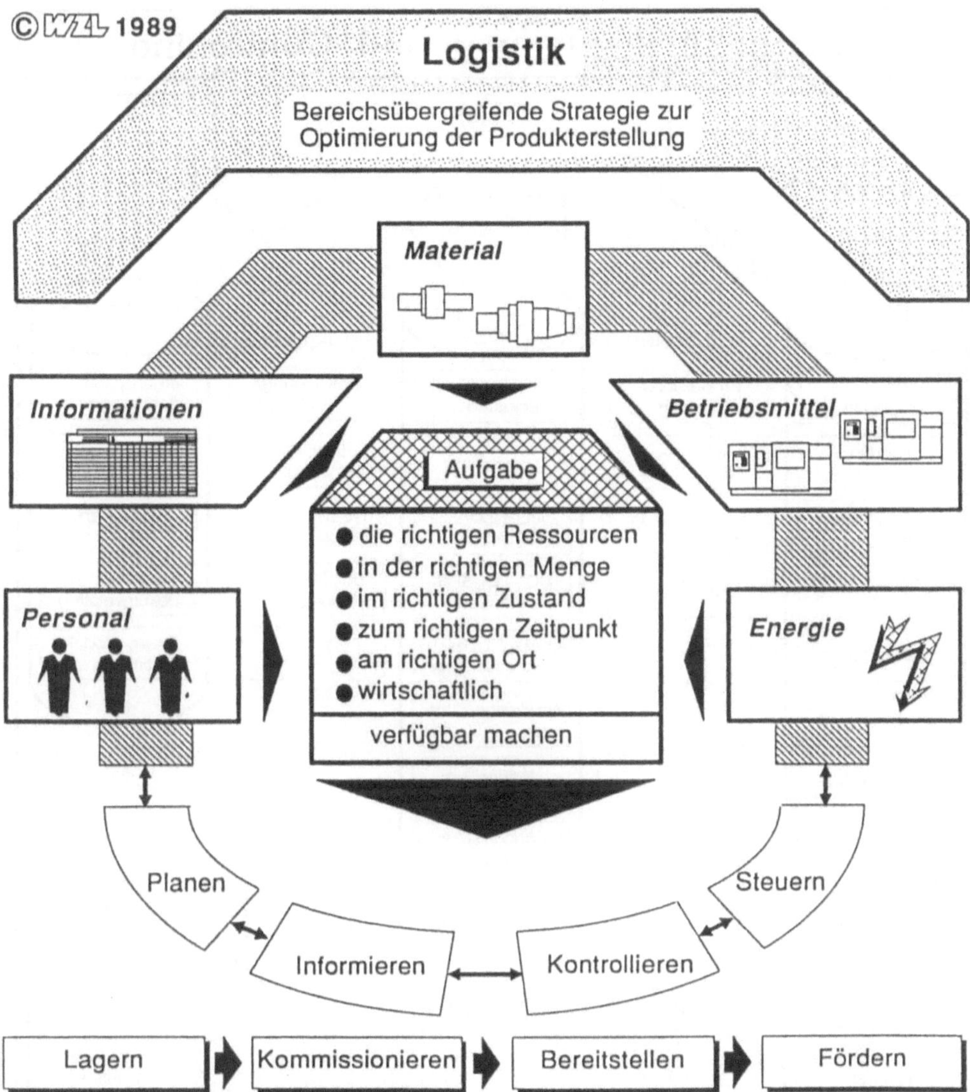

Bild 2-6 Definition des Begriffes Logistik

nisation angepaßt werden. Schlagworte wie *Dezentralisierung, Down-Sizing, Inselfertigung,* autonome *Gruppenarbeit, Simultaneous Engineering* usw. zwingen zur Abkehr von den zentralen Organisationsstrukturen der achtziger Jahre.

Der Mensch als Anwender und Betreiber muß im Mittelpunkt der zukünftigen Systementwicklung stehen. Rechnereinsatz nicht um jeden Preis der totalen Integration, Rechnereinsatz nur dort, wo die Unternehmensabläufe sinnvoll EDV-seitig unterstützt werden können. EDV so viel wie nötig, aber nicht ohne Verzicht auf schnelle und durchgängige Informationsverarbeitung.

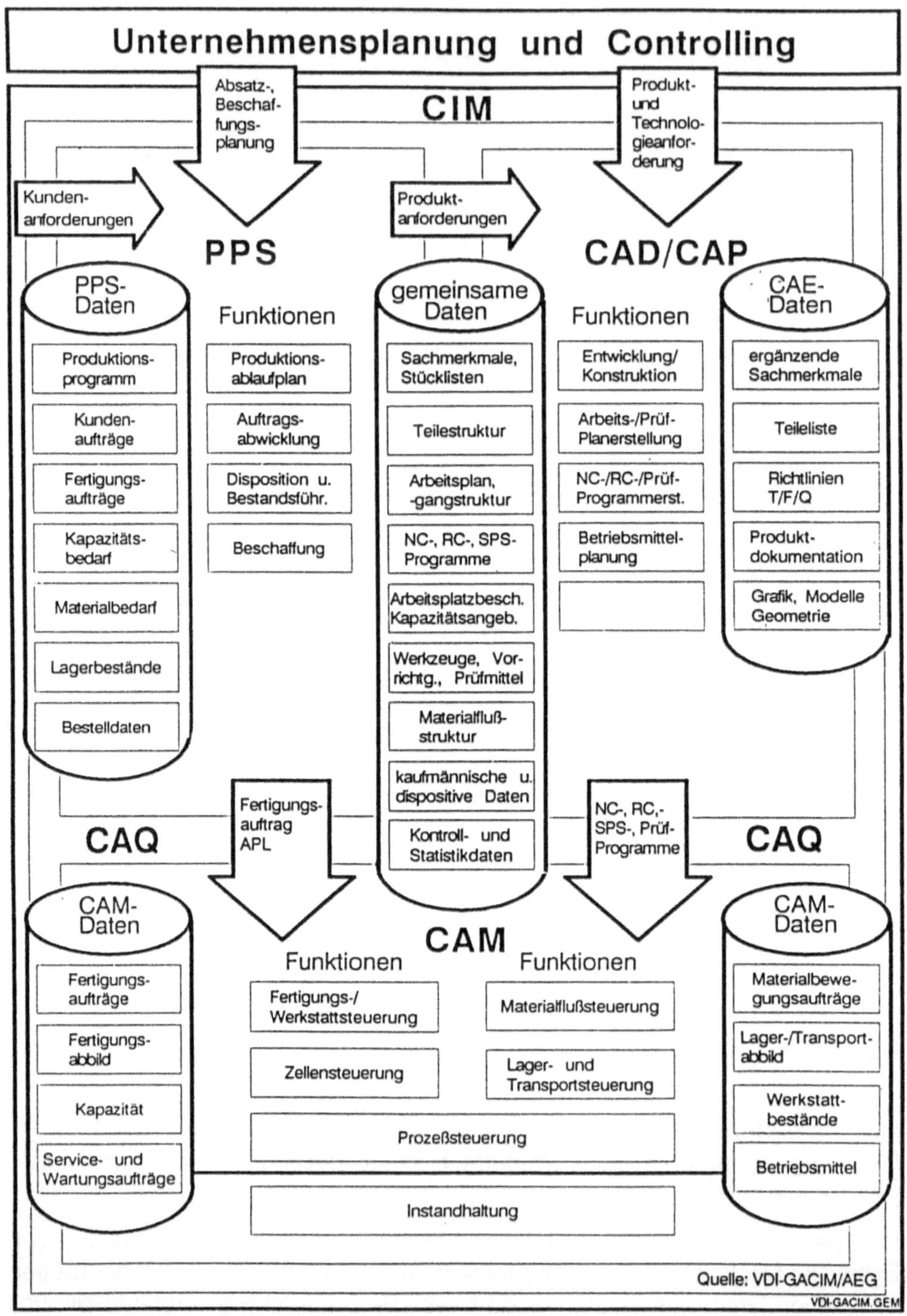

Bild 2-7 Informationstechnik zur Gesamtintegration im Produktionsbereich (CIM)

Damit wird den Elementen *Projekt- und Qualitätsmanagement* eine schwierige Aufgabe übertragen, die Integration des Menschen in die Systeme der Zukunft. CAQ als Instrument zur Sicherung der Qualität in allen Belangen der rechnerintegrierten, CIM- und logistikorientierten Auftragsabwicklung, ein Thema, das Schwerpunkt der nachfolgenden Ausführungen ist.

2.4 CAQ-Strategie im TQM

Eine CAQ-Strategie muß die unternehmensspezifischen Lösungen hinsichtlich:

– eines funktionierenden Qualitätsmanagement-Systems mit klarer Qualitätsverantwortungszuordnung, einfachen überschaubaren Prozeßabläufen und eindeutig definierten Schnittstellen,

– der Architektur und der Ausbau-Strategie der CIM-Welt, insbesondere im Ablauf und der Logistik der Produktentstehungs- und Produktbetreuungskette,

– der IV-technischen Einbindung in die Außenbeziehungen des Unternehmens

gleichermaßen berücksichtigen.

Neben den Aussagen und Analysen zum strategischen Ansatz für die Auswahl und Einführung von CAQ-Bausteinen oder umfassenden Systemen im Unternehmen müssen auch Umfeld, Schnittstellen und insbesondere auch die mit der *Soft- und Hardware-Auslegung* verbundenen Fragen diskutiert werden. Bild 2-8 gibt einen Überblick über mögliche Einflußgrößen und Elemente von CAQ.

Komplexe technische Systeme erfordern eine besondere Einführungsstrategie und erhebliche Anstrengungen bis zur Marktreife und zum vollen effizienten Betrieb. Dies gilt im besonderen auch für CAQ. Mögliche Probleme und Defizite bei CAQ-Systemen zeigt zusammenfassend Bild 2-9. Bei der Erstellung eines Pflichtenheftes sollte man unbedingt darauf achten, daß der CAQ-Anbieter diese Probleme löst. Die Kundenerwartungen und ihre Zufriedenheit mit den CAQ-Lösungen der Anbieter sind ausführlich in Abschnitt 3 erörtert.

CAQ ist für ein modernes Unternehmen, dessen Qualitätsmanagement-System nach TQM-Zielen aufgebaut ist, eine zwingende Voraussetzung. Kurze Durchlaufzeiten, permanente Verbesserung der Qualität durch präventive und korrigierende Maßnahmen – bei wirtschaftlichen Kosten – wären ohne IV-Unterstützung in Steuerung/Regelung und bei der Qualitätsdatenverarbeitung nicht erreichbar.

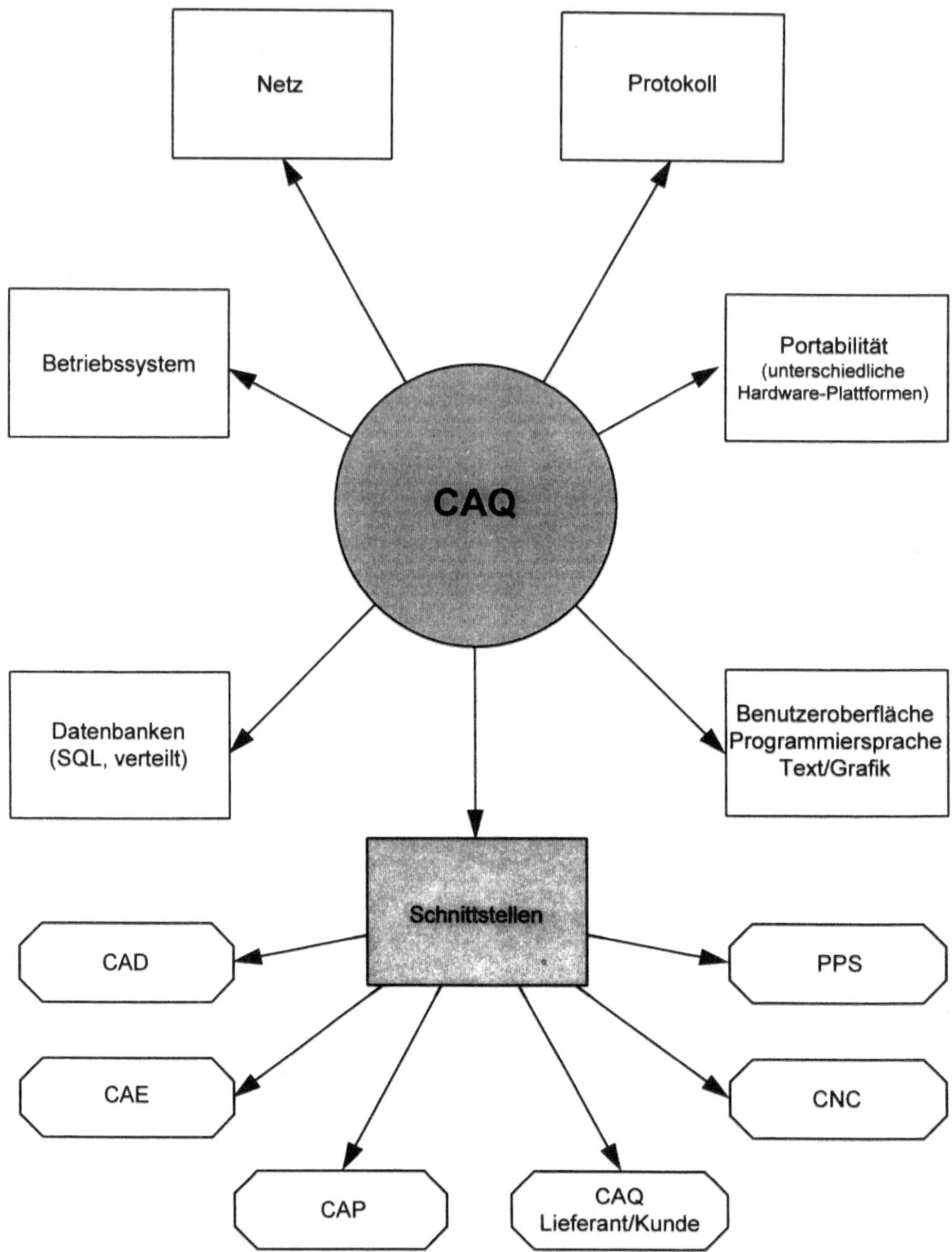

Bild 2-8 Überblick zu Elementen, Einflußgrößen und Schnittstellen eines CAQ-Systems

Die durch Implementierung von CAQ-Systemen zu erwartenden Chancen und Risiken gemäß der mit Übergewicht zu den Vorteilen geneigten Bewertungswaage sind in Bild 2-10 zu sehen. Entsprechend der Integration und Vielfalt

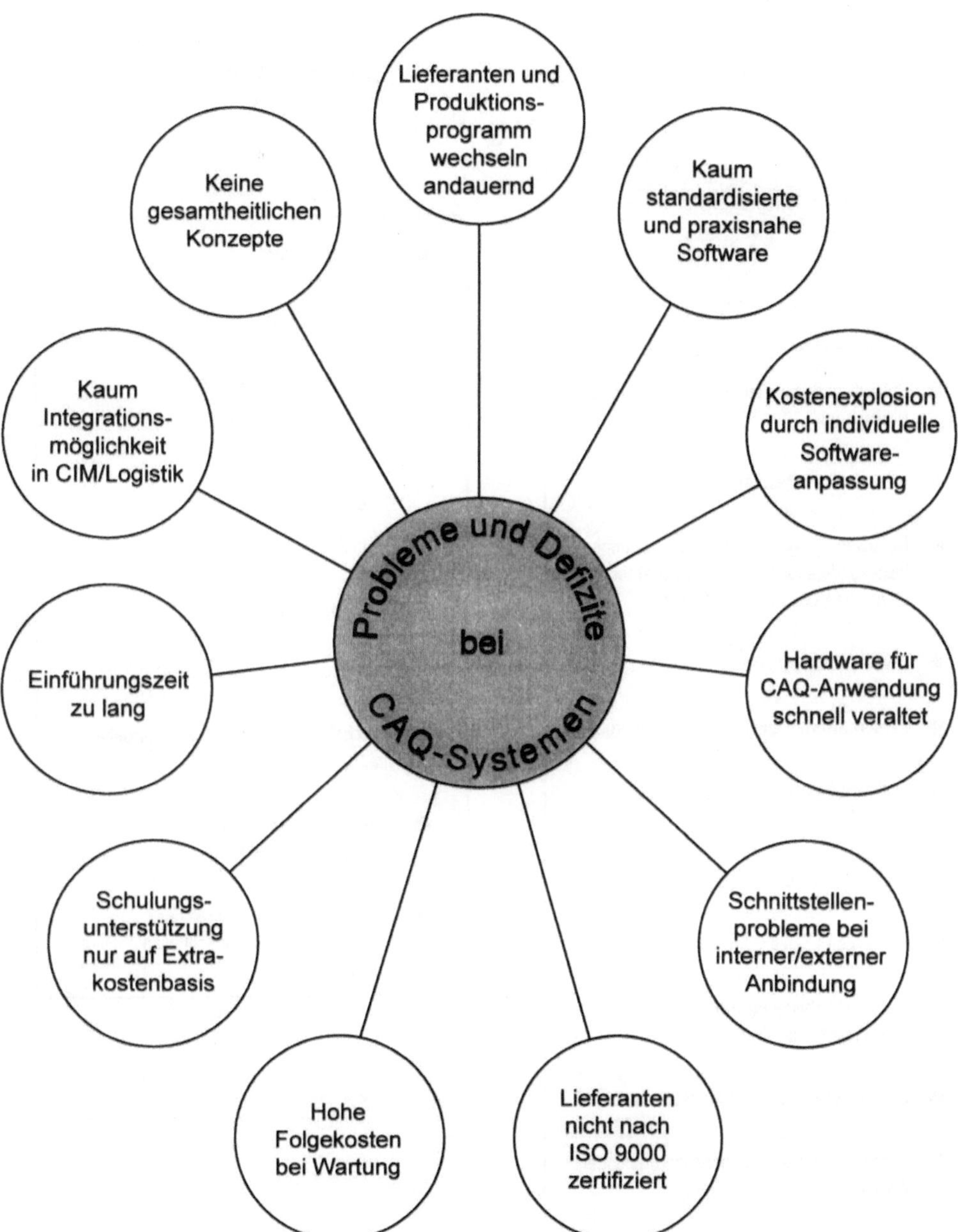

Bild 2-9 Übersicht über mögliche Probleme und Defizite von CAQ-Systemen

der CAQ-Elemente ergibt sich eine breite Palette von rationellen Anwendungsmöglichkeiten. Demgegenüber bestehen in erster Linie Risiken hinsichtlich
des Investments und der laufenden Kosten sowie bei Akzeptanz und Einsatz
des Arbeitsmittels CAQ bei den betroffenen Mitarbeitern.

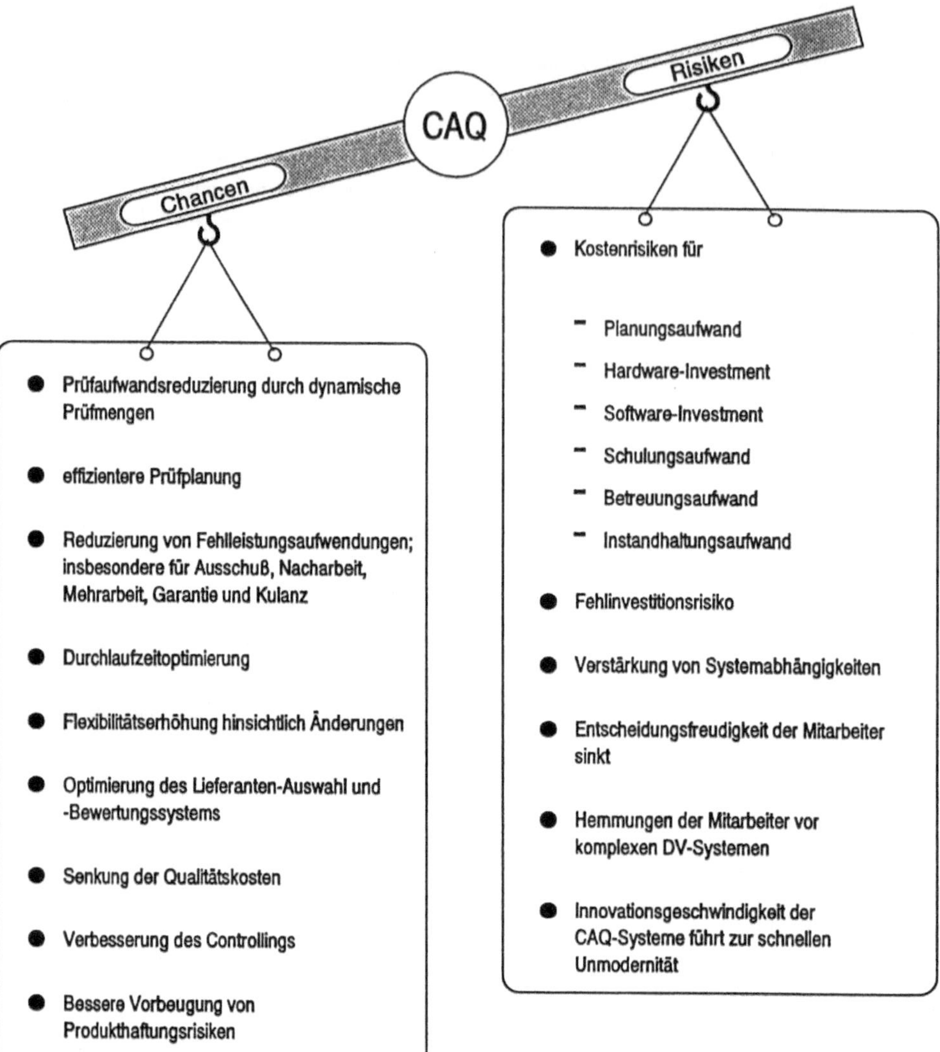

Bild 2-10 Chancen und Risiken für den Einsatz von CAQ-Systemen

CAQ kann auch Voraussetzung für eine effiziente Planung, Erfassung und Überwachung von Qualitätskosten sein. Dieses Potential wird in zunehmendem Maße als besonders bedeutungsvoll erkannt, zumal neben bisher in den Unternehmen üblicherweise erfaßten „Standard-Qualitätskosten", nämlich:

– Fehlerverhütungskosten (präventive Qualitätskosten),

– Prüfkosten,

– Fehlerkosten (Ausschuß, Nacharbeit ...) und

– Fehlerfolgekosten,

die weiteren im Bild 2-11 aufgeführten Aufwendungen zur Behebung von Fehlleistungen relevant sind. Gerade diese „weiteren Qualitätskosten" sind dem Management in vielen Unternehmen kaum bewußt, denn meist werden nur die Köpfe der Prüfer und die Fehlerkosten für eine Bewertung des QS-Aufwands herangezogen.

Um die gesamten Qualitätskosten zu minimieren, sind vielfältige Maßnahmen und ein effizientes Controlling notwendig. Auch der Einsatz eines CAQ-Systems kann einen wirkungsvollen Beitrag hierzu erbringen.

Wie bereits in Abschnitt 2.2 erwähnt, muß die Auslegung von umfassenden CAQ-Systemen den Prozessen der Ablauforganisation folgen. Naturgemäß gilt, je einfacher und transparenter die Prozesse ausgelegt sind, um so problemloser lassen sie sich rechnerunterstützt abwickeln. Bevor jedoch die funktionalen Prozesse zur Produktentwicklung, -herstellung und -markteinführung, bzw. -betreuung beginnen, muß eine kundenorientierte, auf Basis des Lastenheftes ausgelegte Produktdefinition erfolgen. Hierfür bietet sich das *Quality Function Deployment (QFD)* an – eine Methode zur systematischen und ganzheitlichen Produkt- und Qualitätsplanung. Dieses Verfahren baut konsequent auf den Kundenwünschen und -erwartungen auf.

Aus dieser *Stimme des Kunden* werden Anforderungen in Form von Pflichtenheften für das Produkt abgeleitet, in die die Spezifikationen und technischen Merkmale einfließen. QFD ist damit sowohl ein *strategisches Planungsinstrument* im Sinne des TQM, als auch eine *zielgerichtete Arbeitsweise*.

Im Prozeß der Produktentwicklung ist das gleichzeitige Bearbeiten unterschiedlicher Aktivitäten *(SE: Simultaneous Engineering)* besonders wichtig. Dies gilt nicht nur wegen der unbestrittenen Vorteile bei der kostengünstigen und rascheren Produktneuentwicklung, sondern auch für die verstärkten Aktivitäten des Qualitätsmanagements mit Werkzeugen *präventiver Qualitätssicherung.* So wird frühzeitig bei Neuentwicklungen oder Verbesserungen von Serienprodukten in Teamarbeit mit Konstruktion, Planung, Einkauf und Qualitätssicherung präventive Fehlervermeidung praktiziert.

Qualitätskosten

Klassische Definition

Fehlerverhütungs-kosten	Prüfkosten	Fehlerkosten
• Qualitäts-planungskosten • Lieferanten-freigabe und -bewertungs kosten • Schulungskosten • Weiterbildungs-kosten • Zertifizierungs-kosten	• Wareneingangs-prüfkosten • Fertigungs-prüfkosten • Endprüfungs-kosten • Werkstoff-prüfkosten	intern: • Nacharbeits-kosten • Ausschußkosten • Abmangelkosten • Wertschöpfungs-verlustkosten extern: • Gewährleistung • Kulanz

effizientere Definition

Fehlleistungs-Aufwendungen für:

• Ausschuß
• Nacharbeit
• Gewährleistung
• Kulanz
• Produkthaftung
• Erkennungsfehler
• Planungsfehler
• Dienstleistungsfehler
• Management- und Führungsfehler
• Folgefehler
• Ausfallzeiten
• Leistungsminderung
• Absatzminderung

Bild 2-11 Qualitätskosten mit ihren überschaubaren und verdeckten Anteilen

Für diese Aufgaben ist CAQ-Unterstützung vielfach notwendige Voraussetzung, da eine Kommunikation mit dem CIM erst die erforderliche Informationsbereitstellung zuläßt. Diese Zusammenhänge sowie die Beschreibung der Inhalte dieser Bausteine sind Bild 2-12 zu entnehmen.

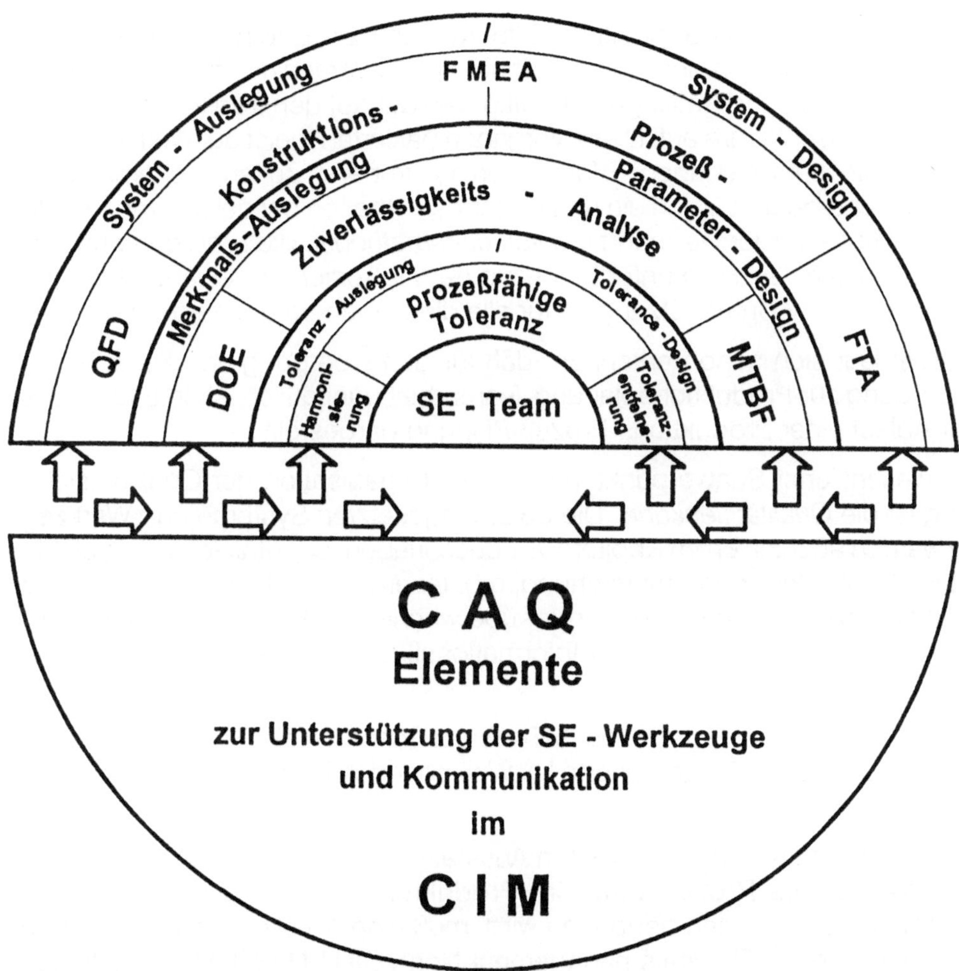

Bild 2-12 Bausteine präventiver Qualitätssicherung in der Entwicklungs- bzw. Konstruktionsphase und die Notwendigkeit des CAQ-Einsatzes

Bei der Systemauslegung laufen informations- bzw. datenintensive Prozesse ab. Potentielle Schwachstellen, Risiken bei der konstruktiven Gestaltung, kundenbezogene Funktionalität und weitere Kriterien verlangen abrufbares Wissen für das damit befaßte Team.

Auch in der Phase der Merkmalsauslegung muß eine Vielzahl von Daten ähnlicher Produktkomponenten oder Teile verfügbar sein. Für die funktionskritischen Merkmale werden dagegen im Rahmen von Prozeßanalysen und -optimierungen bevorzugt DV-Systeme mit Möglichkeiten zur raschen Prozeßverarbeitung eingesetzt.

Das heute aufgrund der positiven Erfahrungen bzw. Erfolge in Japan praktizierte und bei uns immer mehr vordringende *„Tolerancing"* baut in Toleranzharmonisierung und -festlegung künftig weniger auf den traditionellen Vorgaben der Konstrukteure auf. Diese Vorgaben basierten meist auf Werksnormen, Konstruktionsanweisungen, Erfahrungen aus früheren Zeiten, Sicherheitsdenken o.ä. und begünstigten ein relativ starres Verhalten bei der Toleranz-Auslegung. Heute werden vermehrt die *Versuchsmethodik*, die *Erprobung* und die *Prozeßfähigkeitsanalyse* unter Einbezug der *Zielkosten* angewandt. Eine entsprechende DV-Unterstützung ist für alle diese Elemente unverzichtbar.

Hierbei läßt sich schon erkennen, daß für den Übergang von konstruktiver Auslegung zur Produktionsplanung Teamarbeit unerläßlich ist. In Bild 2-13 ist der Ablauf einer Produktions-Prozeß-Planung dargestellt.

Ein wesentlicher Schwerpunkt in der Ablauforganisation der Qualitätssicherung ist die *Qualitätslenkung.* Die dafür eingesetzten Systeme und Werkzeuge werden ausführlich im Kapitel 4.2.1 beschrieben. Qualitätslenkung beinhaltet im Ablauf der Produktentstehung, d.h. innerhalb der Prozeßkette der Produktion, sowohl eine vorbeugende, überwachende als auch eine korrektive Tätigkeit. Die entsprechenden Informationsflüsse bei der Firma MTU zeigt Bild 2-14.

In Bild 2-15 wird am Beispiel der MTU Friedrichshafen ein Gesamtkonzept für eine CAQ- und im CIM integrierte DV-Welt über den Produktlebenszyklus dargestellt.

Bevor mit der unternehmensweiten Ausstattung mit CAQ-Bausteinen gemäß Bild 1-2 für die Prozeßketten im Produkterstellungszyklus und in den Querschnittsfunktionen begonnen wird, muß eine Abklärung hinsichtlich der Erfordernisse der Qualitätsmanagement-Norm DIN EN ISO 9000 ff. erfolgen.

In Bild 2-16 sind die Inhalte des im August 1994 überarbeitet herausgegebenen Qualitätsmanagement-Normenwerks DIN EN 9000 ff bezüglich der 20 Qualitätsmanagement-Elemente (QE) und die Wertigkeit hinsichtlich einer möglichen Unterstützung durch CAQ dargestellt. Zuzüglich wurden die weiteren QE nach DIN EN ISO 9004-1 zu Wirtschaftlichkeit/Kosten und Produktsicherheit/-Haftung mitbewertet. Zu letzterem Punkt wird in Kapitel 4.2.4 näher informiert.

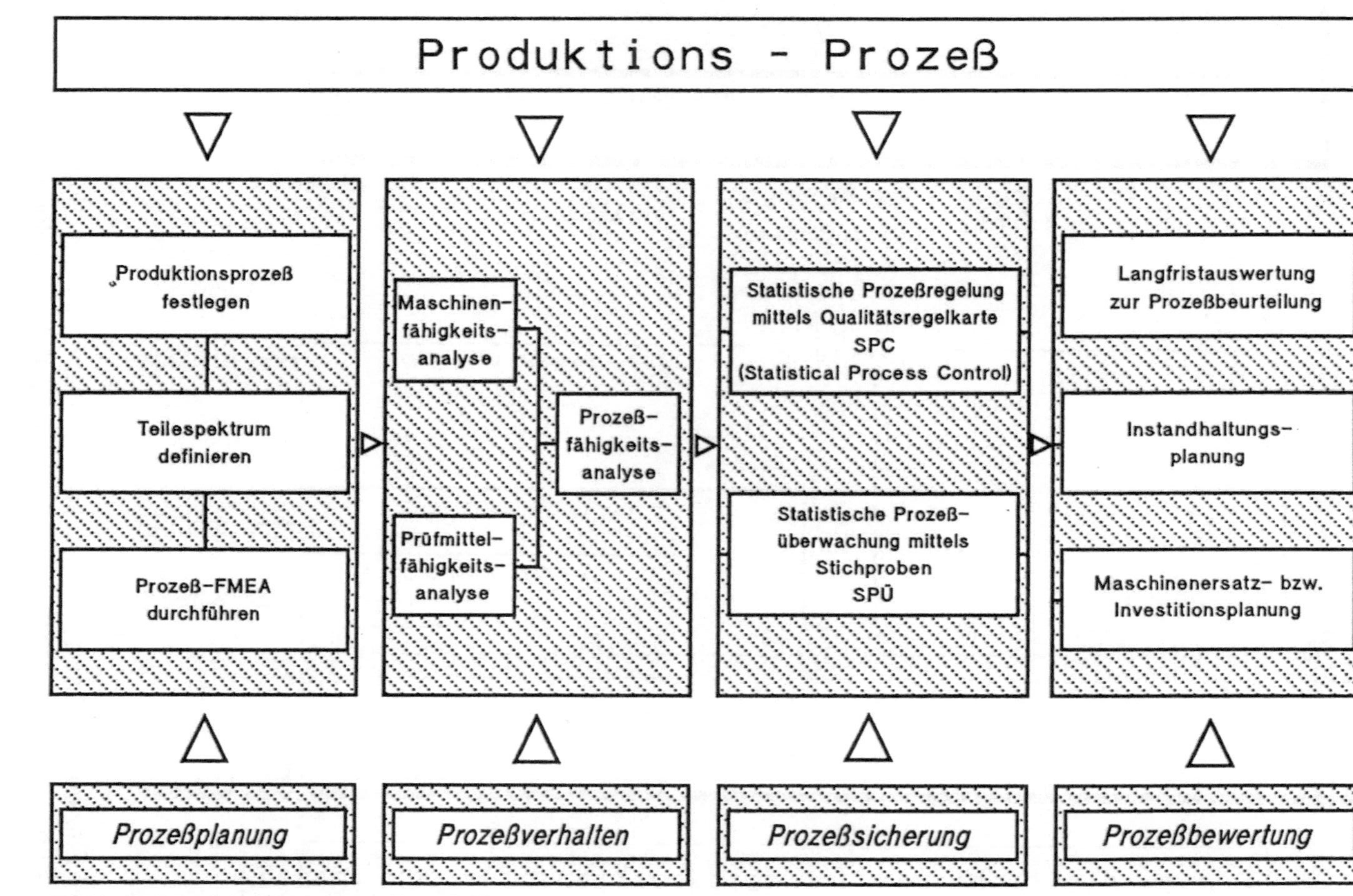

Bild 2-13 Ablauf der Produktions-Prozeß-Planung

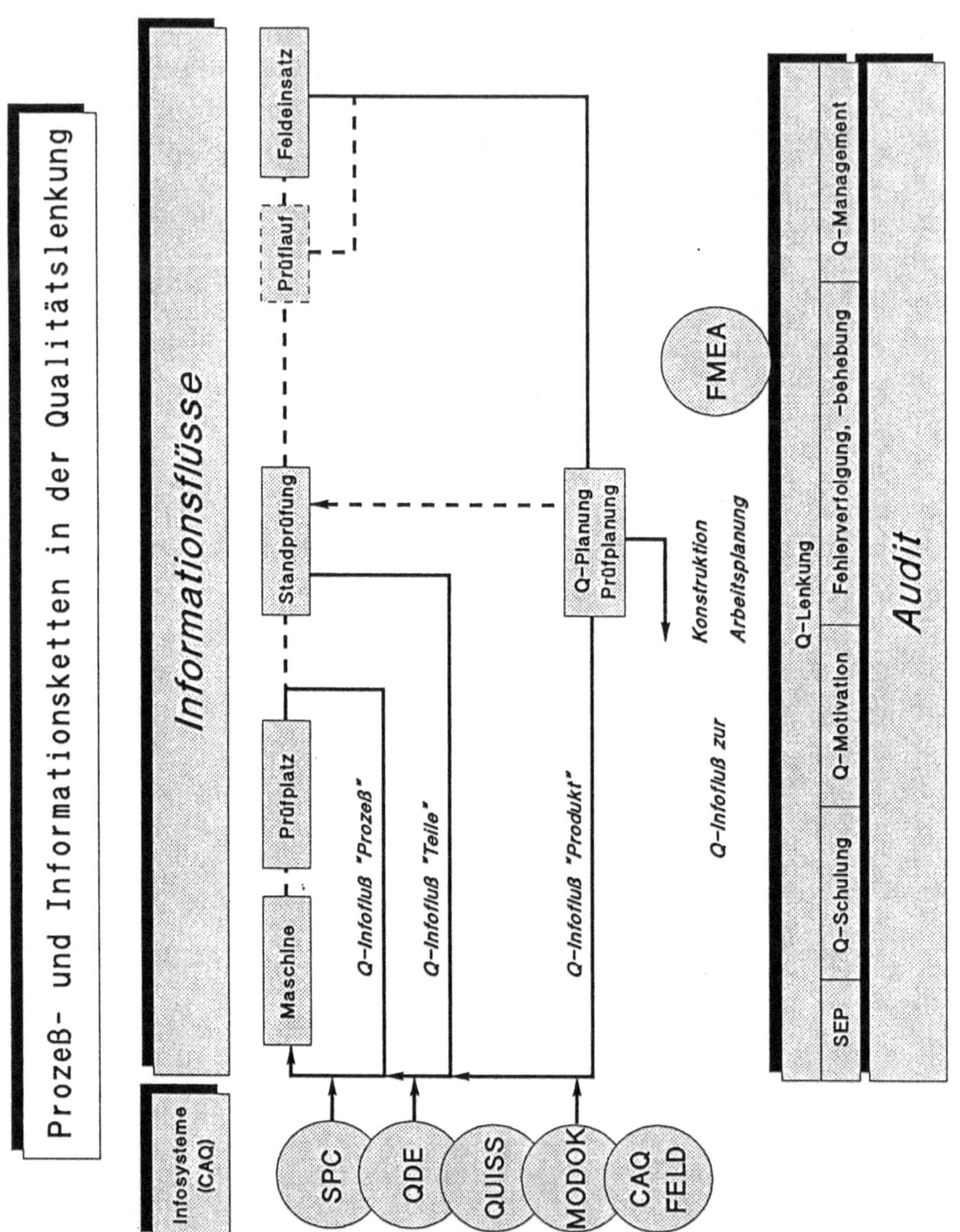

Bild 2-14 Beispiel der Informationsflüsse in der Qualitätslenkung

Die Effizienz der Einsatzmöglichkeiten entsprechender CAQ-Bausteine oder des kompletten Systems kann – bezogen auf die einzelnen QEs – durch die spezielle Unternehmensstruktur und/oder Produktanforderungen stärker beeinflußt werden.

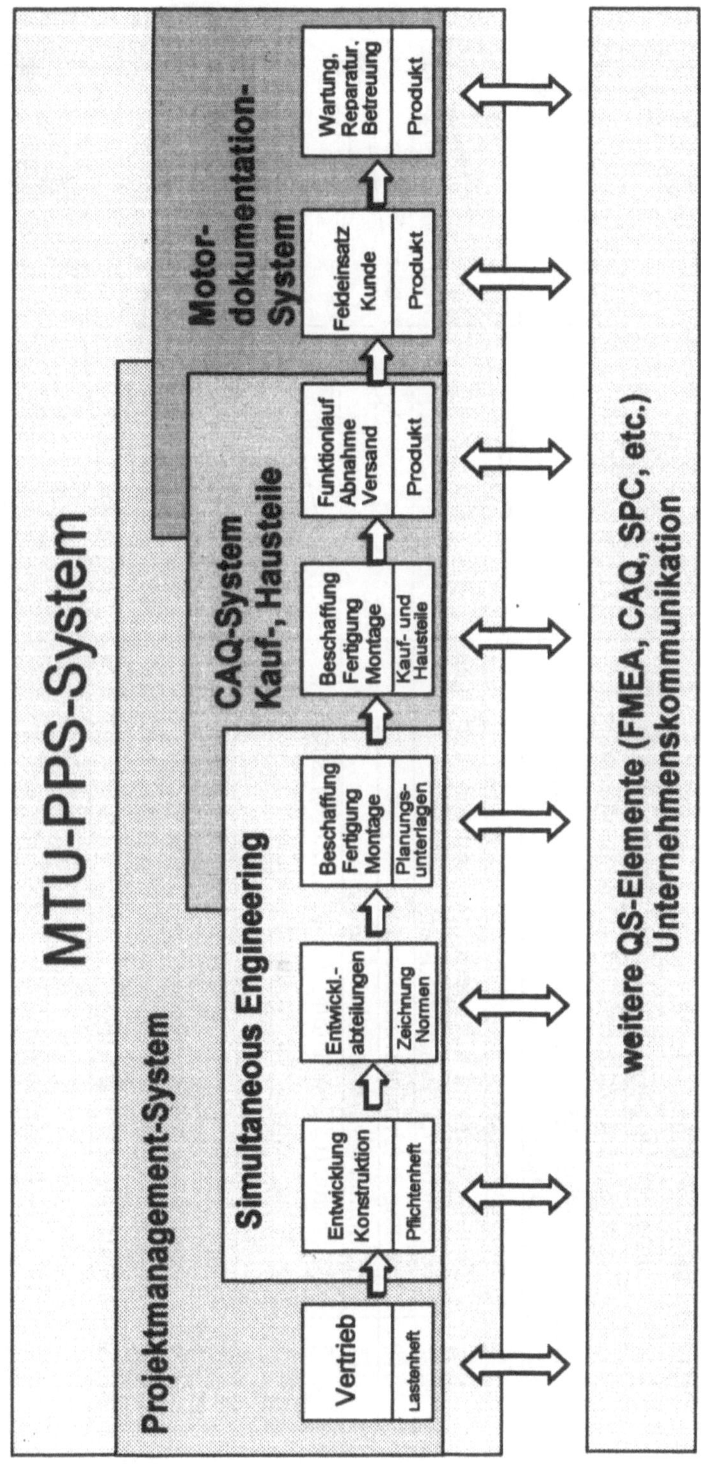

Bild 2-15 CIM- und CAQ-Konzept für den gesamten Produktlebenslauf

QS - Elemente nach DIN ISO 9001/EN29001 einschließlich Elemente 9002/4*/EN29002/4*		Effizienz des Einsatzes von CAQ
Kapitel	Element - Bezeichnung	niedrig ⟸ Bedeutung ⟹ hoch
4.1	Verantworung der obersten Leitung	
4.2	Qualitätssicherungssystem (Grundsätze)	
4.3	Vertragsprüfung (Qualität im Marketing)	
4.4	Designlenkung (Qualität bei Auslegung und Design)	
4.5	Lenkung der Dokumente (Q - Dokumentation und Aufzeichnung)	
4.6	Beschaffung	
4.7	vom Auftraggeber bereitgestellte Produkte	
4.8	Identifikation und Rückverfolgbarkeit von Produkten	
4.9	Prozeßlenkung (Produktionslenkung)	
4.10	Prüfungen (Produktverifizierung)	
4.11	Prüfmittel (Prüfmittelüberwachung)	
4.12	Prüfstatus (Überwachung des Verifizierungsstatus)	
4.13	Lenkung fehlerhafter Produkte (Fehler)	
4.14	Korrekturmaßnahmen	
4.15	Handhabung, Lagerung, Verpackung, Versand	
4.16	Qualitätsaufzeichnungen	
4.17	Interne Audits	
4.18	Schulungen (Personal)	
4.19	Kundendienst	
4.20	Statistische Methoden	
*	Wirtschaftlichkeit - Überlegungen zu qualität-bezogenen Kosten	
*	Produktsicherheit und Produkthaftung	

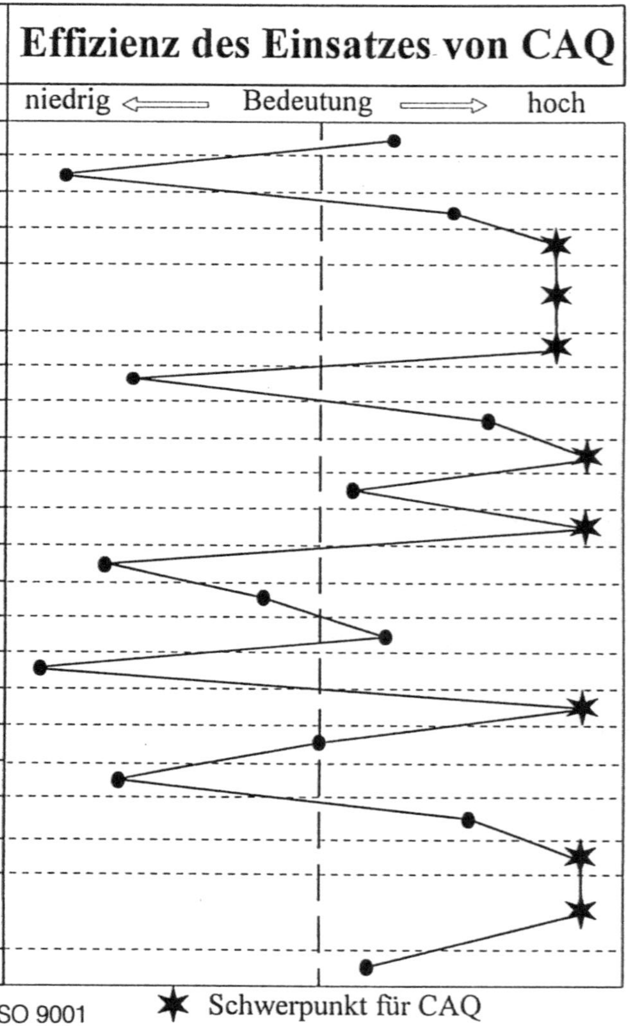

★ Schwerpunkt für CAQ

Bild 2-16 Effizienz des CAQ-Einsatzes bei den 20 Elementen nach DIN EN ISO 9001

Faßt man die Kriterien zum Aufbau einer rechnerunterstützten Fabrik mit einem durchgängigen CAQ zusammen so gilt:

- Durchgängiges CAD (möglichst in 3D-Anwendung) und ein fortschrittliches Datenmanagement sind die Grundpfeiler eines CAQ/CIM-Systems neuer Struktur.

- CAQ erfordert Implementierung einzelner CA...x- und CAQ-Teilsysteme.

- CAQ und CIM sind von Anfang an integriert zu planen.

- Jeder Prozeß und jede Querschnittsaufgabe hat einen qualitätsrelevanten Anteil, der im CAQ/CIM-System abzubilden ist.

Nach *REFA* wird die Gesamtheit der rechnerunterstützten Funktionalität auch mit *CIBO (Computerintegrierte Betriebsorganisation)* bezeichnet.

Das Qualitätsmanagement weist einen *hohen Vernetzungsgrad* sowohl mit den einzelnen *Unternehmensbereichen* (Entwicklung, Konstruktion, Fertigungsvorbereitung, Fertigung, Montage und Versand), als auch mit den klassischen *Logistikfunktionen* der Auftrags- bzw. Produktionssteuerung auf. Deshalb ist die Bezeichnung CAQ für die rechnerunterstützte Qualitätssicherung für die meisten der heutigen Anwendungen nicht ausreichend umfassend. Vielmehr wäre für solche Fälle die Bezeichnung „*CIQ – Computer Integrated Quality Assurance – Rechnerintegrierte Qualitätssicherung*" treffender.

3 Überblick über CAQ-Systeme

3.1 Kennzeichen von CAQ-Systemen

Zur Unterstützung der qualitätssichernden Tätigkeiten in der Fertigungsindustrie werden seit Mitte der achtziger Jahre verstärkt CAQ-Systeme eingesetzt. Der Grundstein für die Entwicklung der heutigen CAQ-Systeme wurde, wie bereits kurz ausgeführt, Ende der 70er Jahre gelegt. Damals fingen Unternehmen an, Abläufe in der Qualitätssicherung durch EDV-gestützte Insellösungen (z.B. Wareneingangsprüfung, statistische Prozeßregelung) zu unterstützen. Bald erkannte man jedoch, daß diese oftmals firmenspezifisch entwickelten Insellösungen vielfach dieselben Grunddaten, wie z.B. Artikelnummern und Lieferanten- oder Kundendaten, für ihre Arbeit benötigen, d.h. man mußte oftmals dieselben Daten in verschiedene Systeme eingeben. Ein weiterer Schwachpunkt dieser EDV-Inseln zur Qualitätssicherung war außerdem, daß man keine durchgängigen Auswertungen über den Produktentstehungsablauf durchführen konnte. Anfang der 80er Jahre begann man dann damit, diese EDV-gestützten Inseln zur Qualitätssicherung in ein System, das als CAQ-System bezeichnet wurde, zusammenzuführen und datenmäßig zu integrieren (Bild 3-1). Der Trend geht, wie Bild 3-1 zeigt, zur totalen Integration aller qualitätsrelevanten Daten ohne Schnittstellen.

Seit Mitte der 80er Jahre erfährt der CAQ-Systemmarkt einen starken Zuwachs. Durch die rasanten Fortschritte auf dem Hard- und Softwaresektor wurden die CAQ-Systeme in den letzten Jahren immer leistungsfähiger und konnten somit auch dem Wandel im Qualitätswesen durch einen immer größeren Leistungsumfang Rechnung tragen. Verstand man anfangs unter CAQ-Systemen lediglich die EDV-mäßige Unterstützung der Prüf- und Auswertetätigkeiten, so unterstützen die Systeme der 90er Jahre zunehmend auch die Tätigkeiten des Qualitätsmanagements.

Parallel zur CAQ-Entwicklung in der diskreten Fertigungsindustrie entstanden auf der Seite der Prozeßindustrie sogenannte Labor-Informations- und Management-Systeme (LIMS, Abschn. 5). Diese LIMS unterstützten dabei die Labortätigkeiten vom Probeneingang bis zur Probenarchivierung. Darüber hinaus wurden noch weitere Funktionen, wie Kostenerfassung und -abrechnung sowie Literatur- und Geräteverwaltung integriert. Prinzipiell beschränkten sich jedoch die klassischen LIMS auf die Datensammlung und Fehlererkennung. Ihr vorwiegendes Einsatzgebiet lag auf der Laborebene in der Lebensmittelbranche, dem Gesundheitswesen und der Forschung.

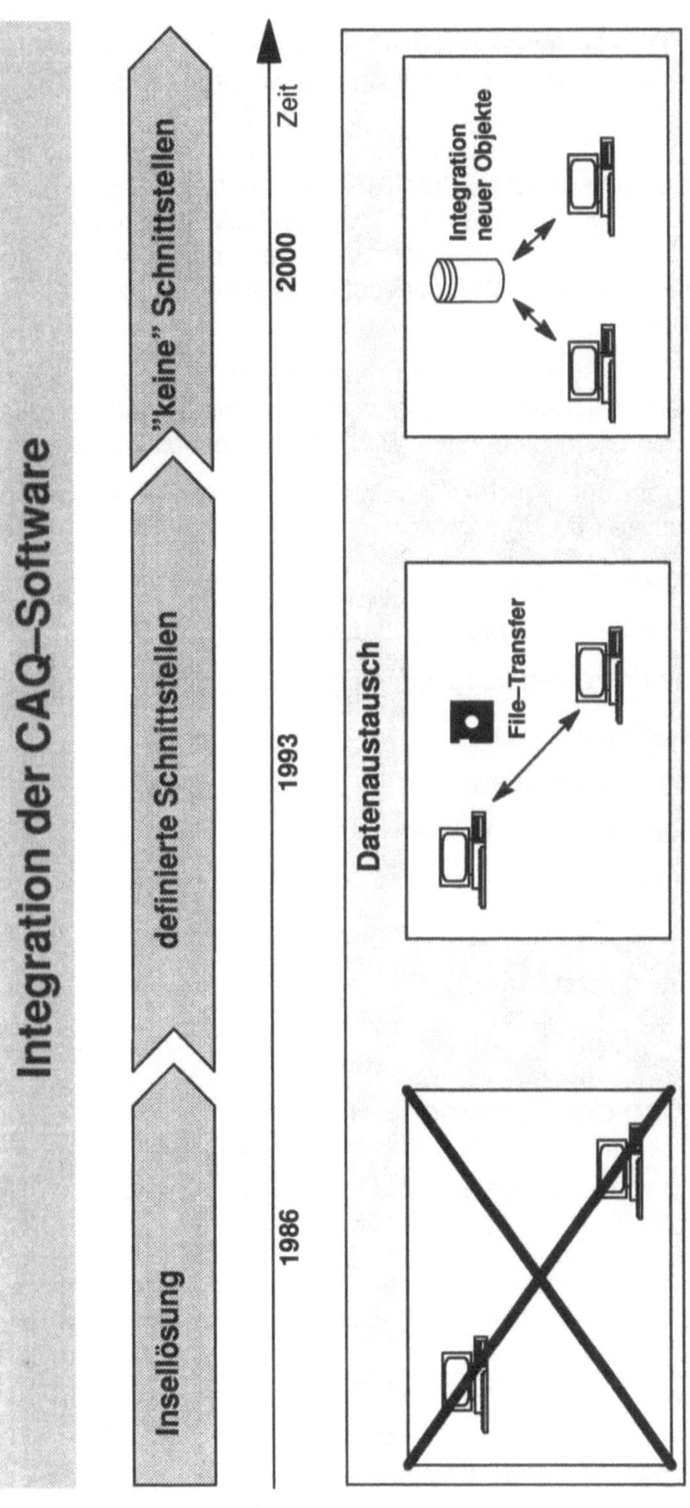

Bild 3-1 Entwicklung der Integration der CAQ-Software

Auf dem Markt befinden sich derzeit weit über 100 EDV-Systeme zur Unterstützung der Qualitätssicherung. Wenn im weiteren jedoch von CAQ-Systemen die Rede sein wird, so sind damit nur die EDV-Systeme gemeint, die ein Großteil der qualitätssichernden Tätigkeiten von der Entwicklungs- bis zur Nutzungsphase unterstützen. Damit soll eine deutliche Abgrenzung des CAQ-Begriffs getroffen werden. Demnach werden EDV-Systeme, die nur in Teilbereichen des Produktentstehungsprozesses eingesetzt werden können (z.B. SPC-Systeme oder Prüfmittelüberwachungssysteme), nicht als CAQ-Systeme bezeichnet.

Unter einem CAQ-System versteht man also ein EDV-System zur Unterstützung der qualitätssichernden Tätigkeiten, das mindestens in folgenden Bereichen des Produktlebenszyklus (Bild 3-2) eingesetzt werden kann:

- Entwicklungs- und Produktionsplanung mit der Fehlermöglichkeits- und -einflußanalyse (FMEA).

- Wareneingangsprüfung,

- losbezogene Zwischenprüfung in der Fertigung,

- statistische Prozeßregelung zur fertigungsbegleitenden Prüfung,

- Warenausgangsprüfung,

- Reklamationsbearbeitung,

- Prüfmittelverwaltung und -überwachung,

- Produktlebenslaufanalysen,

- Chargen- und Einzelteilverfolgung und

- Qualitätsberichterstellung.

3.2 Einteilung der Systeme

Die Einteilung von CAQ-Systemen läßt sich den in Bild 3-3 aufgeführten Kriterien vornehmen.

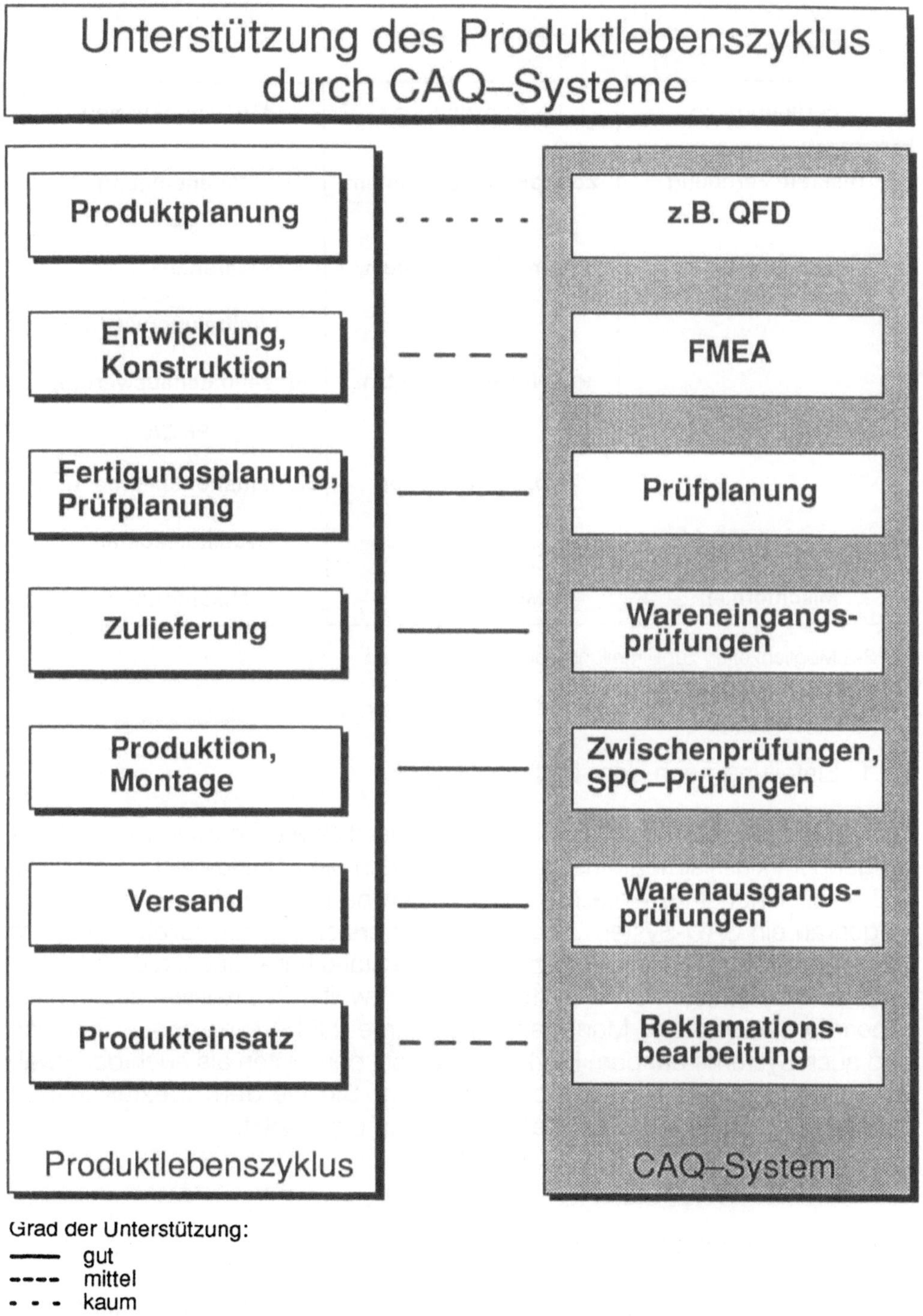

Unterstützung des Produktlebenszyklus durch CAQ–Systeme

Grad der Unterstützung:
——— gut
– – – – mittel
- - - kaum

Bild 3-2 Unterstützung des Produktlebenszyklus durch CAQ-Systeme

Einteilung von CAQ-Systemen		
Fertigungstyp	**IV–Konzeptionen**	**CAQ–Funktionen**
Diskrete Fertigung	Zentralrechner–System	Wareneingang
		SPC
Prozeßindustrie	Leitrechner–System	Warenausgang
		Prüfmittelüberwachung
	PC–Netzwerk–System	Prozeßdatenauswertung
		FMEA
	Prozeßmeßstation	Reklamationsbearbeitung
		Qualitätskosten
Mischformen	Mischformen	Mischformen

Bild 3-3 Möglichkeiten zur Einteilung von CAQ-Systemen

3.2.1 Einteilung nach dem Fertigungstyp

Der industrielle Typ läßt sich prinzipiell in die diskrete Fertigung (z.B. Teilefertigung im klassischen Maschinenbau) und in die kontinuierliche Fertigung (z.B. Prozeßindustrie) einteilen. Beide Typen haben verschiedene Anforderungen an ein CAQ-System. Während beim ersten Typ die Teilefertigung im Vordergrund steht, benötigt der zweite Typ verstärkt Funktionen, die die Laborindustrie unterstützen. CAQ-Systeme für den zweiten Typ werden oft auch als Laborinformations- und Management-Systeme (LIMS) bezeichnet. Teilweise sind auch Systeme auf dem Markt, die sowohl den ersten als auch den zweiten Typ zu unterstützen in der Lage sind. Sie werden speziell in den Schnittstellenindustrien (z.B. Stahlerzeugung) eingesetzt.

3.2.2 Einteilung nach IV-Konzeption

Je nach Konzeption der Informationsverarbeitung (IV-Konzeption) kann man CAQ-Systeme in folgende drei Klassen einteilen:

– CAQ-System auf Host-Rechner (Zentralrechner),

– CAQ-System auf dediziertem Rechner (Leitrechner) und

– CAQ-System auf Personal-Computer (PC-Netz).

Den QS-Ebenen Qualitätsplanung, -lenkung und -prüfung läßt sich direkt eine DV-Ebene zuordnen. Die einzelnen CAQ-Systeme werden oft als Komplettlösung auf einer der IV-Konzeptionen angeboten. Sie erfüllen zwar innerhalb dieser Hardwareumgebung die meisten Anforderungen, die die drei QS-Ebenen an ein CAQ-System stellen, aber jedes der Systeme hat seine Stärken und Schwächen in einer der QS-Ebenen. Meist werden durch die heutzutage angebotenen CAQ-Systeme zwei der drei DV- und QS-Ebenen ausreichend abgedeckt. Auch ist in letzter Zeit ein verstärkter Trend zu Mischformen zu beobachten. Der Trend geht jedoch von der Zentralrechnerlösung hin zur verteilten Lösung (Bild 3-4).

– **Zentralrechner-System**

   Die CAQ-Systeme auf Zentralrechnern, auch Host-Rechner genannt, sind besonders geeignet, die Anforderungen der Planungsebene abzudecken. Durch ihre Integration auf dem Host-Rechners haben sie die Möglichkeit, direkt auf planerische Daten aus der Materialwirtschaft und der Entwicklung zuzugreifen. Dies bedingt zum einen kurze Reaktionszeiten, zum anderen wird eine redundante Datenhaltung vermieden. Die Schwächen der Host-Rechnersysteme liegen dagegen auf der Prüfungsebene, der operativen Ebene. Bedingt durch das Zentralrechnerprinzip ist eine „on-line"-Datenerfassung mit digitalen Meßmitteln nicht möglich.

– **Leitrechner-System**

   Die CAQ-Systeme auf Leitrechnern eignen sich besonders für den Einsatz in der Leit- und Steuerungsebene. Die Anbindung an die Daten eines übergeordneten Host-Rechners erfolgt meist über File-Transfer, was dann zu einer redundanten Datenhaltung führt. Für die operative Ebene gilt hier dasselbe, wie bei den Host-Rechnersystemen.

– **PC-Netze**

   Durch den enormen Preisrückgang und die Leistungssteigerung der Personal-Computer drängen in den letzten Jahren mit steigender Tendenz immer mehr PC-Systeme auf den CAQ-Markt. Sie unterstützen sowohl die planerische als auch die Leitebene, ihre Stärken liegen jedoch eindeutig in der operativen Ebene. Die Anbindung der planerischen Seite an die Host-Rechnerebene ist aber auch wieder spezifisch zu erstellen.

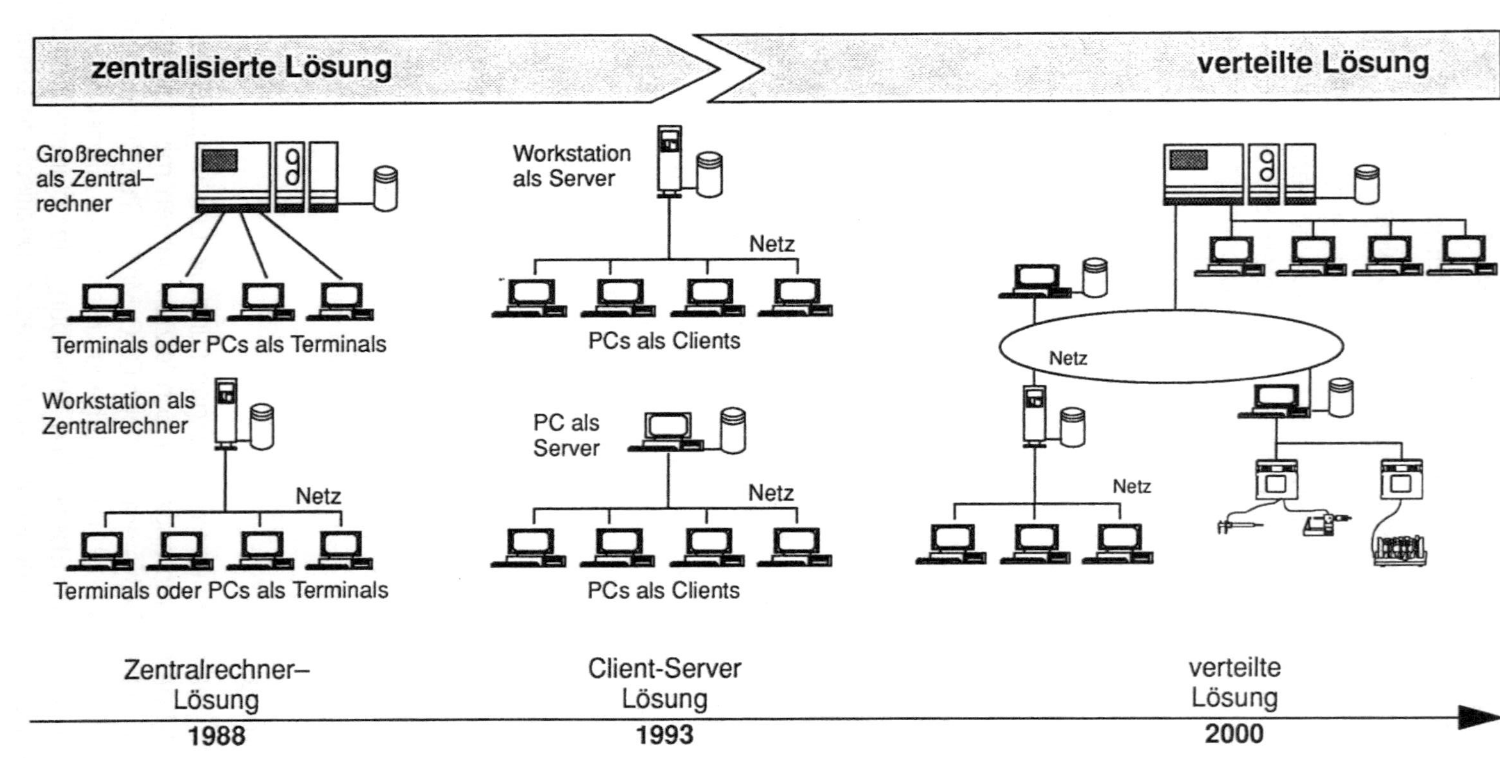

Bild 3-4 Entwicklung der Hardware-Konzeptionen in Zusammenhang mit der Datenhaltung

– Mischformen

Da jede der zuvor beschriebenen Hardwareformen ihre Vor- und Nachteile besitzt (Abschnitt 6), sind die CAQ-Systemanbieter dazu übergegangen, Mischformen der oben beschriebenen Lösungen zu entwickeln, die die jeweiligen Vorteile in sich vereinigen. Die Lösung, die sich dabei voraussichtlich in den nächsten Jahren durchsetzen wird, ist die sogenannte Client-Server-Lösung. Dabei wird, ähnlich wie beim PC-Netz, ein Server unter einem Multitasking-Betriebssystem (z. B. Workstation unter UNIX) mit intelligenten Arbeitsplätzen (z.B. PC unter DOS) kombiniert. Steht eine Prüfaufgabe an, so fordern die Arbeitsplätze (Clients) die für ihre Arbeit notwendigen Daten und ggf. Programme an, bearbeiten die Aufgabe und liefern nach ihrer Tätigkeit die Daten an den Server zurück. Damit wird eine redundanzfreie Datenhaltung im System gewährleistet. Des weiteren läßt sich auch die Online-Datenerfassung auf der operativen Ebene durch die intelligenten Meßstationen (PCs) erreichen.

3.2.3 Einteilung nach CAQ-Funktionen

CAQ-Systeme, wie sie heutzutage auf dem Markt angeboten werden, unterstützen die administrativen Bereiche der Qualitätsplanung (i.a. Prüfplanung) und der Qualitätslenkung sowie den operativen Bereich, die Qualitätsprüfung. Bedingt durch die Entwicklung der CAQ-Systeme aus rechnergestützten Einzelanwendungen zur Qualitätssicherung, sind die operativen Bereiche meist umfassender abgedeckt als die administrativen.

Ihre typischen (klassischen) Einsatzgebiete liegen in der Wareneingangskontrolle, der fertigungsbegleitenden Prüfung (SPC), der Warenausgangskontrolle und der Prüfmittelverwaltung und -überwachung. Neuerdings werden auch von einigen Systemen Funktionen der Qualitätsplanung vor Serienbeginn (z.B. Fehlermöglichkeits- und -einflußanalyse), der Felddatenerfassung (Reklamationsbearbeitung) und der Qualitätskostenerfassung abgedeckt.

3.3 Ablauf der CAQ-Funktionen

Grundlage für die Arbeit mit einem CAQ-System ist die Erstellung des Prüfplans, der ausgehend von Produktparametern, Rezepten und Arbeitsplan für das Produkt erstellt wird (Bild 3-5).

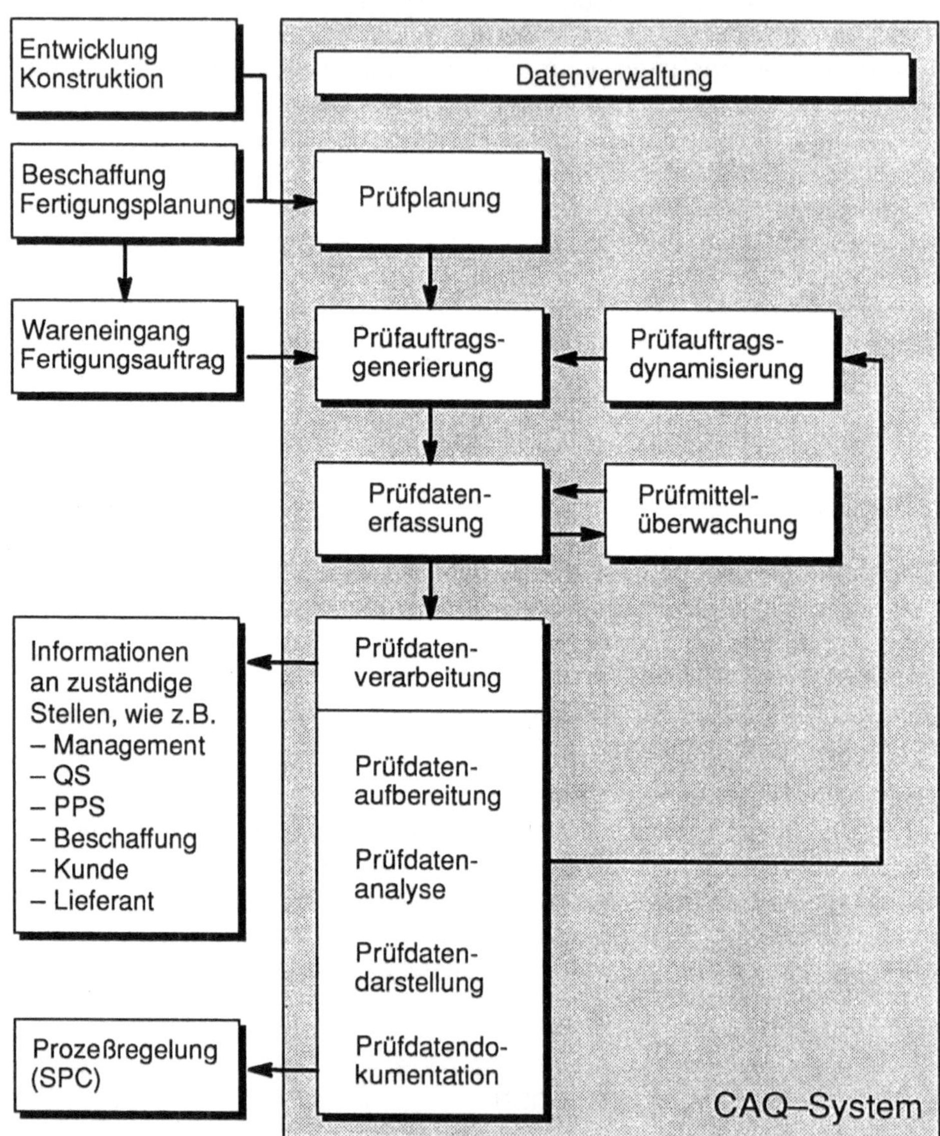

Bild 3-5 Schema des Ablaufs der CAQ-Funktionen

Die Prüfpläne sind vergleichbar den Fertigungsplänen, d.h. sie sind auftrags-
neutral und enthalten noch keine Angaben über die zu fertigenden Mengen.
Der Prüfplaner legt in den Prüfplänen Aufgabe, Art und Umfang der qualitäts-

sichernden Maßnahmen während der Entstehung des Produktes fest. Generell werden dabei zwei Arten von Prüfungen unterschieden. Die losbezogenen Prüfungen (Wareneingangs-, Zwischen- und Endprüfungen), die sich auf die Prüfung eines bereits gefertigten Loses beziehen, und die fertigungsbegleitenden Prüfungen (SPC), die während der Fertigung der Teile durchgeführt werden.

Aufbauend auf dem Prüfplan, wird zusammen mit dem Fertigungsauftrag oder dem Wareneingang, der Prüfauftrag generiert, d.h. der auftragsneutrale Prüfplan wird mit auftragsspezifischen Daten gefüllt. Bei der Generierung des Prüfauftrages ermittelt das CAQ-System für die losbezogenen Prüfungen aufgrund der Angaben des Prüfplanes (Stichprobenplan, Prüfschärfe) und der Wareneingangsmenge oder des Fertigungsauftrages (Losumfang) für jedes der Prüfmerkmale, die zu prüfende Stichprobengröße und die maximal zulässige Anzahl fehlerhafter Einheiten. Um den Prüfaufwand, auch einzelner Merkmale an die Qualitätshistorie (z.B. gleichbleibend gute Ware eines bestimmten Lieferanten) anzupassen, bieten die CAQ-Systeme die Möglichkeit zur Prüfauftragsdynamisierung. Dabei wird bei gleichbleibend guter Qualität eines Lieferanten oder einer Maschine der Prüfaufwand für die Prüfmerkmale schrittweise reduziert oder sogar zeitweise auf totalen Prüfverzicht (skip-lot) gesetzt.

Während der Prüfdatenerfassung wird der Bediener bei seiner Arbeit durch das System geführt und unterstützt. Der Arbeitsaufwand, der früher durch das Ablesen und Aufschreiben von Meßwerten entstand, wird durch die Möglichkeit der „on-line"-Meßwerterfassung, d.h. der direkten Meßwertübergabe eines digitalen Meßmittels, entscheidend reduziert. Durch integrierte Plausibilitätsprüfungen wird zudem die Gefahr von Fehleingaben verringert.

Durch den anhaltenden Trend zur Selbstprüfung gewinnt die fertigungsbegleitende Prüfung, die statistische Prozeßregelung SPC (Statistical Process Control) immer mehr an Bedeutung. Sie wird an der Maschine vor Ort zur direkten Regelung des Fertigungsprozesses eingesetzt. Dabei werden dem Bediener aufgrund der aktuell ermittelten Qualitätslage Veränderungen des Prozesses (z.B. Werkzeugverschleiß) angezeigt, so daß der Bediener frühzeitig, d.h. noch bevor schlechte Teile produziert werden, in die Lage versetzt wird, durch entsprechende Maßnahmen (z.B. Werkzeugwechsel) regelnd in den Prozeß einzugreifen. Durch den kurzen Regelkreis stellt die Statistische Prozeßregelung ein effektives Hilfsmittel zur Fehlervermeidung in der Produktion dar. Voraussetzung für die Wirksamkeit und Akzeptanz dieses Systems ist speziell bei diesem Einsatzgebiet die einfache Bedienbarkeit. Bunte und mit Daten überladene Bildschirme sind hier nicht angebracht.

Die innerhalb der Prüfdatenerfassung aufgenommenen Daten werden vom CAQ-System aufbereitet und können nach fast beliebigen Kriterien unter Zuhilfenahme von komplexen statistischen Methoden ausgewertet, verdichtet und dargestellt werden. Die Auswertungen können hierbei auftrags-, chargen-, teile- und merkmalsorientiert über verschiedene Lieferanten/Maschinen und Zeiträume (z.B. Sichtauswertungen) durchgeführt werden. Typische, durch CAQ-Systeme unterstützte Auswertungen sind z.B. Lineardiagramme der Meßwerte (Urwertkarte), Häufigkeitsverteilung (Histogramm), statistische Kennwerte (z. B. Mittelwert, Standardabweichung, etc.), Angaben über Ausschuß und Nacharbeit, Fehlersammelkarten und Verteilungstests. Durch die Einbindung des CAQ-Systems in ein betriebliches Netzwerk besteht die Möglichkeit, diese Informationen den entsprechenden Abteilungen zur Information und Steuerung bereitzustellen (z. B Schichtprotokolle für die Fertigungssteuerung, Lieferantenbewertungen für den Einkauf, Mängelrügen für Lieferanten, Qualitätsberichte für das Management). Sollten die im CAQ-System implementierten Auswertefunktionen nicht ausreichen, so bieten die meisten Systeme zusätzlich eine Schnittstelle zu marktüblichen Statistiksoftwarepaketen.

3.4 Einsatz von CAQ-Systemen in der Praxis

Die folgenden Ausführungen stützen sich im wesentlichen auf eine Marktbefragung über CAQ, die 1993 vom Fraunhofer-Institut für Produktionstechnik und Automatisierung (IPA) in Stuttgart durchgeführt wurde. Bei dieser Befragung wurden sowohl Anbieter als auch die Anwendungsseite gehört. Dadurch war es möglich, Defizite bei den CAQ-Anbietern aus Kundensicht aufzuzeigen.

3.4.1 Markteinschätzung und Einsatz in den Branchen

Der CAQ-Markt ist noch ein relativ junger Markt. Sein Volumen wird derzeit auf rund 250 Millionen DM pro Jahr geschätzt. Die CAQ-Anbieter verzeichneten nach eigenen Angaben in den letzten vier Jahren sowohl bei der Mitarbeiterzahl als auch beim Umsatz ein kontinuierliches Wachstum. Da der Markt noch lange nicht ausgeschöpft ist, wird sich diese Tendenz sicherlich auch in den nächsten Jahren (8% bis 10% pro Jahr) fortsetzen.

Der hauptsächlich CAQ-Systemeinsatz findet derzeit vor allen Dingen in mittleren und großen Unternehmen der Automobil- und Automobilzuliefererindustrie sowie in der Elektro- und Kunststoffindustrie statt. Es wurde jedoch innerhalb der Umfrage deutlich, daß nahezu alle Branchen und Unternehmensgrößen zukünftig Bedarf an CAQ-Systemen haben werden.

Ungeachtet des reichhaltigen Funktionsangebots der CAQ-Anbieter dominieren beim Anwender immer noch die klassischen Anwendungsgebiete Wareneingangsprüfung, statistische Auswertungen und Prüfmittelverwaltung/-überwachung (Bild 3-6). Nach der Analyse der Bedeutung der CAQ-Funktionen für die Anwender läßt sich jedoch zukünftig auch auf einen verstärkten Einsatz von statistischer Prozeßregelung (SPC), Reklamationsbearbeitung, online-Meßwerterfassung, Prüfmittelfähigkeitsuntersuchung sowie Qualitätslebenslaufanalysen schließen.

3.4.2 IV-Konzepte

Während in den Anfängen der CAQ-Entwicklung die Zentralrechnersysteme dominierten, so finden heutzutage verstärkt die modernen Client-Server-Architekturen ihre Anwendung (Bild 3-4). Bei diesen Client-Server-Lösungen werden als Server entweder Workstations unter UNIX oder Personal-Computer als Server eingesetzt. Letztere werden auch als PC-Netzwerke bezeichnet. Als Clients werden aufgrund ihrer ausgereiften Bedienungsoberflächen (z.B. Windows), ihrer guten Rechnerleistung vor Ort und ihres fehlertoleranten Verhaltens fast ausschließlich Personal-Computer verwendet.

Bei den Benutzeroberflächen geht der Trend ganz klar weg von den alphanumerischen hin zu den grafischen Benutzeroberflächen, wobei hier die Benutzeroberfläche MS-Windows aufgrund des verstärkten Einsatzes der Client-Server-Lösungen vorwiegend anzutreffen ist (Bild 3-7).

Mußten CAQ-Systeme in der Anfangsphase noch durch die Modifikation des Softwarekodes an den Benutzer angepaßt werden, so geschieht dies heutzutage bei guten Systemen im allgemeinen durch Parametrierung (Bild 3-8).

Dadurch wird eine leichte Wartbarkeit und ein sicheres Releasemanagement der Software gewährleistet. Funktionen, die nicht durch den vorgegebenen „Standard" abgedeckt werden können, werden im allgemeinen als eigenständige Module mit definierten Schnittstellen zum Standard realisiert. In Zukunft wird durch den objektorientierten Ansatz die Anpassung erheblich vereinfacht werden.

Für die zunehmende Systemintegration werden auf Seiten der CAQ-Anbieter im allgemeinen definierte bzw. konfigurierbare Schnittstellen bereitgestellt. Die derzeit am häufigsten realisierte Kopplung zu anderen betrieblichen CAx-Bausteinen ist die Kopplung des CAQ-Systems mit einem übergeordneten PPS- (Produktions-Planung und Steuerung) oder Materialwirtschafts-System (Bild 3-9).

Bedeutung und Einsatz der CAQ-Funktionen

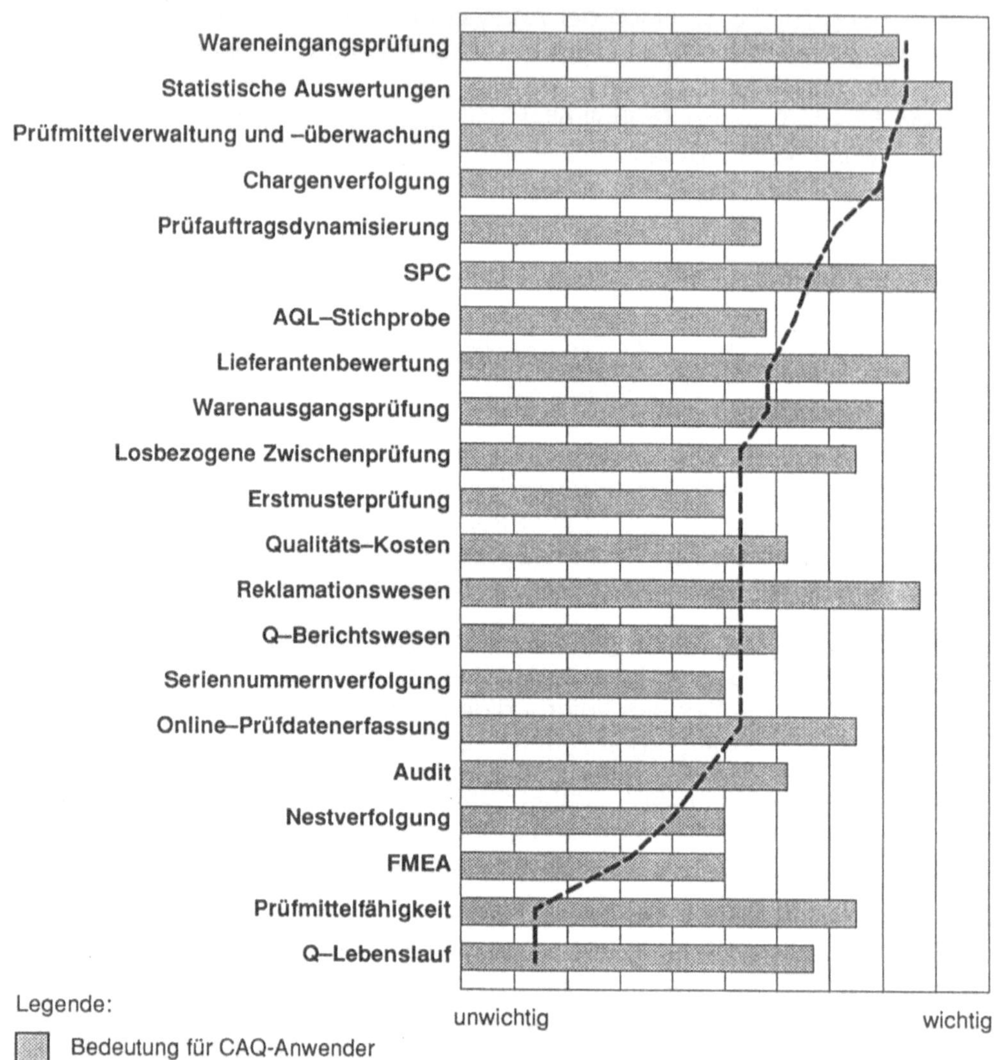

Bild 3-6 Bedeutung und Einsatz der CAQ-Funktionen

Zur Darstellung von Prüfskizzen am Prüfplatz werden auch verstärkt Kopplungen zu CAD-Systemen (Computer Aided Design) aufgebaut, wobei diese Kopplungen nur dann einen Sinn haben, wenn auf dem CAQ-System spezielle (leicht verständliche) Prüfskizzen erstellt werden. Die Kopplungen zu BDE-

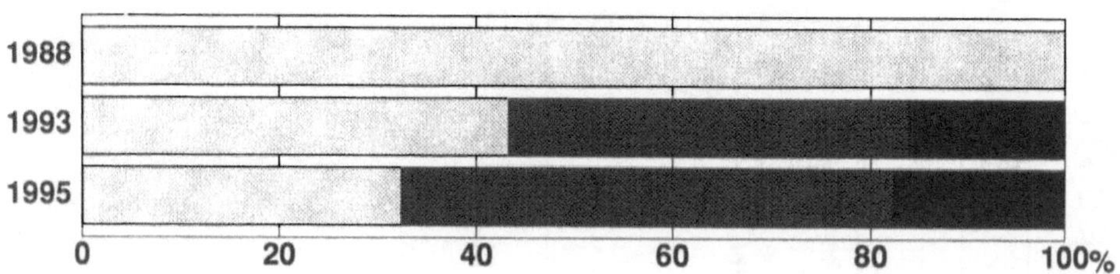

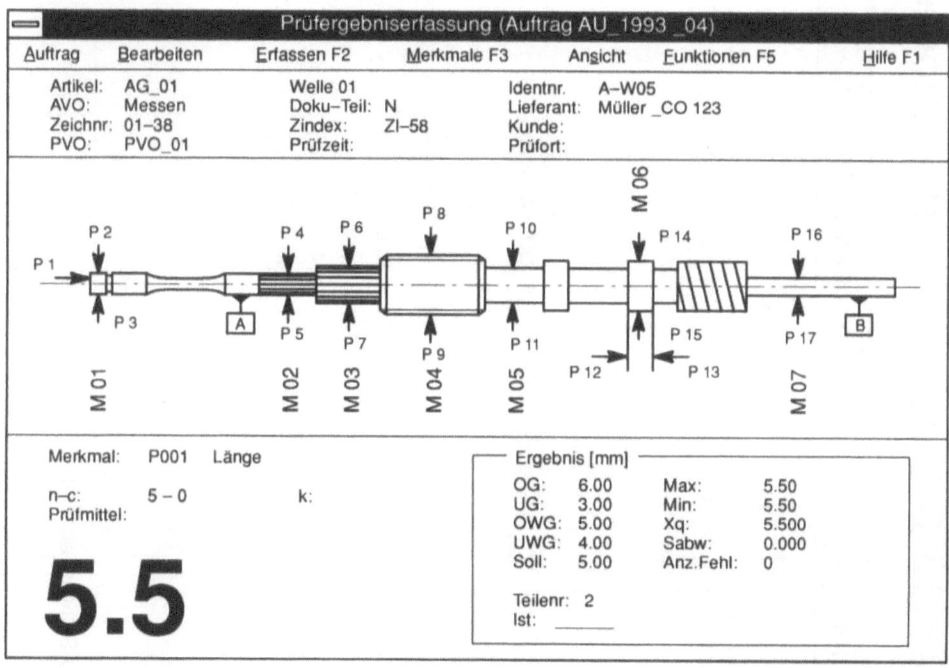

Quelle: IDOS GmbH, Karlsruhe

Bild 3-7 Entwicklung der Benutzeroberflächen

(Betriebsdatenerfassung), MDE- (Maschinendatenerfassung) und CAP-Systemen (Computer Aided Planning) folgen mit großem Abstand. Der Datenaustausch erfolgt dabei in der Regel über File-Transfer.

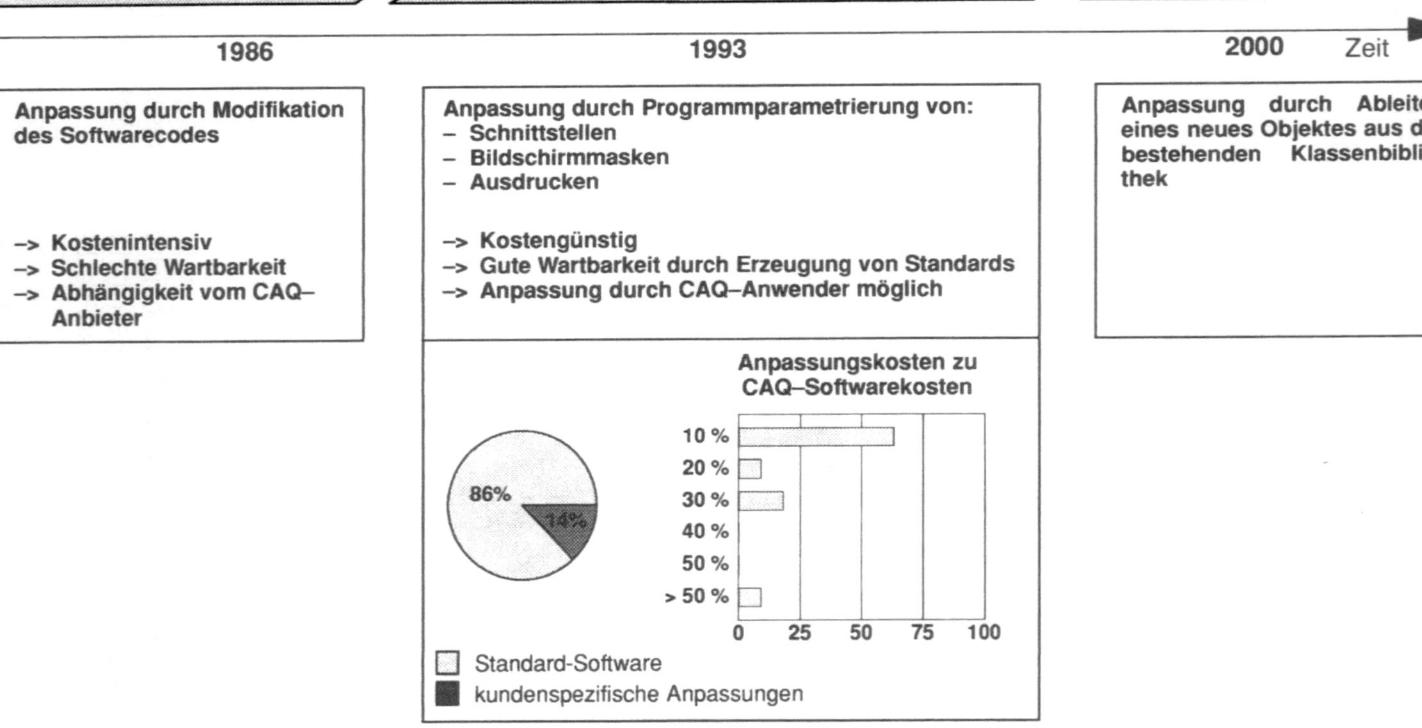

Bild 3-8 Anpassung der CAQ-Software an die Erfordernisse des Anwenders

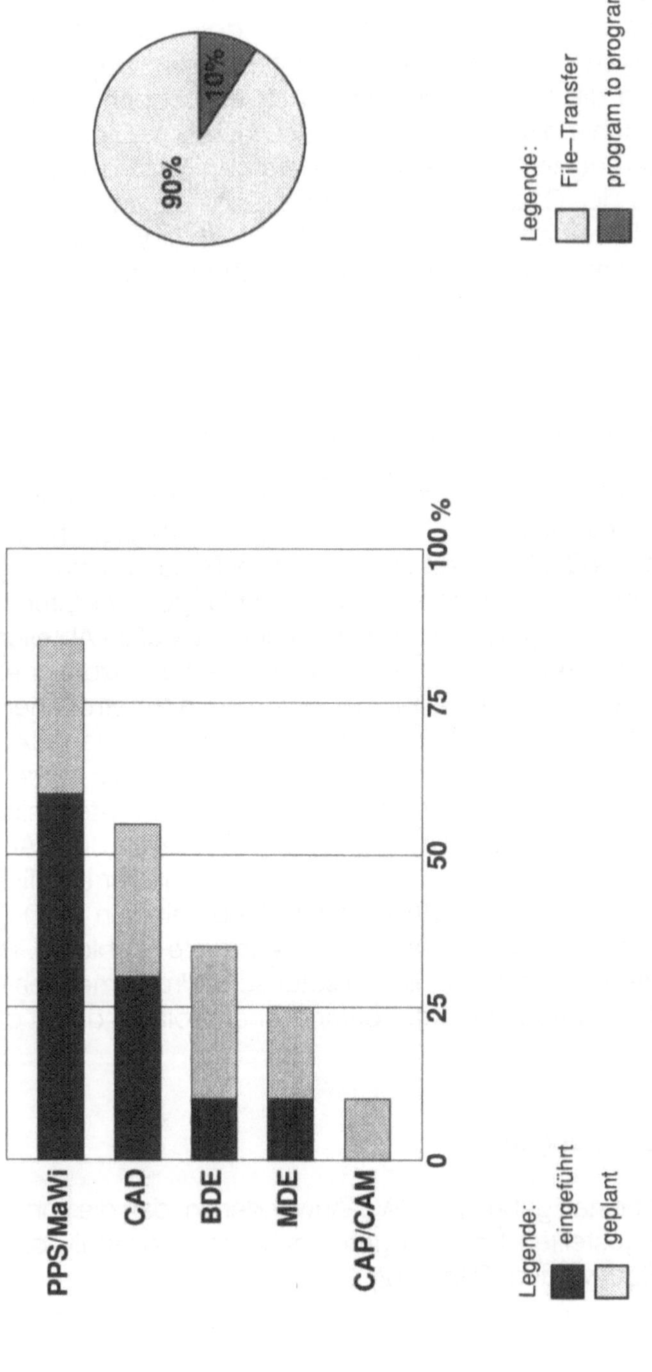

Bild 3-9 Datenaustausch mit anderen CAx-Bausteinen

3.4.3 Unterstützung von DIN EN ISO 9000

Bezüglich der Unterstützungsmöglichkeit der DIN EN ISO 9000ff durch CAQ-Systeme ergab die Untersuchung, daß die CAQ-Systeme die Normforderungen nur in Teilbereichen unterstützen. Dabei war die Angabe über den Grad der Unterstützungsmöglichkeit bei den CAQ-Anbietern im allgemeinen höher als auf der CAQ-Anwenderseite. Die Stärken der CAQ-Systeme liegen derzeit noch auf der operativen Seite der Qualitätsprüfung, während bei der Qualitätsplanung und Qualitätslenkung noch Entwicklungspotentiale vorhanden sind. Beachtenswert ist vor allem die Diskrepanz der unterstützten QM-Elemente zwischen CAQ-Anbietern und Anwendern (Bild 3-10).

3.4.4 Einführungsstrategien und Probleme bei der Einführung

Die Initiative zur CAQ-Einführung geht in der Regel vom Management und vom Qualitätswesen aus, wobei an das CAQ-System hohe Erwartungen hinsichtlich des Qualitätsnachweises und der Rationalisierung qualitätsbezogener Tätigkeiten gestellt werden. Die Empfehlungen der Literatur, CAQ-Systeme immer in Projektgruppen mit Teilnehmern aus allen Abteilungen einzuführen, wird in der Praxis im allgemeinen nicht oder nur unzureichend berücksichtigt. Mit Ausnahme des Qualitätswesens sind die betroffenen Abteilungen nur schwach vertreten. Letztendlich ausgewählt werden CAQ-Systeme in der Regel vom Qualitätswesen. Die mangelnde oder zu späte Einbeziehung der EDV-Abteilung verursacht später des öfteren EDV-technische Schwierigkeiten bei der Einführung. Als Haupthemmnisse für die CAQ-Einführung nennen die CAQ-Anbieter die schleppende Konjunktur und finanzielle Probleme (Bild 3-11). Für die CAQ-Anwender, die bereits ein CAQ-System eingeführt haben, sind dies jedoch eher untergeordnete Probleme. Bei ihnen überwiegen Akzeptanzprobleme, organisatorische Probleme, Fehlbedienungen und die schlechte Abbildung der betrieblichen Abläufe durch die CAQ-Systeme.

3.4.5 Erwartungen

Im allgemeinen gaben die CAQ-Anwender an, daß die von ihnen an das CAQ-System gestellten Erwartungen weitestgehend erfüllt bzw. teilweise sogar übertroffen wurden (Bild 3-12).

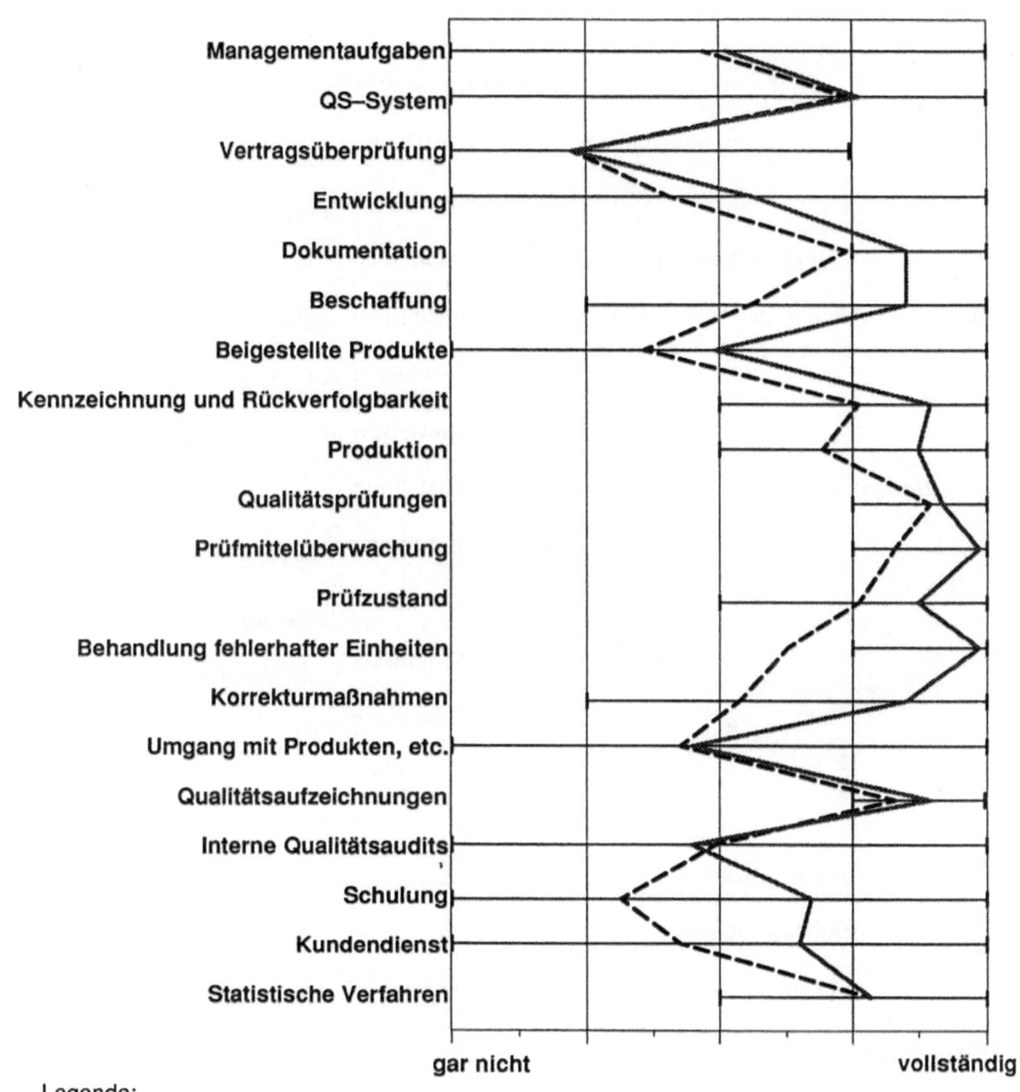

Bild 3-10 CAQ-Unterstützung bei DIN EN ISO 9000

Einzige Ausnahme bildete dabei die erwartete Rationalisierung durch die Einführung des CAQ-Systems. Als einziger Kritikpunkt an den CAQ-Anbietern

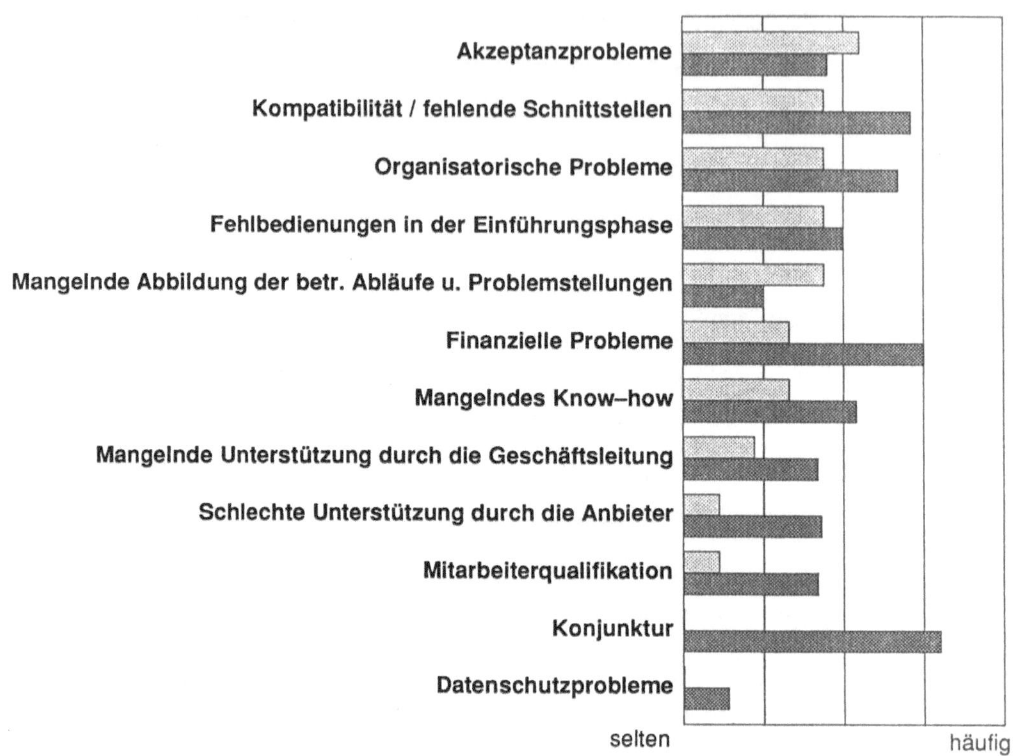

Bild 3-11 Hemmnisse bei der CAQ-Einführung

wurde teilweise eine mangelnde Unterstützung bei der Entwicklung firmenspezifischer Problemlösungen genannt. Ein Wunsch, den viele Anwender auch in diesem Zusammenhang nannten, war die Einrichtung regelmäßiger Anwendertreffen durch die CAQ-Anbieter, bei denen Neuigkeiten des Systems vorgestellt werden sowie ein Erfahrungsaustausch zwischen den CAQ-Anwendern stattfinden kann.

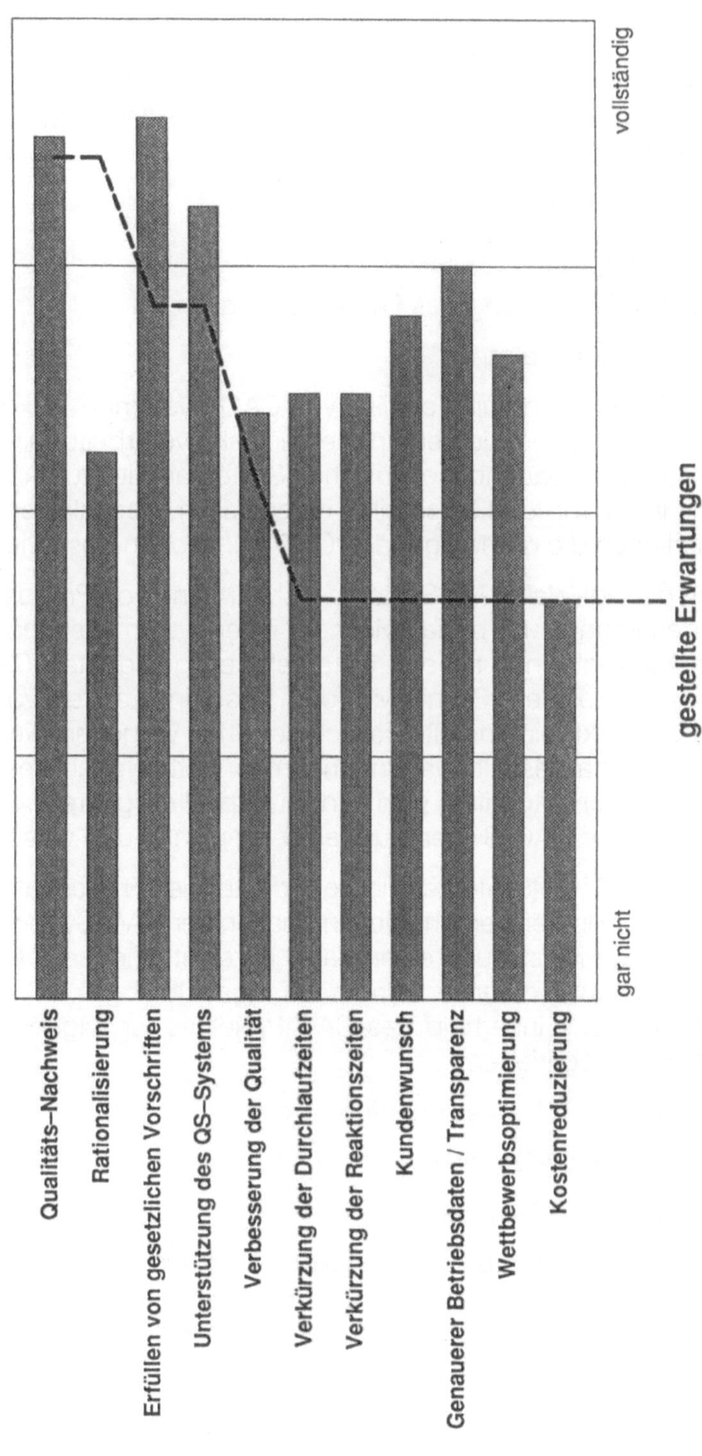

Bild 3-12 Geteilte und erfüllte Erwartungen an CAQ-Systeme

3.4.6 Unterstützung der Einführung

Die neue DGQ-Schrift 14-21 bietet Entscheidungshilfen bei der Auswahl und
dem Einsatz von CAQ-Systemen. Die Schrift gliedert sich neben Einleitung,
Begriffserläuterung und Verzeichnis der weiterführenden Literatur in folgende
vier Teile (Bild 3-13):

– Aufbau und Funktionalität von CAQ-Systemen,

– Vorgehensweise im CAQ-Projekt,

– Aufbau und Verwendung des Fragenkataloges und

– Anhang: Fragenkatalog.

Im Kapitel „Aufbau und Funktionalität von CAQ-Systemen" werden dem Leser zuerst die grundlegende Kenntnisse der Datenverarbeitung vermittelt, um
ihm dann darauf aufbauend die typischen Systemarchitekturen von CAQ-Systemen mit ihren Vor- und Nachteilen darzustellen. Abschließend werden in
dem Kapitel noch die grundlegenden CAQ-Funktionen beschrieben.

Es hat sich gezeigt, daß CAQ-Systeme nicht anhand von Prospekten ausgewählt werden können. Es bedarf vielmehr einer systematischen Vorgehensweise zur Auswahl eines für das Unternehmen geeigneten CAQ-Systems
(Abschn. 7). Aus diesem Grund wird dem Leser im Kapitel „Vorgehensweisen im CAQ-Projekt" eine bereits vielfach bewährte Vorgehensweise zur CAQ-
Systemauswahl dargestellt. Da Unternehmen hierbei auch des öfteren auf
externe Berater zurückgreifen, wird in dem Kapitel dargestellt, was ein externer Berater bei der CAQ-Systemauswahl leisten kann und was nicht.

Im Anhang der Schrift befindet sich ein dreiteiliger Fragenkatalog, der als
Hilfsmittel sowohl in den verschiedenen Phasen der CAQ-Systemauswahl als
auch zur alleinigen Erstellung einer Marktübersicht eingesetzt werden kann.
Im Kapitel „Aufbau und Verwendung des Fragenkataloges" wird der Aufbau
und die Anwendung innerhalb des CAQ-Projektes für folgende Einsatzgebiete detailliert beschrieben:

– Erstellung eines CAQ-Lastenheftes,

– Erstellung einer CAQ-Marktübersicht und

– Auswahl eines CAQ-Systems.

Der im Anhang beigefügte Fragenkatalog ist als ein Hilfsmittel für die oben
beschriebenen Einsatzgebiete gedacht. Er kann kopiert und entsprechend
der speziellen Bedürfnisse des Anwenders benutzt werden. Der Fragenkatalog
gliedert sich dabei in folgende drei Teile:

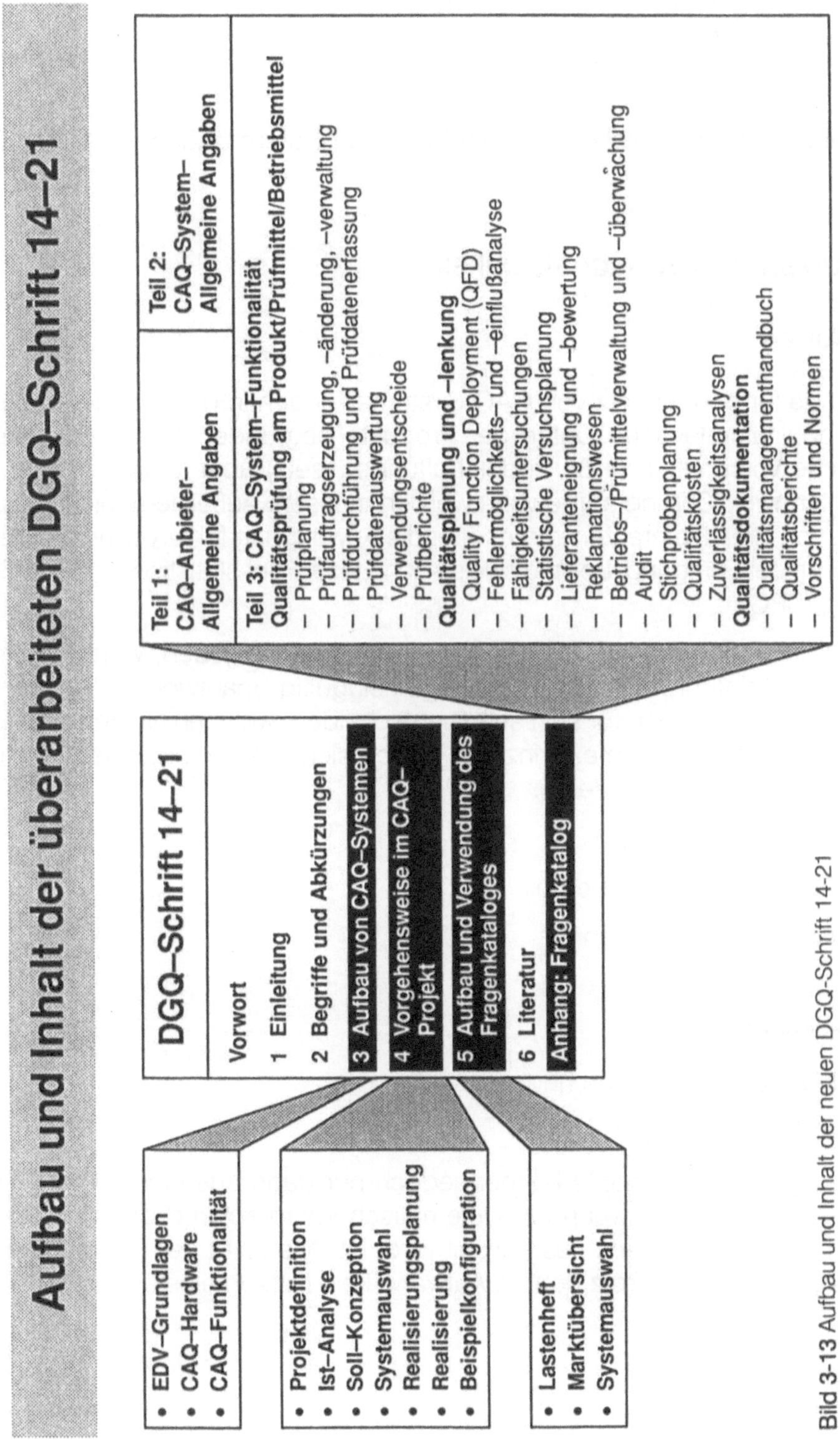

Aufbau und Inhalt der überarbeiteten DGQ–Schrift 14–21

Bild 3-13 Aufbau und Inhalt der neuen DGQ-Schrift 14-21

- CAQ-Anbieter-Allgemeine Angaben,

- CAQ-System-Allgemeine Angaben und

- CAQ-System-Funktionalität.

Bild 3-14 zeigt als Beispiel einen Fragebogen für Referenzkunden.

3.5 Nutzen und Wirtschaftlichkeit

3.5.1 Nutzen

Die Gründe für den Einsatz von CAQ-Systemen liegen in der immensen Zunahme qualitätsrelevanter Daten der Produkte begründet, die durch neue gesetzliche Vorschriften (z.B. Produkthaftungsgesetz) über längere Zeiträume zur Nachweisführung aufbewahrt werden müssen. Außerdem fordern die Kunden von ihren Lieferanten immer öfter die Anwendung fehlervermeidender Verfahren in der Fertigung, beispielsweise den Einsatz der statistischen Prozeßregelung (SPC).

Welche konkreten Vorteile sich für ein Unternehmen ergeben, wenn es ein CAQ-System einführt, läßt sich nicht allgemeingültig beantworten. Vielmehr muß jedes Unternehmen für sich selbst entscheiden, welchen Nutzen es aus dem System ziehen möchte. Prinzipiell lassen sich jedoch folgende Vorteile durch ein CAQ-System erzielen:

- Qualitätsverbesserung,

- Erhöhung der Datensicherheit,

- organisatorischer Nutzen,

- informeller Nutzen,

- juristischer Nutzen,

- DIN EN ISO 9000 Nutzen und

- wirtschaftlicher Nutzen.

Die oben genannten Vorteile können jedoch nur dann aus einem CAQ-System gezogen werden, wenn es systematisch entsprechend den Anforderungen des Unternehmens ausgewählt wird. Ist dies nicht der Fall, so kann es passieren, daß sich trotz hohem Aufwand kein Nutzen einstellt.

Fragebogen für Referenzkunden

Welche Konfiguration ist in Ihrem Betrieb installiert ?

☐ CAQ-Netzwerk

☐ Wareneingang /– ausgang   Anz. Arbeitsplätze: .....   seit: ... / ...
■ SPC   Anz. Arbeitsplätze: .....   seit: ... / ...
☐ Prüfmittelverwaltung   Anz. Arbeitsplätze: .....   seit: ... / ...

Wie ist der Service und die Betreuung durch den CAQ-Hersteller ?

☐ sehr gut
■ gut
☐ ausreichend
☐ schlecht

Wie ist die Akzeptanz des Systems durch Ihre Mitarbeiter ?

☐ sehr gut
■ gut
☐ ausreichend
☐ schlecht

Wie waren bisher die durch Systemfehler bedingten Stillstandszeiten ?

WE / WA	SPC	Prüfmittelverwaltung
☐ keine	☐ keine	☐ keine
☐ niedrig	■ niedrig	☐ niedrig
☐ mittel	☐ mittel	☐ mittel
☐ hoch	☐ hoch	☐ hoch

Wie sind die Antwortzeiten des Systems bei hoher Auslastung ?

WE / WA	SPC	Prüfmittelverwaltung
☐ kurz	☐ kurz	☐ kurz
☐ befriedigend	☐ befriedigend	☐ befriedigend
☐ lang	☐ lang	☐ lang

Wie ist Ihre Beurteilung des Systems ?

WE / WA	SPC	Prüfmittelverwaltung
☐ sehr zufrieden	■ sehr zufrieden	☐ sehr zufrieden
☐ zufrieden	☐ zufrieden	☐ zufrieden
☐ ausreichend	☐ ausreichend	☐ ausreichend
☐ unzufrieden	☐ unzufrieden	☐ unzufrieden

Bild 3-14 Fragebogen für Referenzkunden

– **Qualitätsverbesserung**

Aspekte der Qualitätsverbesserung stehen bei den meisten Entscheidungen für ein CAQ-System im Vordergrund. Hierbei hängt jedoch der erbrachte Nutzen sehr stark von der Anwendung des Systems ab. Ein System, das nur zur reinen Meßwerterfassung und -dokumenation eingesetzt wird, wird sicherlich keine merkliche Qualitätsverbesserung bringen.

Eine Qualitätsverbesserung wird sich erst dann einstellen, wenn das System auch zusätzlich zur systematischen Schwachstellenanalyse über den Produktlebenslauf eingesetzt wird. Erst aufgrund dieser Analysen und Informationen läßt sich eine effiziente Qualitätslenkung einrichten, die gezielt Abstellmaßnahmen plant, deren Einführung überwacht und auf ihre Wirksamkeit hin überprüft.

Durch den Einsatz des Moduls zur Statistischen Prozeßregelung (SPC) läßt sich die Selbstprüfung vorort an der Maschine wirkungsvoll unterstützen. Dabei werden dem Bediener aufgrund der aktuell ermittelten Qualitätslage Veränderungen des Prozesses (z.B. Werkzeugverschleiß) angezeigt, so daß der Bediener frühzeitig, d.h. noch bevor schlechte Teile produziert werden, in die Lage versetzt wird, durch entsprechende Maßnahmen (z.B. Werkzeugwechsel) regelnd in den Prozeß einzugreifen. Durch den kurzen Regelkreis stellt die SPC ein effektives Hilfsmittel zur Fehlervermeidung in der Produktion dar. Voraussetzung für die Wirksamkeit und Akzeptanz dieses Systems ist speziell bei diesem Einsatzgebiet die einfache Bedienbarkeit. Bunte und mit Daten überladene Bildschirme sind hier nicht angebracht.

– **Erhöhung der Datensicherheit**

Während der Prüfdatenerfassung wird der Bediener bei seiner Arbeit durch das System geführt und unterstützt. Die Gefahr der Verfälschung von Meßwerten, wie sie früher durch das Ablesen und Aufschreiben von Meßwerten entstehen konnte, wird heutzutage durch die Möglichkeit der on-line-Meßwerterfassung, d.h. der direkten Meßwertübergabe von einem Meßmittel mit Digitalausgang an das CAQ-System, nahezu ausgeschlossen. Integrierte Plausibilitätskontrollen helfen zudem, Falschmessungen zu erkennen. Durch die zentrale Datenhaltung bei CAQ-Netzwerken können außerdem wirkungsvolle Datensicherungskonzepte gefahren werden, die eine hohe Datensicherheit gewährleisten.

– Organisatorischer Nutzen

Durch die im CAQ-System enthaltenen Ablaufstrukturen werden die Benutzer dazu angehalten, sich an die im allgemeinen normkonformen Abläufe zu halten. Dadurch wird eine saubere Vorgehensweise bei der Abarbeitung von Prüfaufträgen gewährleistet. Durch die Möglichkeit der Vergabe von Zugangsberechtigungen wird außerdem sichergestellt, daß nur für die Aufgabe befähigtes Personal in die Lage versetzt wird, wichtige Produkt- bzw. Firmendaten einzugeben und zu verändern (z.B. Prüfpläne, Teilestamm).

– Informeller Nutzen

Der Großteil der CAQ-Systeminstallationen wird in einem CAQ-Netz gegebenenfalls mit einer Rechnerkopplung zur betrieblichen EDV realisiert. Einzelplatzlösungen sind heutzutage eher die Ausnahme, da die Vernetzung der einzelnen CAQ-Stationen folgende entscheidenden Vorteile für den betrieblichen Informationsfluß mit sich bringt:

– Datenaktualität

Durch die Vernetzung stehen sämtliche Qualitätsdaten an allen CAQ-Stationen in derselben Aktualität zur Verfügung. Dies ist besonders dann von Vorteil, wenn Daten geändert werden, da auf die geänderten Daten unmittelbar nach der Änderung im gesamten Betrieb zugegriffen werden kann.

– Änderungsdienst

Der Arbeitsaufwand zur Pflege der Qualitätsdaten wird bei gleichzeitiger Erhöhung der Verfügbarkeit und der Datenaktualität gesenkt. Aufwendige Tätigkeiten des Änderungsdienstes lassen sich auf die für die Änderung verantwortliche Stelle/Person konzentrieren. Somit wird das, was bei einer Papierorganisation meist nur schwer und unter Zeitverzögerung zu erreichen ist, sichergestellt, daß nämlich alle im Betrieb mit denselben aktuellen Daten arbeiten.

– Transparenz

Bei der Bearbeitung von Aufträgen steigt die Transparenz, da die Meister bzw. der QS-Ingenieur sich jederzeit den aktuellen Status der Aufträge, ähnlich der Leitstandsfunktion im PPS-System, im CAQ-System anzeigen lassen können.

– Reduzierung des Prüfarbeitsaufwandes

Durch den Einsatz von Rechnern lassen sich insbesondere Prüfaufwand und Prüfzeiten um bis zu einem Drittel reduzieren. Um den Prüfaufwand, auch einzelner Merkmale an die Qualitätshistorie (z.B. gleichbleibend gute Ware eines bestimmten Lieferanten) anzupassen, bieten die CAQ-Systeme die Möglichkeit zur Prüfauftragsdynamisierung. Dabei wird bei gleichbleibend guter Qualität eines Lieferanten oder einer Maschine der Prüfaufwand für die Prüfmerkmale schrittweise reduziert oder sogar zeitweise auf totalen Prüfverzicht (skip-lot) gesetzt.

Der Arbeitsaufwand, der früher durch das Ablesen und Aufschreiben von Meßwerten entstand, wird durch die Möglichkeit der on-line-Meßwerterfassung, d.h. der direkten Meßwertübergabe eines digitalen Meßmittels, entscheidend reduziert.

– Reduzierung der Durchlaufzeiten

Die Reduzierung des Arbeitsaufwandes der Aufträge durch Prüfaufwandsdynamisierung und on-line-Meßwerterfassung trägt außerdem zur Verringerung der Durchlaufzeiten der Aufträge bei. Eine zusätzliche Reduzierung der Durchlaufzeiten läßt sich durch die Integration des CAQ-Systems in die betriebliche IV-Umgebung erreichen, wobei die CIM-Integration des CAQ-Systems in starkem Maße von den betrieblichen Anforderungen und der Integrationsfähigkeit der einzubindenden Systeme abhängt. Man kann daher nicht von einem allgemeingültigen CIM-Konzept sprechen.

Durch die Rechnerkopplungen erfolgt der Datenaustausch zwischen den Systemen schneller. Bei einer PPS-Kopplung erhält das CAQ-System beispielsweise direkt nach der Verbuchung des Wareneingangs im PPS-System die Aufforderung zur Durchführung der Wareneingangsprüfung. Nach abgeschlossener positiver Wareneingangsprüfung erhält das PPS-System vom CAQ-System die Freigabe des Materials zur Fertigung.

Neben kürzeren Lieferzeiten trägt die Reduzierung der Durchlaufzeiten auch zur Verringerung der Bestände und damit auch des gebundenen Kapitals bei.

– Juristischer Nutzen

Einige der Systeme bieten die Möglichkeit zur Chargen- oder gar Einzelteilverfolgung. Dies ist insbesondere bei dokumentationspflichtigen Teilen wichtig, um im Falle eines Produkthaftungsfalles den Entlastungsbeweis antreten zu können.

– DIN EN ISO 9000 Nutzen

Rechnergestützte Qualitätssicherung nach DIN EN ISO 9000 bedeutet mehr als nur die Einführung eines CAQ-Systems. Genauso falsch ist es auch zu denken, durch die Einführung eines CAQ-Systems ein zertifizierbares QS-System zu erhalten. Vielmehr müssen alle im Betrieb vorhandenen Rechnersysteme auf ihre CA-Fähigkeit für die Qualitätssicherung hin untersucht und entsprechend ihrer Eignung eingesetzt werden. CAQ-Systeme, wie sie heute auf dem Markt angeboten werden, decken nur in Teilbereichen die Forderungen (QS-Elemente) der Norm ab (Bild 3-10). Innerhalb dieser Teilbereiche unterstützen sie aber in jedem Fall wirkungsvoll die Tätigkeiten der Dokumentation und Verwaltung.

3.5.2 Wirtschaftlichkeit von CAQ-Systemen

Bei der Frage nach der Amortisationszeit eines CAQ-Systems lagen die Meinungen der CAQ-Anbieter und der CAQ-Anwender weit auseinander. Gaben die CAQ-Anbieter eine durchschnittliche Amortisationszeit von etwa zwei Jahren an, so schätzten die CAQ-Anwender diese hingegen auf etwa fünf Jahre (Bild 3-15).

Die lange Amortisationszeit liegt sicherlich darin begründet, daß sich zwar auf der einen Seite die Fehler- und Fehlerfolgekosten sowie die Prüfkosten durch den Betrieb des Systems verringern, auf der anderen Seite jedoch die Fehlerverhütungskosten, beispielsweise die Kosten für die Prüfplanung, in der Anfangsphase stark ansteigen und diese Kurve erst nach einigen Jahren abflacht. Als Berechnungsgrundlage hierfür dienen zum einen die Qualitätskosten, die zwischen 5% bis 15% der Herstellkosten angesetzt werden und zum anderen das Einsparungspotential durch die CAQ-Einführung, das auf etwa 3% bis 5% der Qualitätskosten pro Jahr geschätzt wird.

Generell ist zu sagen, daß natürlich auch ein nicht unerheblicher Aufwand zum effektiven Betrieb des Systems notwendig ist, der aber durch den Nutzen des Systems aufgewogen wird. Neben dem in der Anfangsphase immer auftretenden höheren Aufwand wird sich vor allem in der Nutzungsphase ein verstärkter Wunsch nach detaillierteren Informationen (z.B. Qualitätskostenermittlung, Schwachstellenanalysen) einstellen. Im Gesamten gesehen wird sich jedoch der Arbeits- und Personalaufwand von der operativen Ebene zur planerischen/lenkenden Ebene verlagern, so daß die Möglichkeit der Höherqualifikation des auf der operativen Ebene frei werdenden Personals besteht.

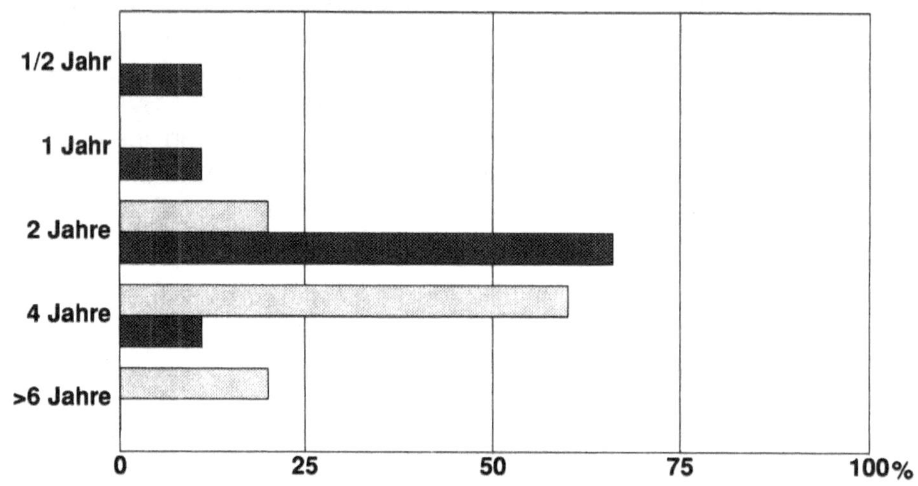

Kosten (Anwender)	0. Jahr	1. Jahr	2. Jahr	3. Jahr	4. Jahr	5. Jahr
gesamt	+	+	O	O	–	–
Fehlerverhütungskosten	+	+	+	+	+	+
Prüfkosten	+	+	O	O	O	–
Fehler– und Fehlerfolgekosten	+	O	O	–	–	–

Kosten (Anbieter)	0. Jahr	1. Jahr	2. Jahr	3. Jahr	4. Jahr	5. Jahr
gesamt	+	O	–	–	–	–
Fehlerverhütungskosten	+	+	–	–	–	–
Prüfkosten	+	–	–	–	–	–
Fehler– und Fehlerfolgekosten	O	O	–	–	–	–

Legende: + Zunahme; o konstant; – Abnahme

Bild 3-15 Amortisation von CAQ-Systemen

4 Funktionen und praktische Einsatzbeispiele von CAQ-Elementen

Nach dem Überblick über CAQ-Strategien und der Einbindung in die im Unternehmen installierten PPS-, CIM- und Logistik-Systemen in Abschnitt 2 sowie der Übersicht zu am Markt verfügbaren CAQ-Werkzeugen in Abschnitt 3, werden im folgenden die den einzelnen Qualitätssicherungs- und Management-Funktionen zuzuordnenden CAQ-Bausteine ausführlich und beispielhaft für verschiedene Praxisanwendungen beschrieben. Diese exemplarisch ausgewählten Einsatzfälle für CAQ sollen Anregungen zur Lösung der spezifischen Problemstellungen im jeweiligen Unternehmen liefern.

4.1 CAQ im Lebenszyklus eines Produktes

Bereits in Bild 1-2 in Abschnitt 1 sind die CAQ-Elemente im Lebenszyklus zusammengestellt. Bild 4-1 zeigt die Hauptfunktionen im Produktlebenszyklus und die Aufgaben des Qualitätsmanagements in einer größeren Firma. Sie zeigt deutlich den *hohen Anspruch*, die *hohe Komplexität* und den *großen Umfang* einer integrierten CAQ-Lösung im Unternehmen. Das Qualitätsmanagementsystem (QM-System) umfaßt folgende drei Stufen:

- *Selbstprüfung* bzw. *Qualitätseigenverantwortung* in allen leistungserbringenden Bereichen,

- *operative Qualitätssicherungsaufgaben* der Institution Qualitätssicherung und

- Audit für das eigene Unternehmen (*internes Audit*) und die Zulieferer (externes Audit).

Weil die Verantwortung an die leistungsbringenden Bereiche delegiert und Audits nachgeschaltet sind, wirkt ein solches System als *mehrstufiger Qualitätsfilter*.

Bild 4-1 zeigt darüber hinaus aber noch den derzeitigen Veränderungsprozeß, dem die Organisation Qualitätssicherung und damit auch QM-Systeme unterliegen. Dieser Veränderungsprozeß, der die Umsetzung des Gedankenguts des *Total Quality Management* (TQM) zum Ziele hat, verläuft über *alle Phasen* der Produktplanung, -erstellung und -nutzung. In der Auslegungs- und Planungsphase ist das *Simultaneous Engineering* (SE; gleichzeitige Bearbeitung verschiedener Vorgänge in Produktentwicklung und Produktionsplanung) auch für die Erfordernisse der Qualitätssicherung von großer Bedeutung. Hierbei ist es notwendig, das mit Planungs- und Lenkungsaufgaben betreute QS-Personal in die Planungsteams von Entwicklung, Einkauf und Produktion mit einzubinden.

Betrachtet man die bisher allein dem QS-Personal zugeordneten Aufgaben, so stellt man trendmäßig im Rahmen der Verantwortungsübertragung im TQM-Prozeß eine *explosionsartige Aufgabenneuzuordnung* fest, und zwar nach Bild 4-1 in Pfeilrichtung zu:

– vermehrter Selbstprüfung,

– steigendem Anteil präventiver QM-Methoden,

– intensiverem Einsatz überwachender Werkzeuge und

– stärkerer Berücksichtigung kundenorientierter QM-Elemente.

Hierbei ist zu beachten, daß der *Zeitpunkt der Fehlerfeststellung* von entscheidender Bedeutung für die *Kosten* ist. Je früher ein Fehler erkennbar ist, desto geringer sind seine Auswirkungen und somit seine Kosten. Im Produktlebenszyklus erhöhen sich die Kosten von Phase zu Phase um etwa den Faktor 10. Deshalb wird es immer wichtiger, die Fehler bereits im frühesten Entwicklungsstadium zu vermeiden (vorbeugende bzw. *präventive Qualitätssicherung*).

Die entsprechenden QM-Funktionen müssen in die logistischen und prozeßkettenorientierten Produkterstellungsabläufe eingebunden sein. In Bild 4-2 wird gezeigt, wie die Aufgaben der Qualitätssicherung in die Datenbanken anderer CA-Techniken (CA: Computer Aided: rechnerunterstützt) eingebettet werden können.

Alle in einem Unternehmen vorhandenen Datenbanken können für die Realisierung eines funktionierendes QM-Systemes verwendet werden. Hierbei zeigt sich, daß ein CAQ-System nur einen geringen eigenen Datenerfassungsaufwand benötigt, da alle Daten von anderen Funktionsträgern für die Aufrechterhaltung ihrer Funktion bereits benötigt und gepflegt werden. Ob es sich um die Verwaltung der Stammdaten einer Zeichnung handelt oder das Führen von aktuellen Ersatzteilkatalogen. Die meisten Systeme müssen nur geringfügig an die Anforderungen der DIN ISO bzw. der TQM-Philosopie angepaßt werden.

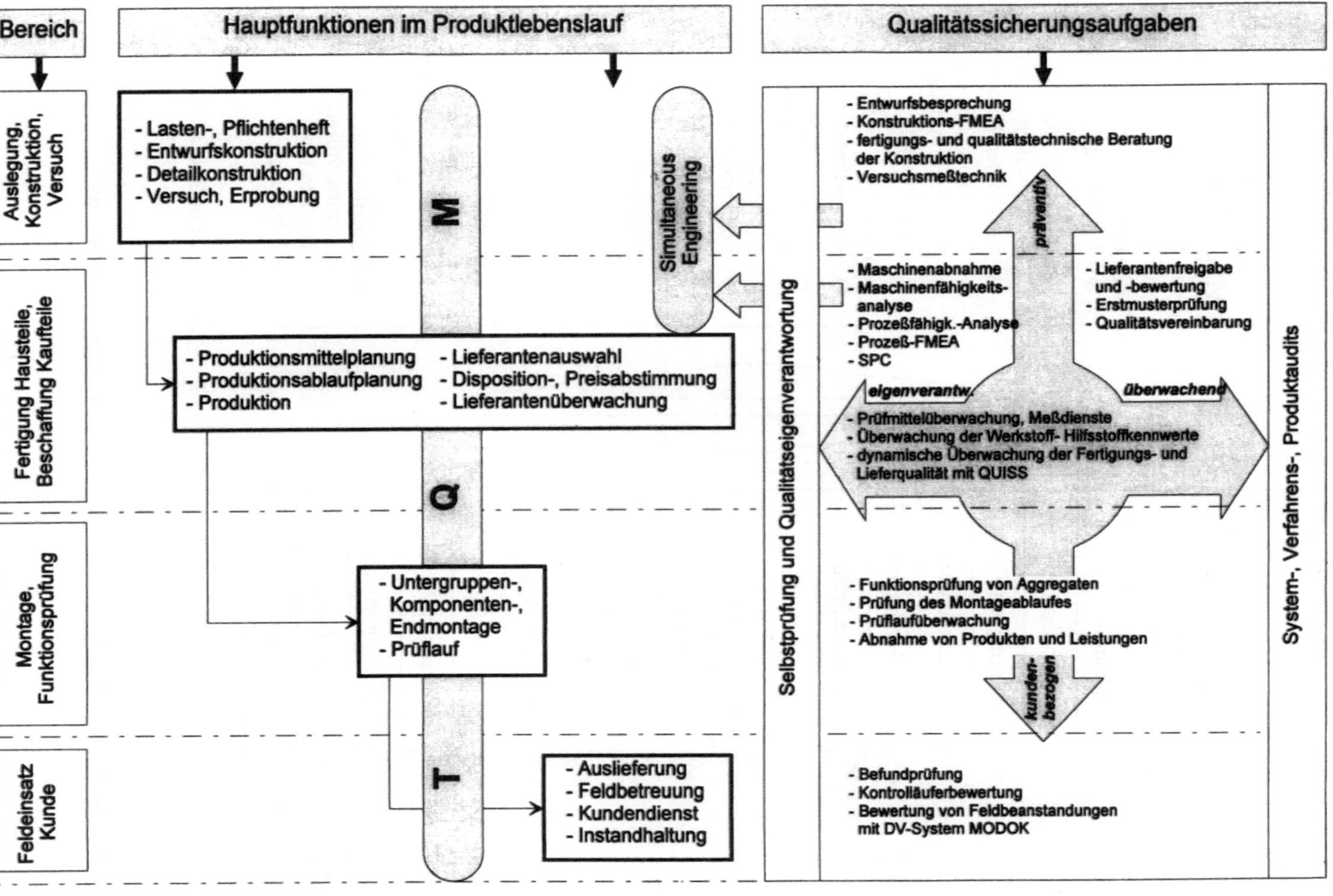

Bild **4-1** Aufgaben des Qualitätsmanagements im Produktlebenszyklus

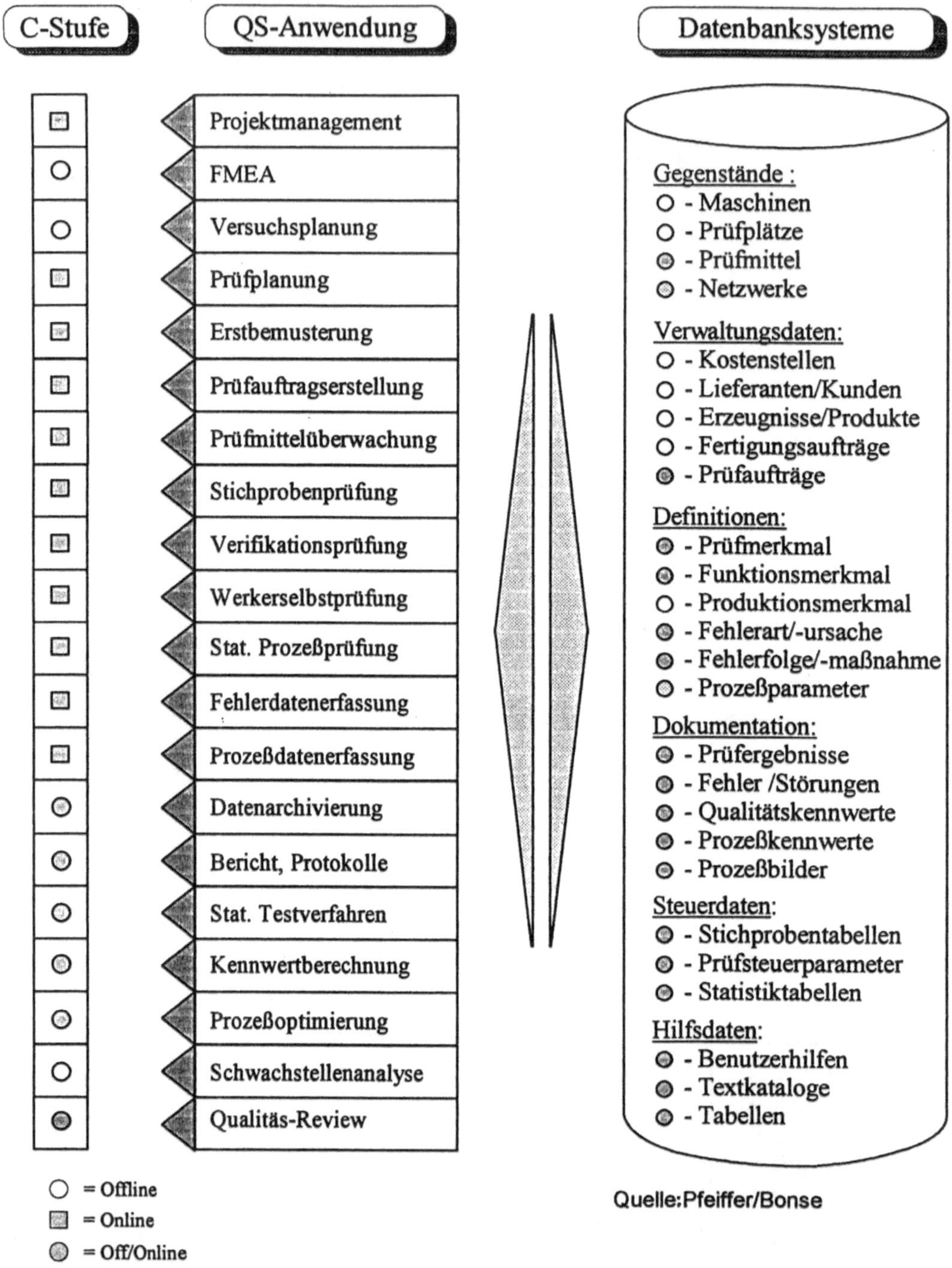

Bild 4-2 Integration von Qualitätssicherung in verschiedenen CA-Systemen

4.1.1 CAQ in der Qualitätsplanung

Qualitätsmanagement und auch die Möglichkeit einer Rechnerunterstützung fangen bereits im Entstehungsprozeß eines Produktes an. Bei der konstruktiven Auslegung eines Bauteils müssen eine Reihe von Anforderungen und Kriterien berücksichtigt werden. Beginnend bei der optimalen Toleranzauslegung bis zur möglichst einfachen Gestaltung in der Zeichnung sind die funktionellen, aber auch kostenbezogenen Rahmenbedingungen durch den Konstrukteur einzuhalten. Erst bei der Berücksichtigung aller dieser Einflußfaktoren ist eine hohe Entwicklungsqualität und somit eine erfolgreiche Qualitätsplanung erreicht. 70 % aller Kosten eines Produktes werden direkt oder indirekt bereits in der Phase Entwicklung und Konstruktion der Produkte festgelegt. Zur Zeit kommen in der Qualitätsplanung hauptsächlich unterstützende IV-Werkzeuge für die Aufbereitung wie beispielsweise bei der FMEA oder beim Projektmanagement zum Einsatz.

Der derzeitige Stand gering vernetzter Rechnerunterstützung in der Qualitätsplanung allgemein wird sich jedoch in naher Zukunft durch Einsatz von Expertensystemen, Fuzzy-Logik und neuronalen Rechnern ändern. Mit diesen zukunftsträchtigen Werkzeugen können Strategien wie Simultaneous Engineering oder Projektmanagement voll mit Rechnerunterstützung umgesetzt werden.

4.1.1.1 Projektierungsphase

Eine umfassende Produkt- und damit auch Qualitätsplanung beginnt bereits im Vorfeld der Produktdefinition. An den Auftrag der Unternehmungsleitung zur Entwicklung eines neuen Produkts muß sich die Erstellung eines Lastenheftes durch das Marketing anschließen. Hieraus wird dann das Anforderungsprofil für das Pflichtenheft der Entwicklung erarbeitet.

In allen Phasen ist eine Systematisierung und Dokumentation im Rahmen eines Projektmanagements notwendig. Dies geschieht üblicherweise mit Balkenplänen (Gantt-Diagrammen, Bild 4-3), Netzplänen und Meilensteinen.

Wichtig in der Phase der Vorplanung eines neuen Produktes ist die Festlegung von Qualitätszielen und Bauteilzielkosten. Hierbei handelt es sich um eine Aufgliederung der Qualitätsvorgaben, Herstellkosten auf Grundlage der vom Marketing ermittelten Marktanforderungen bzw. des zu erzielenden Marktpreises auf die Einzelbauteile. Auch die Erarbeitung der Zielkosten kann programmunterstützt ablaufen. Hier kommen Programme mit Simulations- und Variantenvergleichsmodulen zum Einsatz. Weitere Anwendungsfelder in der Phase der Bauteilentwicklung sind:

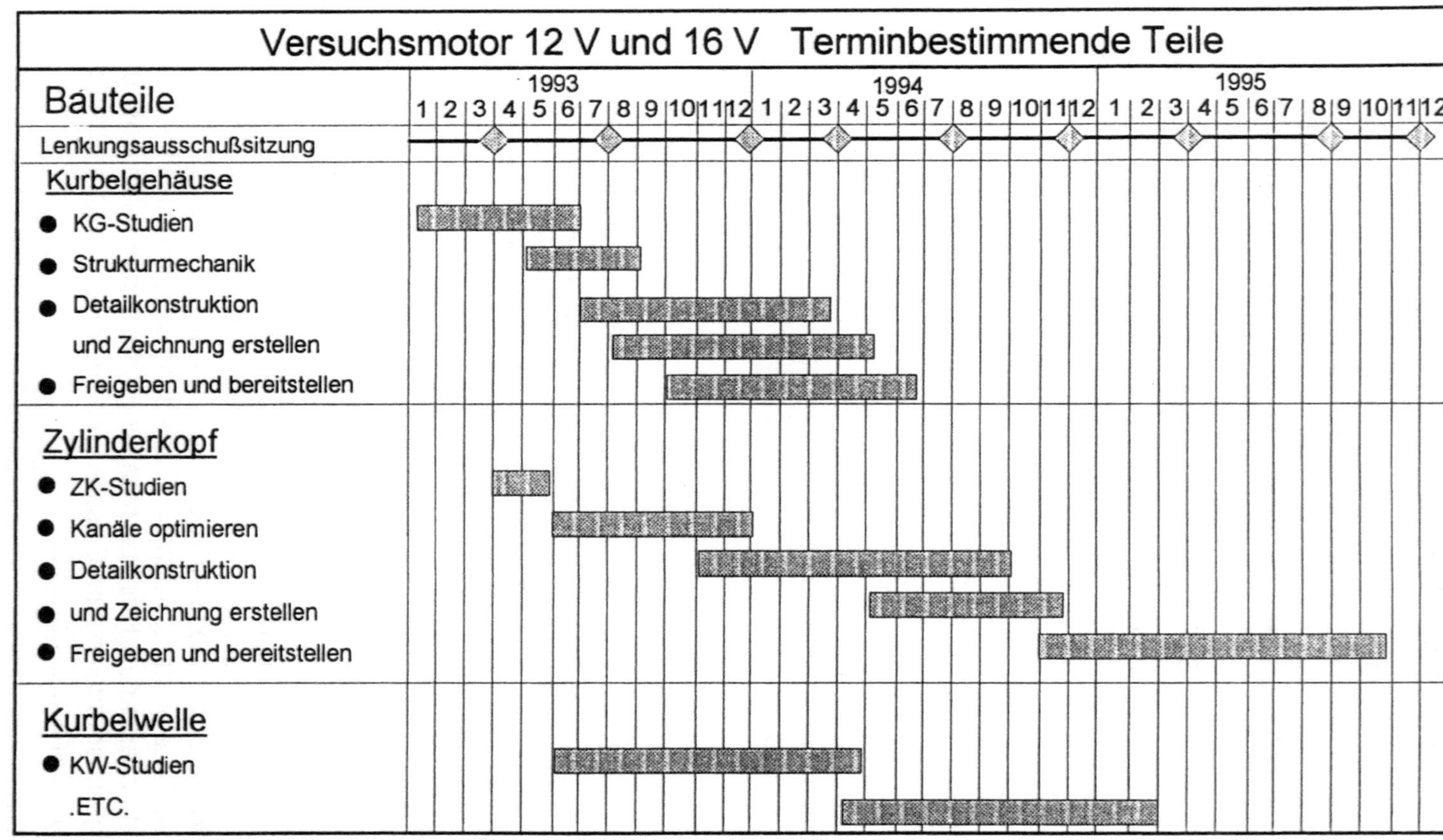

Bild 4-3 Balkendiagramm eines Projektplanes in der Planungsphase

- Berechnungen (z. B. Finite Elemente, Festigkeit-, Haltbarkeit und Schwingungsrechnung),

- Quality Function Deployment (QFD),

- Design of Experiments (DOE) und

- Fehlermöglichkeits- und Einflußanalyse (FMEA).

Diese Methoden benötigen zum Teil eine erhebliche Rechnerleistung, um die Auslegungsphase zu unterstützen.

4.1.1.2 Quality Function Deployment (QFD)

Wesentliche Merkmale eines umfassenden Qualitätsmanagements ist eine verstärkte *Kundenorientierung*. Ausgangspunkt ist die Qualität aus *Sicht des Kunden*. Kundenzufriedenheit orientiert sich am Erfüllungsgrad der Vorstellung des Kunden zur tatsächlichen Güte des Produktes. QFD ist ein methodengestützter Prozeß, mit dem man die Bedürfnisse und Forderungen der Kunden in Produkt- und Prozeßeigenschaften systematisch umsetzt, wie Bild 4-4 zeigt.

Dabei geht man in folgenden Schritten vor:

1. Schritt: Festlegen des Teams

Es wird ein fachübergreifendes Team zusammengestellt. Beim *Kick-off-Meeting* werden die verantwortlichen Manager mit eingeladen, um die Unterstützung durch das Management von vornherein zu sichern. In dieser Sitzung werden die Ziele erläutert, diskutiert und klar abgegrenzt.

2. Schritt: Identifizieren des Kundenkreises

Ziel dieser Phase ist Beschreiben des ausgesuchten Kundenkreises. Hierbei werden die Meinungsbilder (Hauptkunden) und Entscheider (Einkaufsabteilung, Abteilungsleiter) herausgefunden.

3. Schritt: Kundenbefragung planen

Um die speziellen projektbezogenen Kundenwünsche einzuholen, werden Fragegebiete (z. B. Mechanik, Bedienbarkeit, Optik) und das Befragungsverfahren festgelegt.

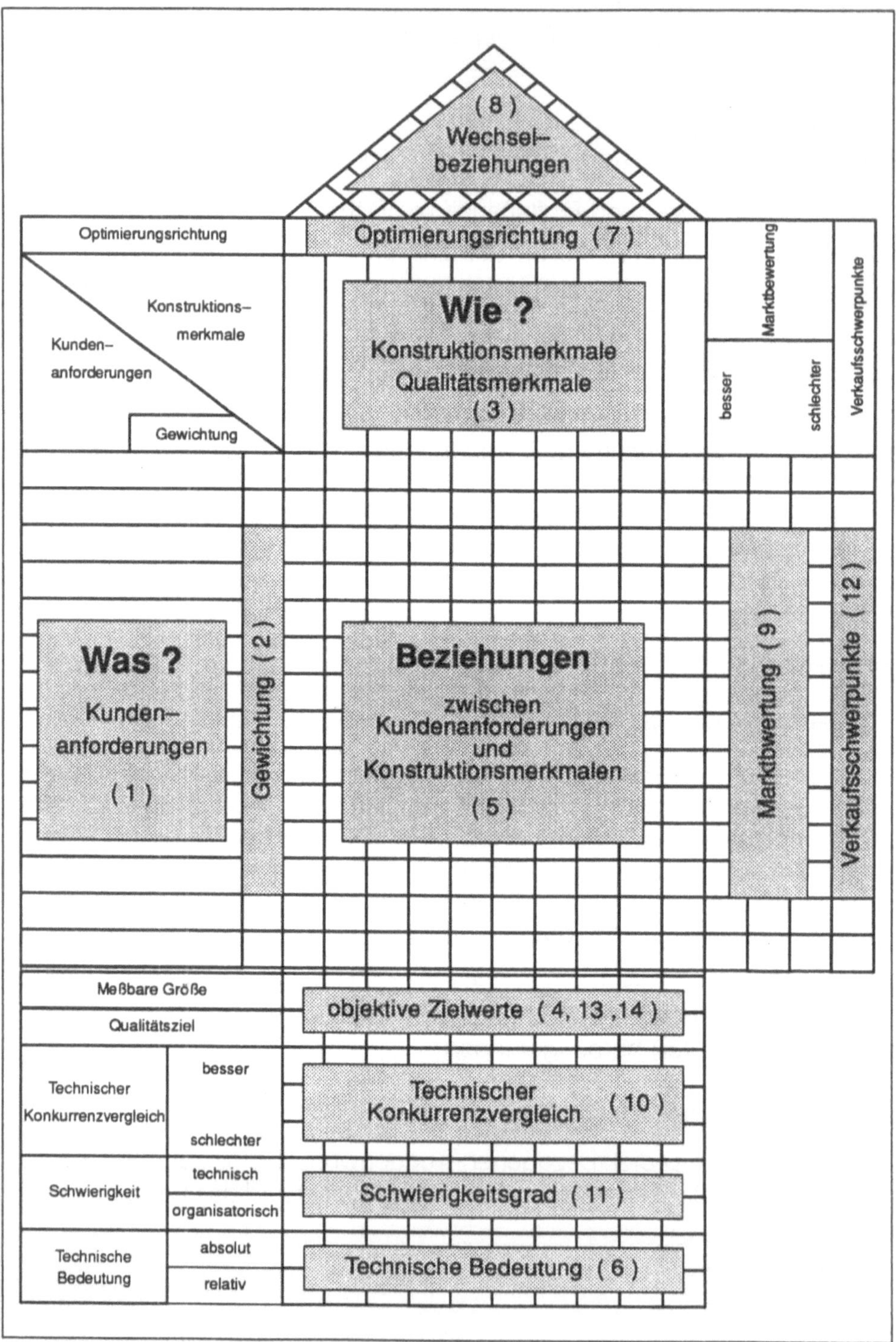

Bild 4-4 Systematik und Darstellung von QFD

4. Schritt: Kundenwunsch analysieren

Wenn die Wünsche des Kunden festliegen, wird definiert, wie das Produkt auszusehen hat und wie gut die Produktmerkmale die Kundenwünsche erfüllen (Stärke/Schwäche-Analyse aus Kundensicht).

5. Schritt: Qualitätsmerkmale ableiten

Zu jedem Kundenwunsch wird ein quantifizierbares Produkt- bzw. Qualitätsmerkmal gefunden. Damit wird ein subjektiver Kundenwunsch in eine meßbare Größe umgesetzt und festgestellt, wie gut die Wettbewerber in der technischen Realisierung sind.

6. Schritt: Produktbeschreibung erarbeiten

Die zur Festlegung der Produktspezifikation erforderlichen Informationen werden erarbeitet.

Zur Bearbeitung der einzelnen Phasen kann die Planung durch ein tabellenorientiertes Programm auf der Basis von *Excel, Lotus* oder ähnlichem durchgeführt werden. Bild 4-5 zeigt eine computererstellte QFD.

4.1.1.3 Design of Experiments (DOE, statistische Versuchsplanung)

Nach der Produkt- und Qualitätsplanung kommen die Phasen der Entwicklung und Produktionsplanung. Während dieser Zeit werden die ersten Versuche an Teilsystemen geplant und durchgeführt. Um diese Versuche wirtschaftlich durchzuführen, haben sich die Methoden der statistischen Versuchsplanung bewährt. Hierbei werden Computer sowohl bei der Vorbereitung als auch bei der Auswertung eingesetzt. Bei der statistischen Versuchsmethodik wird besonderer Wert auf eine gründliche Planung und Einsatz interdisziplinärer Teamarbeit gelegt. Das Sprichwort: „Probieren geht über Studieren" wird nahezu umgekehrt: sorgfältige Vorbereitung eines Versuches ist unumgänglich. Dabei hat sich in der Praxis folgende Vorgehensweise bewährt:

- *Aufgabenbeschreibung*

  Die gestellte Aufgabe wird schriftlich festgelegt.

- *Auswahl des Teams*

  Spezialisten aus verschiedenen Bereichen werden in ein Team berufen.

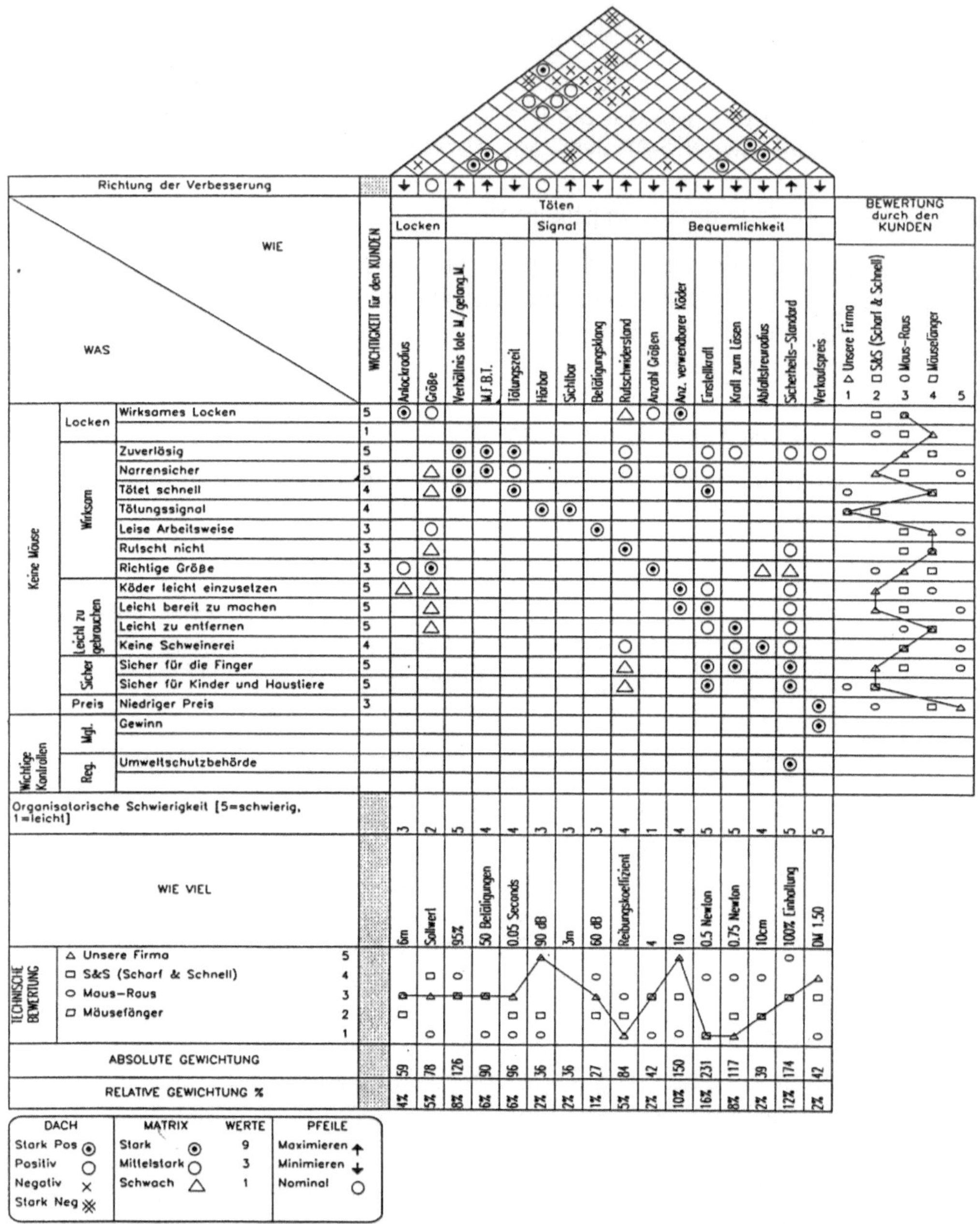

Bild 4-5 Computerunterstütztes QFD (Quelle: QualiSoft)

– Festlegung der Zielgröße

Es wird eine meßbare Größe als Zielgröße vorgegeben, die das Ziel beschreibt.

- *Auswahl der Einflußgrößen*

  Sie verändern den Wert der Zielgröße.

- *Bestimmung der Wertstufen*

  Das sind Werte, auf die man die Einflußgrößen einstellen kann, bzw. die zum Zeitpunkt des aktuellen Versuches herrschen.

- *Festlegung der Anzahl von Wertstufen*

  Bei *linearer* Abhängigkeit sind *zwei* Wertstufen ausreichend, andernfalls sind drei oder mehr erforderlich.

Als Versuchsmethoden kommen in Frage:

- *One-by-one-Faktor-Methode*

  Um den Einfluß jeder Einflußgröße deutlich erkennen zu können, wird immer nur eine Einflußgröße verändert und das Ergebnis festgehalten. Das Versuchsergebnis besteht dann aus der Summe der Einzelergebnisse.

- *Voll-faktorieller Versuch*

  Es werden die Kombinationen aller Einflußgrößen auf jeder Stufe untersucht. Daraus lassen sich sowohl die Auswirkungen der einzelnen Einflußgrößen, als auch die Wechselwirkung zwischen den Einflußgrößen bestimmen. Nachteilig ist der hohe Versuchsaufwand; denn die Anzahl der Versuche z ergibt sich nach folgender Formel:

$$z = n^{k}$$

(n: Anzahl der Wertstufen und k: Anzahl der Einflußgrößen).

Aus dieser Gleichung erkennt man, daß beispielsweise bei zwei Wertstufen jede weitere Einflußgröße die Anzahl der Versuche verdoppelt. Dies hat den voll-faktoriellen Versuch in seiner Anwendung beschränkt. Man geht heute meist über 4 Einflußgrößen und zwei Wertstufen (d. h. 16 Versuche ohne Wiederholungen) nicht hinaus. Die Kombination der Einflußgrößen und die Matrix der Auswertung sind aus Bild 4-6 (Versuchsplan) und Bild 4-7 (Auswertematrix) abzulesen. Zur Planung der Versuche und zur Berechnung von Haupt- und Wechselwirkungseffekten ist ein Rechnerunterstützung unentbehrlich.

Versuchsplan - vollfaktorieller Versuch

Nr.	Einflußgrößen A	B	C	D	Ergebnisse
1	-	-	-	-	Y_1
2	-	-	-	+	Y_2
3	-	+	-	-	Y_3
4	-	+	-	+	Y_4
5	-	-	+	-	Y_5
6	-	-	+	+	Y_6
7	-	+	+	-	Y_7
8	-	+	+	+	Y_8
9	+	-	-	-	Y_9
10	+	-	-	+	Y_{10}
11	+	+	-	-	Y_{11}
12	+	+	-	+	Y_{12}
13	+	-	+	-	Y_{13}
14	+	-	+	+	Y_{14}
15	+	+	+	-	Y_{15}
16	+	+	+	+	Y_{16}

4 Einflußgrößen / 2 Stufen

Bild 4-6 Versuchsplan eines voll-faktoriellen Versuchs

Nr.	1 A	2 B	3 C	4 D	5 AB	6 AC	7 AD	8 BC	9 BD	10 CD	11 ABC	12 ACD	13 ABD	14 BCD	15 ABCD	Ergebnisse
1	-	-	-	-	+	+	+	+	+	+	-	-	-	-	+	$Y_1 =$
2	-	-	-	+	+	+	-	+	-	-	-	+	+	+	-	$Y_2 =$
3	-	+	-	-	-	+	+	-	-	+	+	-	+	+	-	$Y_3 =$
4	-	+	-	+	-	+	-	-	+	-	+	+	-	-	+	$Y_4 =$
5	-	-	+	-	+	-	+	-	+	-	+	+	-	+	-	$Y_5 =$
6	-	-	+	+	+	-	-	-	-	+	+	-	+	-	+	$Y_6 =$
7	-	+	+	-	-	-	+	+	-	-	-	+	+	-	+	$Y_7 =$
8	-	+	+	+	-	-	-	+	+	+	-	-	-	+	-	$Y_8 =$
9	+	-	-	-	-	-	-	+	+	+	+	+	+	-	-	$Y_9 =$
10	+	-	-	+	-	-	+	+	-	-	+	-	-	+	+	$Y_{10} =$
11	+	+	-	-	+	-	-	-	-	+	-	-	-	+	+	$Y_{11} =$
12	+	+	-	+	+	-	+	-	+	-	-	+	+	-	-	$Y_{12} =$
13	+	-	+	-	-	+	-	-	+	-	-	+	+	+	+	$Y_{13} =$
14	+	-	+	+	-	+	+	-	-	+	-	-	-	-	-	$Y_{14} =$
15	+	+	+	-	+	+	-	+	-	-	+	-	-	-	-	$Y_{15} =$
16	+	+	+	+	+	+	+	+	+	+	+	+	+	+	+	$Y_{16} =$
ER-GEB-NIS Stufe (-)																
ER-GEB-NIS Stufe (+)																
ER-GEB-NIS Summe																

Bild 4-7   Auswertematrix für die Haupt- und Wechselwirkungen eines voll-faktoriellen Versuches

– *Teil-faktorieller Versuch*

Auf dem Gebiet der teil-faktoriellen Versuche sind die von *Taguchi* vorgeschlagenen orthogonalen Matrizen vielen Anwendern bekannt. Vorteilhaft ist die *verringerte Anzahl der Versuche* im Vergleich zum voll-faktoriellen Versuch. Der Nachteil besteht darin, daß nicht alle Wechselwirkungen bestimmt werden können, sondern nur die in die Versuchsplanung von Anfang an mit einbezogenen. Weiterhin kann es zu ungenauen bzw. falschen Ergebnissen durch Vermischung von Haupt- und Wechselwirkungseffekten kommen. Ein unbedingt notwendiger *Bestätigungsversuch* gibt Auskunft über die Gültigkeit des Versuchsergebnisses. Aus diesen Gründen muß bei der Versuchsplanung von teil-faktoriellen Versuchen besonders sorgfältig vorgegangen werden.

– *Versuchsmethode nach Shainin*

Shainin nennt eine Reihe unterschiedlicher Methoden, um die Anzahl der Versuche im Vergleich zum voll-faktoriellen Versuch zu verringern. Dabei wird aber empfohlen, wenn 4 oder weniger Einflußgrößen untersucht werden sollen, immer den voll-faktoriellen Versuch anzuwenden. Die anderen Versuchsmethoden dienen vor allen Dingen der Reduzierung von Einflußgrößen, um letztendlich zu einer übersichtlichen Anzahl zu kommen, die sich dann durch den voll-faktoriellen Versuch einigermaßen wirtschaftlich untersuchen läßt. Die von ihm vorgeschlagenen Methoden beruhen im allgemeinen auf dem Vergleich zwischen guten und schlechten, vorhandenen und besseren Einheiten.

Shainins Vorgehen ist geprägt von ingenieurmäßigem, statistischem Denken und gesundem Menschenverstand. Besonders für den weniger vorgebildeten Anwender hält er Methoden bereit, die verständlich und einfach anzuwenden sind (Bild 4-8). Ihre Anwendung ist, neben der Anzahl der Einflußgrößen, auch von anderen Gegebenheiten abhängig. Beispielsweise sind einige Methoden nur anwendbar, wenn sich die zu untersuchenden Einheiten demontieren und wieder zusammenbauen lassen.

– *Versuchsdurchführung und Auswertung*

Die Durchführung der Versuche erfordert große Sorgfalt und Erfahrung. Ziel muß es sein, die Versuchsbedingungen den praktischen Gegebenheiten anzunähern. Wenn möglich, sollten die Versuche in der Fertigung von den zuständigen Mitarbeitern durchgeführt werden. Dies erleichtert auch die Akzeptanz der Ergebnisse durch die zuständigen Mitarbeiter. Es empfiehlt sich, nur *Teilschritte* im Team zu besprechen und die Entscheidungen gemeinsam zu erarbeiten. Nur so ist Wirtschaftlichkeit und Erfolg gewährleistet.

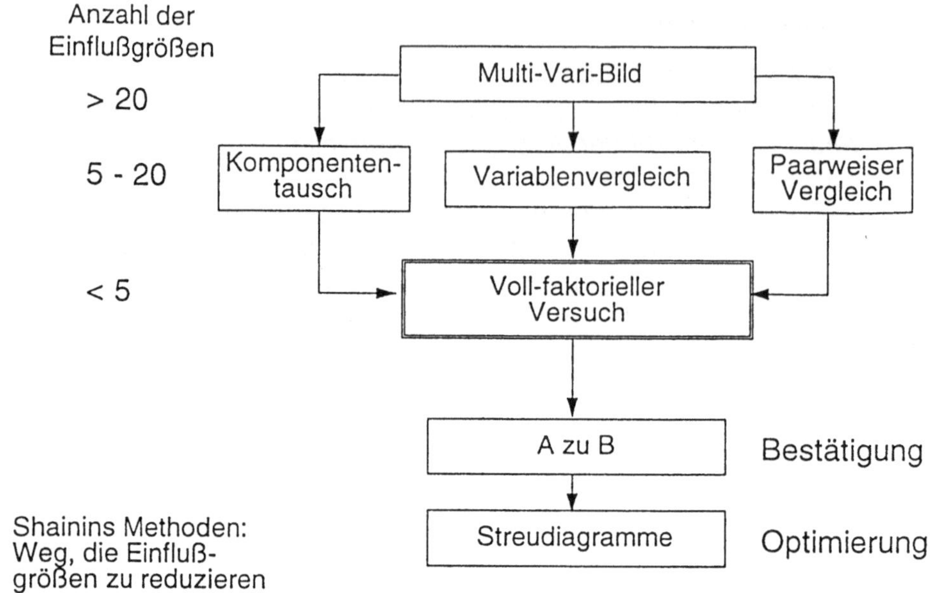

Bild 4-8 Übersicht über Shainins Methoden

Das Ergebnis eines Versuches besteht aus *zwei Teilbereichen*. Zum einen werden die *wichtigsten Einflußgrößen* herausgefiltert, die den stärksten Einfluß auf die Zielgröße haben. Zum anderen werden die *Wertstufen* ermittelt, die dem Optimum entsprechen oder ihm am nächsten kommen. Die Auswertung erfordert einen gewissen Aufwand, bei dem der Rechnereinsatz hilft, schnell und fehlerfrei zu arbeiten.

4.1.1.4 FMEA

Eine der wichtigsten Methoden der systematischen Qualitätsplanung ist die Fehlermöglichkeits- und -einflußanalyse (FMEA). Mit dieser Methode kann man mögliche Fehler bereits im Vorfeld der Produktentstehung aufdecken und mit geeigneten Abstellmaßnahmen verhindern. Diese Methode kann in folgenden drei Bereichen eingesetzt werden:

- als *System-FMEA* zur Analyse eines ganzen Systems (z. B. einer Fabrik) zur Sicherstellung der Qualitätsfähigkeit,

- als *Konstruktions-FMEA* innerhalb der Entwicklungsphase zur Erfüllung der geforderten Funktionen des Pflichtenheftes und als

- *Prozeß-FMEA* innerhalb der Produktionsplanungsphase zur Sicherstellung, daß sich die gewählten Verfahren zur Herstellung der Produkteigenschaften eignen.

Eine FMEA wird nach Bild 4-9 in drei Abschnitten erstellen:

– *Risikoanalyse*

Es wird zunächst eine *Risikoanalyse* durchgeführt. Dazu werden zu den Bauteilen bzw. Prozeßschritten die *potentiellen Fehler* eingetragen. Es sollten Fehler sein, die unter Extrembedingungen auftreten, gleichgültig mit welcher Wahrscheinlichkeit. Im Anschluß daran werden die *Fehlerfolgen* eingetragen, die *Fehlerursachen* erfaßt und mögliche *Maßnahmen* zur Vermeidung der Fehler aufgelistet.

– *Risikobewertung*

Man errechnet eine *Risikoprioritätszahl (RPZ)* durch Multiplikation der einzelnen Bewertungsfaktoren für die *Auftretenswahrscheinlichkeit (A)*, die *Bedeutung (B)* als Maß für die Auswirkung des Fehlers und die *Entdeckungswahrscheinlichkeit (E)*. Es gilt:

RPZ = Auftreten (A)*Bedeutung (B)*Entdeckung (E).

Die Risikoprioritätszahl (zwischen 1 und 1.000) gibt an, mit welcher Priorität Verbesserungsmaßnahmen für die verschiedenen Fehler vorzusehen sind. In der Praxis geht man davon aus, daß Fehler mit einer RPZ > 125 als kritisch anzusehen sind. Ebenso sollten Fehler mit einer Einzelbewertung größer als 8 (B>8, A>8 oder E>8) weiter verfolgt werden.

– *Risikominimierung*

Für besonders risikobehaftete Bauteile bzw. Prozesse wird mittels FMEA eine Risikominimierung durchgeführt. Das Erarbeiten der notwendigen Verbesserungsmaßnahmen erfolgt in der Regel in Teamarbeit und besitzt einen stark kreativen Charakter.

Im einzelnen will man mit dieser Methode

– kritische Komponenten und potentielle Schwachstellen herausfinden,

– potentielle Fehler vor der Entstehung erkennen,

– mögliche Risiken sichtbar machen und in Relation zu anderen Fehlern gewichten,

– aufbauend auf den Ergebnissen der Analyse prioritätsbezogen risikominimierende Maßnahmen einleiten und

– das Wissen und die Erfahrung der Experten dokumentieren, transparent und wieder verwertbar machen.

IPA FhG	Fehlermöglichkeits- und -einflußanalyse KONSTRUKTIONS-FMEA ▨ PROZEß-FMEA ☐					Teil-Name Verstellasche Lichtmaschine			Teil-Nummer 90 HF-10145-aa			
Bestätigung durch betroffene Abteilungen und/oder Lieferant	Name/Abt./Lieferant R. Müller/TB/Schmidt KG · KH. Müller/Qualitätssicherung			Name/Abt./Lieferant H. Schmidt/Werktechnik · R. Maier/Preßwerk		Modell/System/Fertigung 1990/03/X13			Technischer Änderungsstand A/369 437/KC			
						Erstellt durch (Name/Abteilung) M. Schmitz/Techn.Entwicklung			Datum 14.08.93		Überarbeitet 23.08.93	

Systeme/Merkmale	Potentielle Fehler	Potentielle Folgen des Fehlers	D	Potentielle Fehlerursachen	Vorgesehene Prüfmaßnahmen	DERZEITIGER ZUSTAND Auftreten	Bedeutung	Entdeckung	Risiko-Prioritätszahl (RPZ)	Empfohlene Abstellmaßnahme	Verantwortlichkeit	VERBESSERTER ZUSTAND Getroffene Maßnahmen	Auftreten	Bedeutung	Entdeckung	Risiko-Prioritätszahl (RPZ)
Antrieb Lichtmaschine	Material-ermüdung	Verstellasche bricht; Lichtmaschine wird nicht angetrieben (lädt nicht)		Übermäßiger Materialeinzug an den Kanten und Löchern		2	6	10	120	Zulässigen Materialeinzug festlegen	Prod.-Entw. KW 44/93	mit technischer Änderung A 98765 AC vom 1/86 Einzug auf max. 4mm festgelegt	1	6	5	30
				Falsches Material benutzt	Zugversuch am Rohmaterail (1/Coil)	1	6	10	60							
				Materialfehler (Verformrisse)	Prüfung (5 Teile/Stunde)	1	6	10	60	Sichtprüfung auf Verformrisse	Fertigungsprüfung Fa. Schmidt ab 13.12.93	mit technischer Änderung A 98765 HC vom 1/86 Forderung: "Frei von Verformungs-rissen"				
				Dimensionsab-weichungen	Prüfung der wichtigsten Merkmale am Fertigteil (5 Teile/Stunde)	1	6	5	30							
				Tatsächliche Beanspruchung übersteigt Konstruktionsgrundlage		4	6	10	240	Konstruktions-änderung	Prod.-Entw. KW 47/93	mit technischer Änderung A 98765 AC vom 1/86 Material um 0.5mm verstärkt	1	6	3	18

Risikoanalyse ← → Risiko-bewertung ← → Risikominimierung →

Wahrscheinlichkeit des Auftretens (Fehler kann vorkommen)		Bedeutung (Auswirkung auf den Kunden)		Wahrscheinlichkeit der Entdeckung (vor Auslieferung an Kunden)		Priorität (RPZ)	
unwahrscheinlich	= 1	kaum wahrnehmbare Auswirkungen	= 1	hoch	= 1	hoch	= 1000
sehr gering	= 2 – 3	unbedeutender Fehler, geringe Belästigung des Kunden	= 2 – 3	mäßig	= 2 – 5	mittel	= 125
gering	= 4 – 6	mäßig schwerer Fehler	= 4 – 6	gering	= 6 – 8	keine	= 1
mäßig	= 7 – 8	schwerer Fehler, Verärgerung des Kunden	= 7 – 8	sehr gering	= 9		
hoch	= 9 – 10	äußerst schwerwiegender Fehler	= 9 – 10	unwahrscheinlich	= 10		

Bild 4-9 FMEA-Formblatt

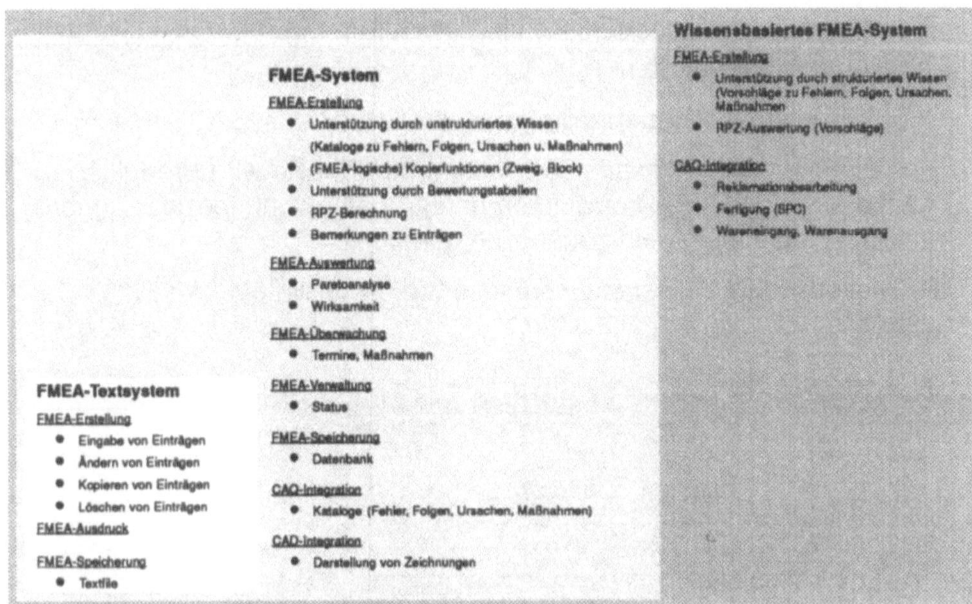

Bild 4-10 Einteilung der FMEA-Software

Die derzeit auf dem Markt befindliche Software läßt sich nach Bild 4-10 in folgende drei Gruppen einteilen:

– **FMEA-Textsystem**

Die einzelnen Informationen werden in ein Textverarbeitungssystem eingegeben. Sie eignen sich nur bedingt zur DV-mäßigen Dokumentation des Wissens in einer FMEA.

– **FMEA-System**

Das sind Programme, die speziell zur maschinellen Auswertung und Fortschrittsüberwachung erstellt wurden. Sie kommen verstärkt als CAQ-Module auf den Markt.

– **Wissensbasiertes FMEA-System**

Diese Systeme beinhalten neben der Funktionalität der FMEA-Systeme auch noch die Möglichkeit, aufgrund von Erfahrungswissen, den Benutzer bei der Erstellung von FMEAs zu unterstützen. Durch konsequente Nutzung solcher Systeme können die in der Praxis häufig auftretende Wiederholungsfehler bis zu 50% wirkungsvoll vermieden werden. Die wichtigste Anforderung ist die einfache Eingabe und Pflege der Wissensbasis. Dabei unterscheidet man

– FMEA-neutrales Wissen (allgemeines Wissen),

– FMEA-spezielles Wissen. Das Wissen der FMEAs wird produktspezifisch aus den FMEA-Formularen erfaßt und sowohl speziell zugeordnet, als auch allgemein zugänglich gemacht.

Die Wissensbasis muß *strukturiert* sein, wie es in Bild 4-11 für PKWs dargestellt ist.

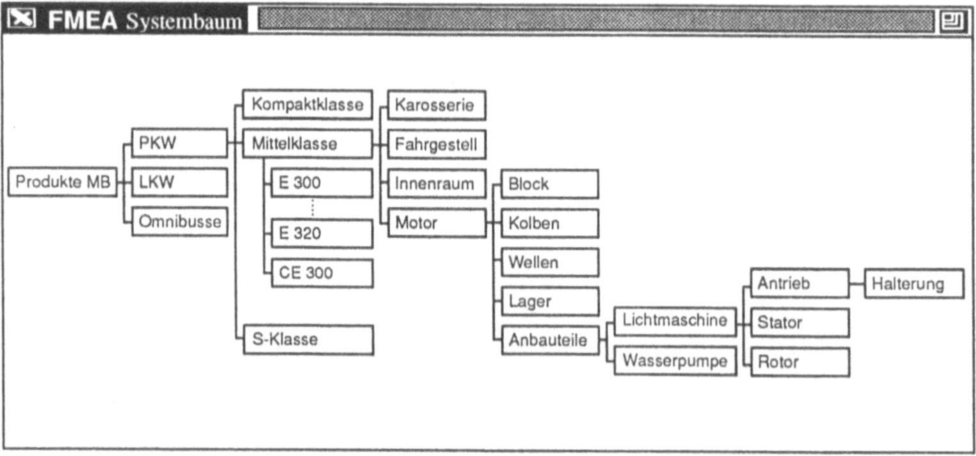

Bild 4-11 Strukturierung des Wissens am Beispiel eines PKWs

Die Benutzeroberfläche eines wissensbasierten FMEA-Systems zeigt Bild 4-12.

Da die FMEA als innerbetriebliche, qualitätssichernde Schnittstelle betrachtet werden muß, muß das FMEA-System entsprechende Schnittstellen zu anderen C-Systemen bereitstellen. In dieser Form leistet FMEA als CAQ-Modul einen ganz wichtigen Beitrag zur gesamtheitlichen (im Sinne von TQM), vorbeugenden Qualitätssicherung im Sinne von CIM. Diese Schnittstellen sind in Bild 4-13 zusammengestellt. Weiterführende, wertvolle Hinweise gibt die DGQ/FQS-Schrift 85-02 „Rechnergestützte, wissensbasierte Erstellung von FMEA" 11/1994.

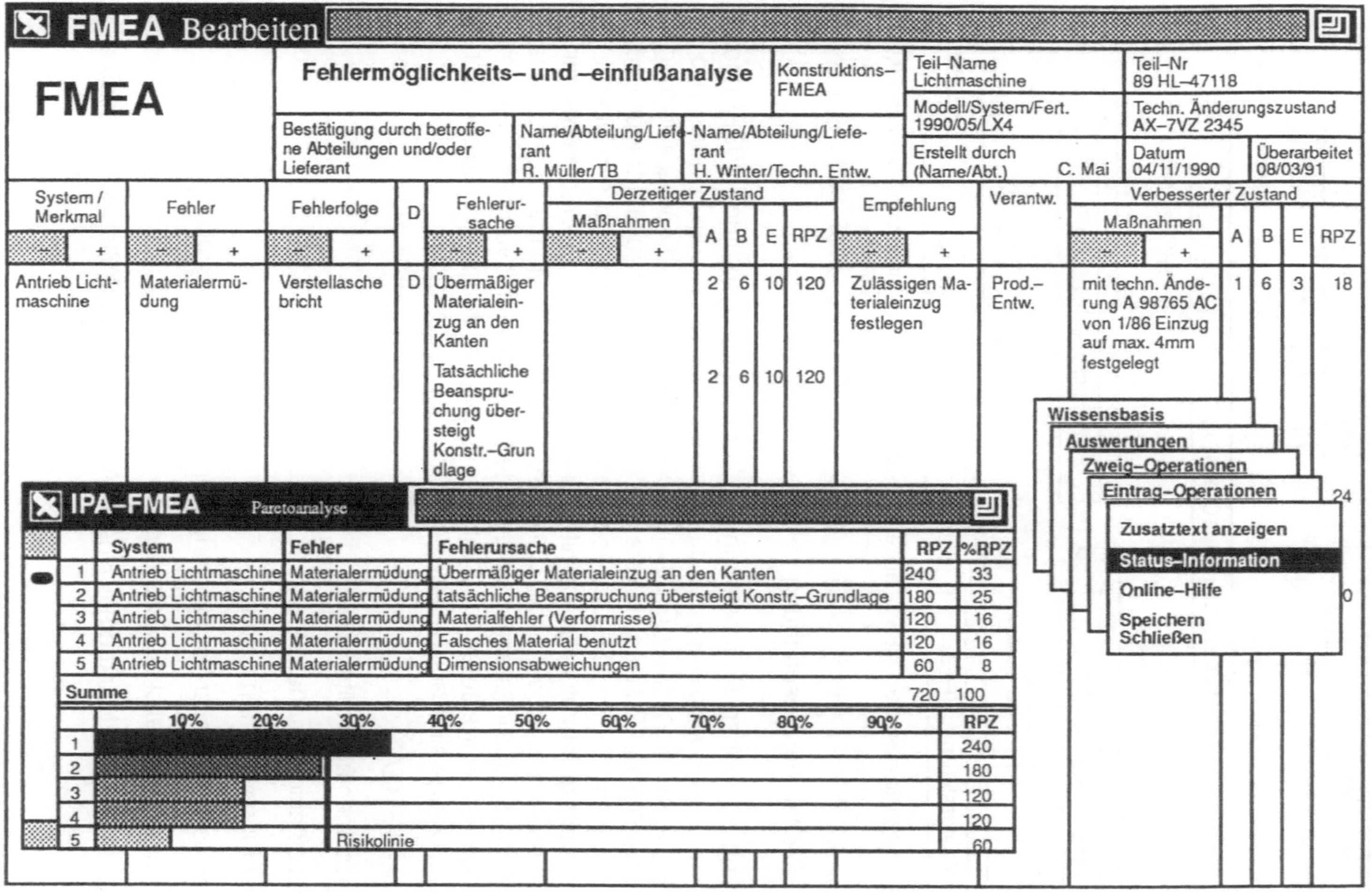

Bild 4-12 Benutzeroberfläche eines wissensbasierten FMEA-Systems

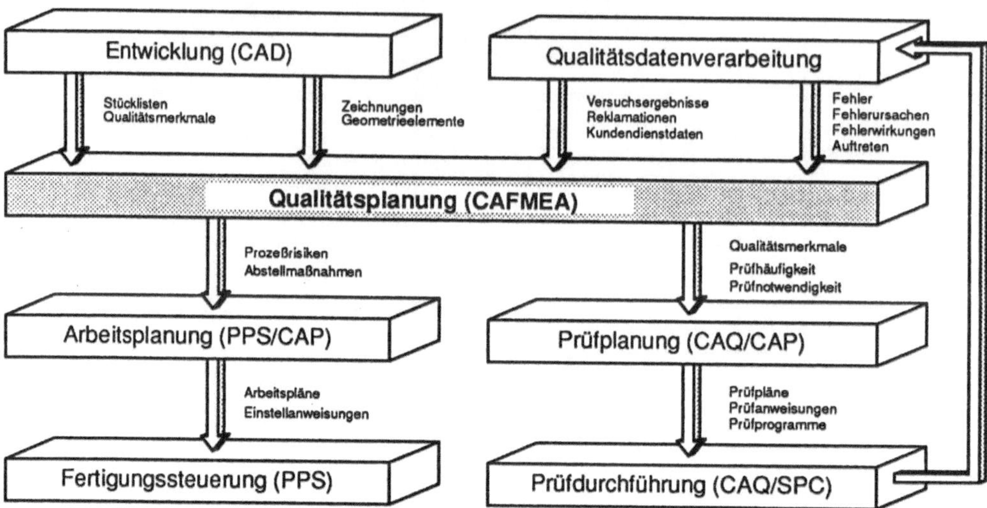

Bild 4-13 Schnittstellen der FMEA zu anderen C-Anwendungen im Sinne von TQM und CIM

4.1.2 CAQ in der Beschaffung

Aufgrund der hohen Prüfkosten in der Wareneingangsprüfung (WEP) und der immer kürzer werdenden Zuliefertermine im Sinne der Just-in-Time-Philosophie gehen immer mehr Großunternehmen dazu über, die Verantwortung für die Qualität der Zukaufteile verstärkt an den Zulieferer zu übertragen und eine minimierte – zum Teil auch keine – Wareneingangsprüfung im eigenen Hause mehr durchzuführen. Damit dies auch mit einem geringstmöglichen Risiko verbunden ist, wird vom Zulieferer ein erhöhtes Maß an Transparenz bezüglich der Qualitätsmerkmale gefordert. Der Zulieferer verpflichtet sich in der Regel, ein festgelegtes QM-System und QM-Werkzeuge einzusetzen. Solche Werkzeuge sind beispielsweise:

– Prozeß-FMEA,

– Maschinenfähigkeitsanalyse,

– Prozeßfähigkeitsanalyse,

– Lieferung von Erstmustern,

– Meldesysteme aller Veränderungen in der Produktherstellung und

– Meldesysteme aller Abweichungen.

Die heute auf dem Markt erhältlichen CAQ-Systeme enthalten meist Module wie :

- Prüfplanung der Kaufteile,

- Dynamische Prüfung der Kaufteile,

- Abwicklung der Prüfberichte,

- Auditdurchführung,

- Lieferantenbewertung und

- Qualitätshistorie.

Mit diesen Modulen ist eine Unterstützung der Wareneingangsprüfung von der planerischen Abarbeitung bis zur Reklamationsbearbeitung im Verbund mit den anderen beteiligten Funktionsbereichen wie Einkauf, Buchhaltung möglich.

4.1.2.1 Prüfplanung für Kaufteile

Eine ausführliche Beschreibung der Prüfplanung, die im Grundsatz für die Kaufteile, Fertigteile, Hausteile und für die Montage gleich ist, erfolgt in Abschnitt 4.1.3.1.

Als planerische Basis für die Prüfung von Zuliefererteilen wird für die weitere Bearbeitung der Sachnummer im CAQ-System ein Prüfplan angelegt. In diesem Prüfplan sind die Anlaufstellen zur Prüfung im Hause vermerkt und die Meßmittel und die Prüflogik festgelegt. So wird zum Beispiel ein Pleuelrohling einer Identifikationsprüfung, einer Chargenprüfung im Hauslabor mit Spektralanalyse und Festigkeitsuntersuchung, einer Maß- und einer Sichtprüfung unterzogen.

Dieser Prüfplan für ein Pleuel wird systemunterstützt bei der Neubestellung einer Sachnummer vom Prüfplaner mit den Lieferantendaten verknüpft. Verknüpfungen können von einem Repräsentaten zu mehreren zugeordneten Sachnummern verwaltet werden. Dies ist insbesondere bei späteren Anpassungen beispielsweise der Prüfschärfen oder Meßmittel von Interesse. Bei einer Verknüpfung muß im Änderungsfall nur eine Sachnummer verändert werden, alle zugeordneten Sachnummern werden dann automatisch nach der gleichen Logik geändert. Beispielsweise wird die Dynamisierungslogik von 3maligem Prüfverzicht auf 4maligen Prüfverzicht wegen einer sehr geringen Beanstandungsrate erhöht. Diese Veränderung wirkt sich dann auf alle verknüpften Sachnummern sofort aus.

Die Dynamisierung bedeutet in diesem Zusammenhang eine systemseitige Planung der Prüfschärfenveränderung aufgrund der Ergebnisse der letzten Prüfungen zu dieser Sachnummer des Lieferanten. Im Beanstandungsfall wird die Prüfung verschärft, d.h. mehr geprüft; bei gutem Ergebnis wird reduziert, d.h. weniger geprüft (*skip-lot-Verfahren*).

Darüber hinaus kann für spezielle Einzelfälle, mit besonderen vom Normalablauf abweichenden Prüfungen oder Prüfschärfen, auf der Sachnummernebene eine planerische oder auch einmalige manuelle Vorgabensteuerung vorgenommen werden, die die Prüfzyklen deutlich erhöht. Bei Lieferungen aus dem eigenen Konzern mit Endprüfung ist sogar eine Verriegelung auf Prüfverzicht möglich. Unter Verriegeln ist hier die Aussetzung der Prüfdynamisierung zu verstehen. Die gewählte Prüfschärfe ist dann für die Sachnummer bis zur nächsten manuellen Änderung immer gleich.

Die bauteilbezogenen Solldaten (z. B. für Maßprüfung oder Spektralanalyse) werden dann aus der Zeichnung und den gültigen Normen entnommen. Der Prüfplaner stellt, eventuell in Abhängigkeit mit der abgespeicherten Qualitätshistorie des Lieferanten, die Sollvorschriften zu einem Prüfplan zusammen.

Um nicht für jede Prüfung einen speziellen Prüfplan erstellen zu müssen, ist es sehr vorteilhaft, *Familienprüfpläne* auszuarbeiten, wie Bild 4-14 dies am Beispiel der Familie „Gewindeschneider" zeigt. Dadurch werden Prüfkosten und Zeit gespart, die Verwaltung der Prüfpläne vereinfacht sowie Fehler in Prüfplänen vermieden.

4.1.2.2 Dynamisierte Prüfung der Kaufteile

Nach Eingang der Teile im Unternehmen wird direkt im Wareneingang bei der Vereinnahmung der Ware eine Dynamisierung im CAQ-Modul angestoßen. Dies ist wichtig, um Transport zur Prüfstelle im Falle von Prüfverzicht zu vermeiden. Bei Prüfverzicht erfolgt ein Druck der Lagerzugangsbelege, bzw. des Transportscheins zur Fertigung oder Montage. Die Dynamisierung im CAQ-Modul wird dokumentiert und die Qualitätshistorie der Sachnummern, Lieferanten hinsichtlich Datum, Menge, Prüfverzicht erstellt. Bild 4-15 zeigt die Erzeugung eines Prüfauftrags mit Dynamisierung.

Dazu werden Übergangstabellen nach Bild 4-16 verwendet, nach denen die Dynamisierung maschinell vorgenommen wird.

Wenn das CAQ-Modul in der logistischen Prozeßkette eine Prüfung anstößt, wird direkt im Wareneingang eine Prüfanweisung, mit allen erforderlichen Daten versehen, ausgedruckt. Ware und Begleitpapiere werden dann an die Wareneingangsprüfung weitergesendet. Dort werden alle Wareneingänge in dortigen Aktionsbildschirmen, sortiert nach Prioritäten der Logistik, angezeigt und sukzessive von den Prüfern selbst abgerufen und abgearbeitet (Bild 4-17).

Den Aufbau und den Ablauf einer Prüfplanung zeigt Bild 4-18.

In Bild 4-19 ist eine dynamisierte Prüfanweisung dargestellt. Signifikant bei der Abarbeitung von Kauf- bzw. Rohteilen ist die Steuerung und Überwa-

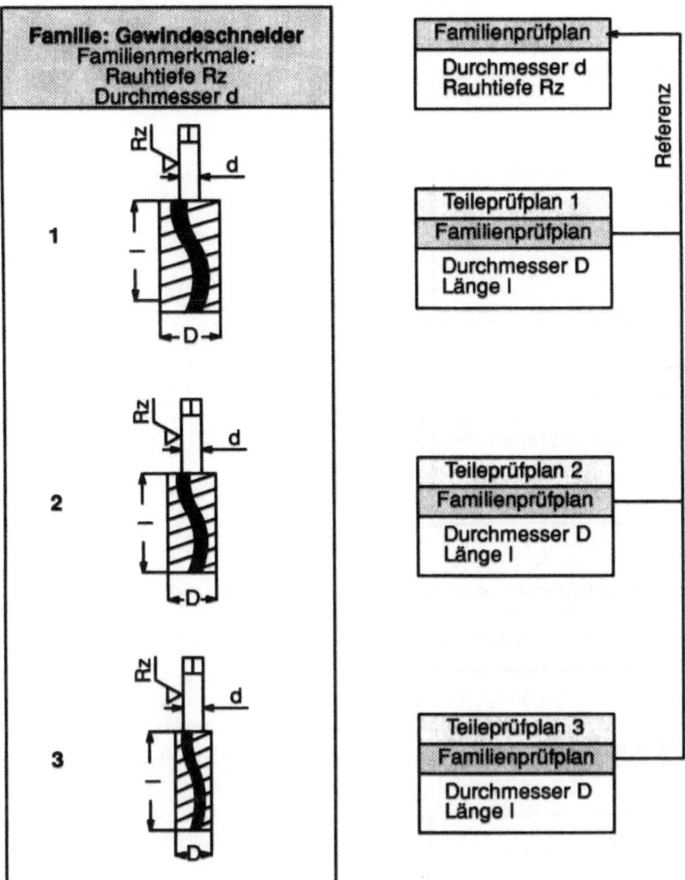

Bild 4-14 Beispiel eines Familienprüfplans

chung der einzelnen Prüfungen in den verschiedensten Stellen des Unternehmens.

In zugeordneten Steuerlisten werden alle beteiligten Prüfstellen vermerkt. Für jede dieser Prüfstellen wird eine detaillierte Prüfanweisung mitgedruckt. Die Wareneingangsprüfstelle übernimmt die Versendung der Unterprüfaufträge

Prüfauftragsgenerierung
mit Dynamisierung

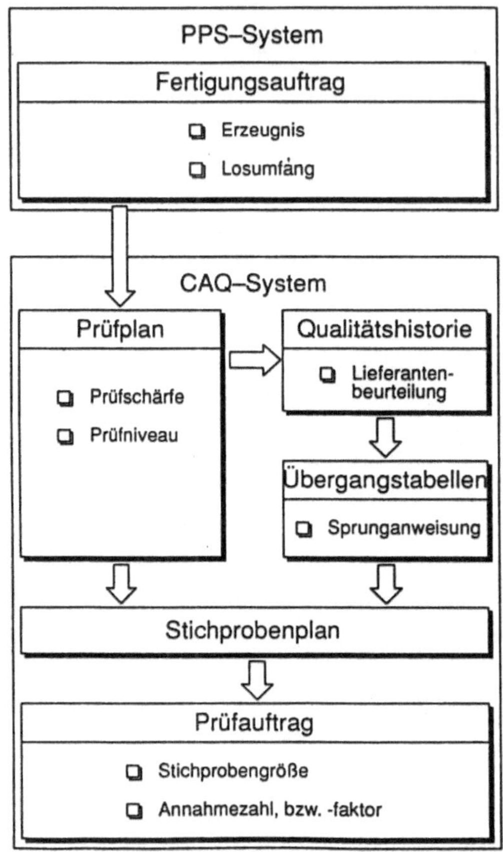

Bild 4-15 Generierung eines Prüfauftrags mit Dynamisierung

an die verschiedenen Prüfstellen wie: Metallabor, chemisches Labor etc. und überwacht den Rückfluß der geprüften Teile bzw. Prüfergebnisse.

Bei Prüfgeräten mit entsprechender elektronischer Schnittstelle kann der Prüfauftrag auch direkt online im Rechner-Rechner-Datenaustausch verarbeitet werden. Beispiel hierfür sei ein Spektralanalysegerät, das üblicherweise über eine geeignete Rechnereinheit zur Verarbeitung der Prüfergebnisse verfügt. Diese Verbindung wird dann selbstverständlich auch zur automatischen Abmeldung der Prüfergebnisse durch den Rechner des Prüfgerätes zurück an den CAQ-Rechner im Wareneingang genutzt. Somit kann – je nach Ausrüstung – eine teilautomatisierte oder vollautomatisierte und auch weitgehend von menschlichen Fehleingaben unabhängige Abarbeitung der Prüfaufträge erfolgen.

Übergangstabellen nach ISO 3951

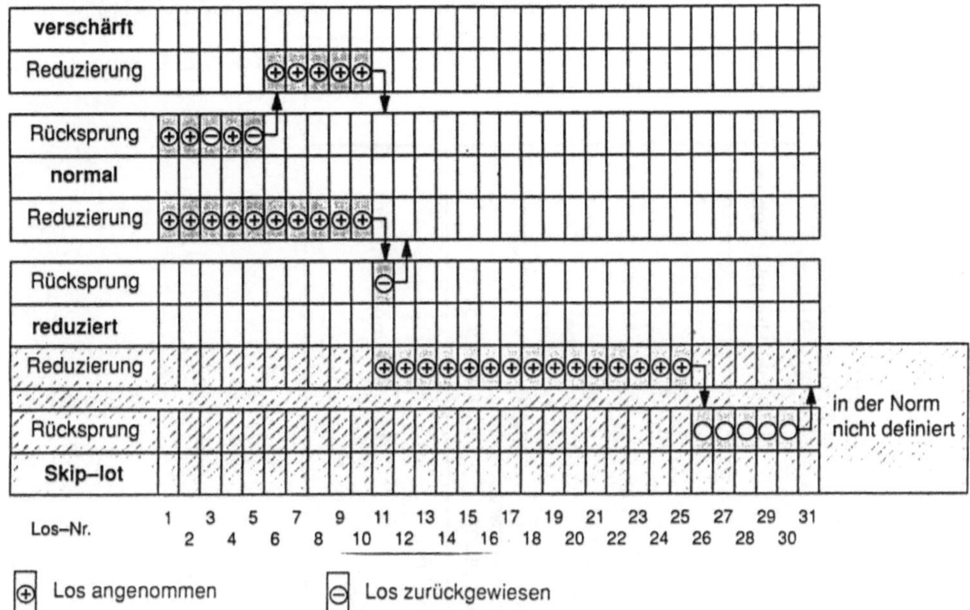

Bild 4-16 Übergangstabellen nach ISO 3951

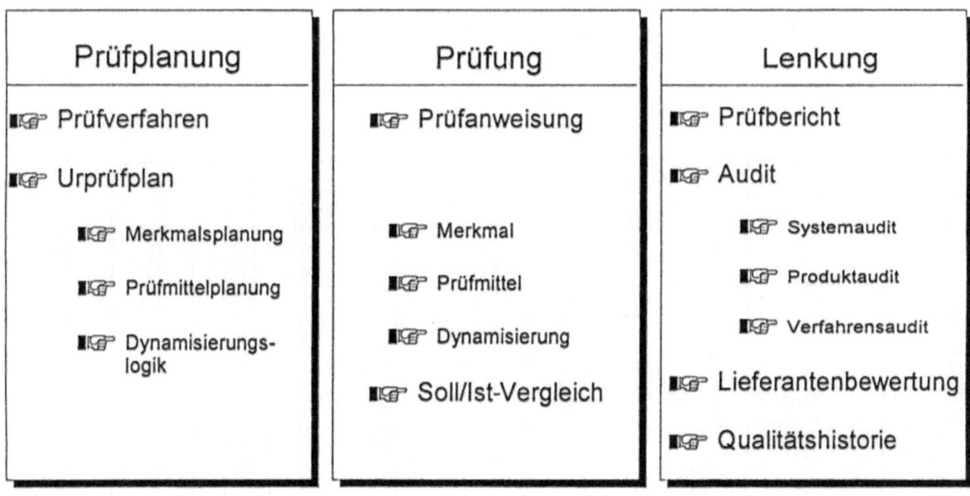

Bild 4-17 Module der CAQ-Wareneingangsprüfung

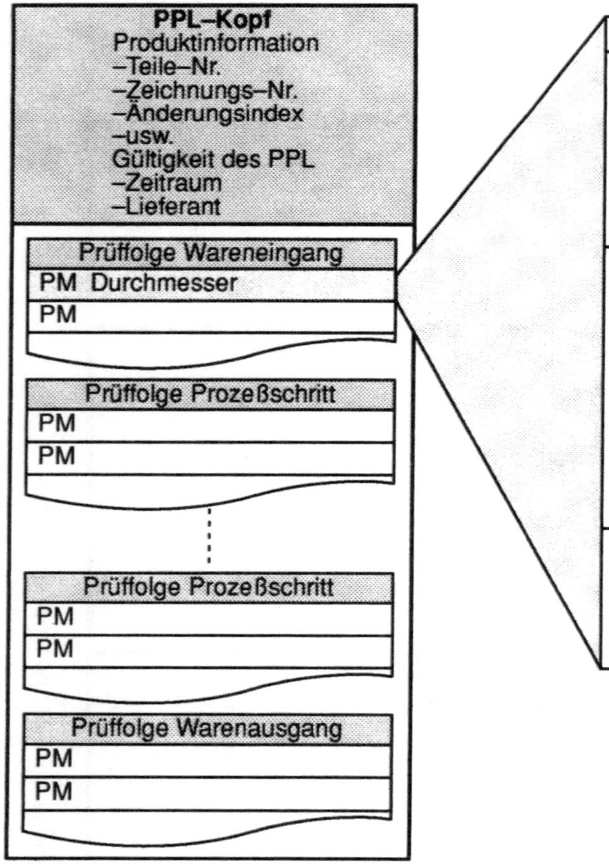

		losbez.	SPC
Prüfmerkmalsangaben			
– Bezeichnung	Durchmesser	x	x
– Ausprägung	(v)ariabel,(a)ttributiv	x	x
– Sollmaß/Toleranz	20h7 od. 20+0/–0,	x	x
– Eingriffsgrenzen	Typ	–	x
– Fehlerklasse	(k)ritisch,(H)aupt,(N)eben	x	x
Prüfung			
– Stichprobenplan	AQL 1.0	x	–
– Stichprobengröße		–	x
– Prüfschärfe	(n)ormal	x	–
– Stichprobenfrequenz	Stunden	–	x
– Prüfmittelklasse	Meßschieber	x	x
– Prüfmittel	MS 0–150mm	x	x
– Meßmethode	(a)bsolut,(v)ergleichend	x	x
– Kalibriermeister/–intervall		x	x
– Meßwertverknüpfung	Mittelwertbildung	x	x
Zusatzinformation			
– Prüfanweisung	Text, Prüfvorschrift–Nr.	x	x
– (CAD–)Prüfskizze		x	–
– Regelkarte	$\bar{x}$, s, p, np, c, u	–	x

Bild 4-18 Aufbau und Ablauf einer Prüfplanung

Beachte: Neuer Ablauf ohne Ausschußbeleg
Werk : 4 PA-NR: 5265

Mustermann	**Prüfanweisung**	Für Bestellung-Nr. Position TN: 301469 001 11	Datum : 27.01.95

Dorflein	Prüfstelle: 001 P	Bezeichnung: QSE 1	Kostenstelle 2015	**Durchlaufstelle 800**

| Sachnummer: | 556 544 43 20 | Benennung : Kolbenbolzen | Prüfplaner: ENZ/KOB |
| Zeichnungsnummer: | 556 544 43 20 | | Erst.Datum: 12.04.92 |

Sachnummerinformation: **Erstlieferung der Firma Maier von der neuen Fertigungstranferstraße III**

Lieferantennr: 142501	Wareneingansmenge: 35,00	Mengeneinheit : Stck	Dynamisierungsdatum: 26.01.95	letzte Dynamisierung:

Lieferant: Süddeutsche Kühlerfabrik Maier	88042 Münchhausen	Ansprechpartner Qualitätsmanagement: Huber 07165/556776

Werkstoff : AL SI MG 5	Zusatzangaben: keine	Prüfnorm: MTQ 5009	Abmessung:Platte 1,3 x 2,08 x 1,2

Prüf-vorgang	Art	Prüfvorgang, Beschreibung des Sollzustandes, Nennmaß/Kleinstmaß/Größtmaß	Häufigkeit t	Textnr. Blockkz.	Prüfmittel Prüfunterlagen	ZBL FLD	zu Prüfende Menge
0600		Schichtdicke	1	1201	Schichtdickenprüfgerät	1/12F	10
0301	2	Härteprüfung Brinell 210/180/240 HB Benutze Wuchtdorn 6666	1		Härteprüfgerät 701223	1/1G.	35
T402	T	Nach abgeschlossener Prüfung müssen die Teile in Kostenstelle 1192 gewaschen werden.				1/3B	35
0402		Kalkmilchprüfung			Rißprüfanlage	1/7N	35

Prüfunterlagen : Keine
Überwachung nicht eingeschalten:
Prüfmenge für die Prüfstelle 001: 35,00 Stück

Bild 4-19 Dynamisierte Prüfanweisung

Die Ergebnisse der einzelnen Prüfstellen werden sofort und online in das CAQ-System zurückgemeldet. Somit ist eine maschinelle Überwachung der Prüflinge möglich und durch Soll-Ist-Vergleiche jederzeit der Aufenthaltsort einzelner Teile bzw. der aktuelle Bearbeitungsstand eines Prüfloses ermittelbar.

4.1.2.3 Abwicklung der Erstmusterprüfung

Jedes erstmals von einem Lieferanten gelieferte Bauteil unterliegt einer Erstbemusterung. Davor muß wie bereits erwähnt eine positive Lieferantenbewertung, mittels eines Systemaudits, gegebenenfalls auch der Nachweis einer Zertifizierung nach DIN EN ISO 9000 ff erfolgt sein. Die Erstbemusterung wird vom CAQ-Modul über die Tabellensteuerung überwacht und aufgezeigt. Eine weitere Prüfung von dieser Sachnummern/Lieferantenzuordnung ist nur nach manuellem Setzen der Lieferantenfreigabe möglich.

Im Falle einer beigestellten Meßdokumentation werden in der Erstmusterprüfung noch die wichtigsten der vom Lieferanten geprüften Maße auf den eigenen Meßgeräten unter den eigenen Bedingungen gegengeprüft und verglichen. Hiermit wird eine Systemqualifizierung der Lieferanten bzgl. der Herstell- und Meßmöglichkeiten bzw. Meßgenauigkeiten sichergestellt.

In der nächsten Phase erfolgt eine Ergebnisbeurteilung bzw. -bewertung. Die Ist-Maße werden mit den Soll-Maßen verglichen und Abweichungen auf ihre Funktionsbeeinflussung geprüft. Als Ergebnis der Erstbemusterung erfolgt die Lieferantenfreigabe mittels eines Erstmusterprüfberichtes und eines Meßberichtes. Beim Abnehmer wird eine Qualitätshistorie angelegt sowie die Prüfplanung für dieses Bauteil auf Basis der Ergebnisse angepaßt. Eine Bildschirmmaske zur Erfassung des Erstmusterprüfberichts zeigt Bild 4-20, und ein maschinell erstellter Erstmusterprüfbericht ist in Bild 4-21 zu sehen.

– **Auditdurchführung**

Bei jedem Wareneingang wird ein systemseitig verwaltetes und ausgelöstes Produktaudit durchgeführt. Im Falle häufiger Beanstandungen oder aus anderen Anlässen ist ein Wiederholsystem- oder Verfahrensaudit beim Lieferanten vorzusehen.

Durch ein solches Auditsystem wird eine größtmögliche Sicherheit gewährleistet. Störungen beim Lieferanten lassen sich so rechtzeitig anzeigen, und es können geeignete Gegenmaßnahmen unternommen werden, ohne die Lieferfähigkeit des eigenen Unternehmens zu gefährden.

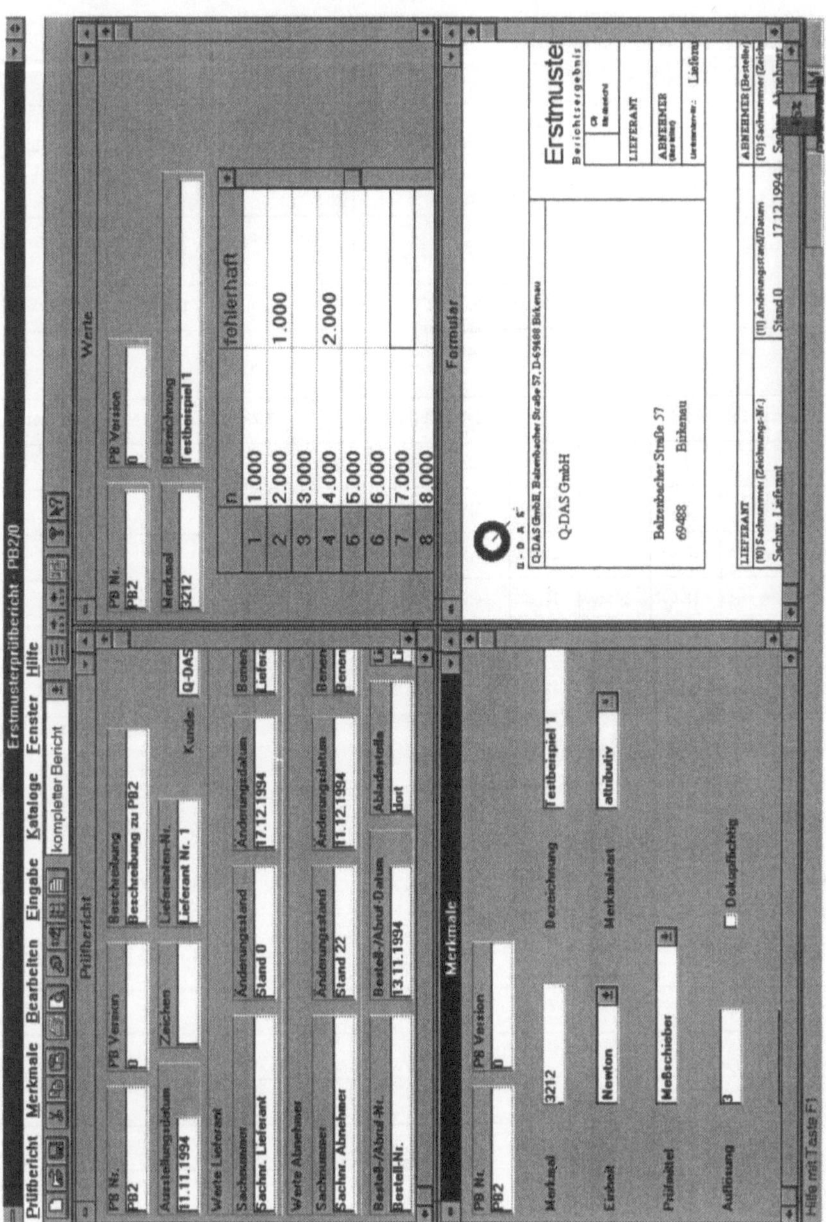

Bild 4-20 Bildschirmmaske eines Erstmusterprüfberichtes (Quelle: Q-DAS)

4.1.2.4 Abwicklung von Prüfberichten

Wird bei einer Erstbemusterung, einem Produktaudit, der laufenden Fertigung oder Montage eine Abweichung festgestellt, so ist der Lieferant über
Prüfbericht zu informieren.

TS Technische Software GmbH * 70794 Filderstadt

Erstmusterprüfbericht
Prüfergebnis

Ausstellungsdatum 11.07.1995

	Meßbericht	Werkstoffbericht	Funktionsbericht

TS Technische Software GmbH
Fabrikstrasse 17
Frau Petermann

70794 Filderstadt

	Lieferant	Bericht-Nr. 311	Zeichen
	Abnehmer	Bericht-Nr.	Zeichen

Lieferanten-Nr. : 1   Seite 2 von 5

┌ Lieferant ──────────────
Sachnummer/Benennung
SK 01101704/93 Gehaeuse

┌ Abnehmer ──────────────
Sachnummer/Benennung

		Merkmal/Sollwert				Ist-Wert (Lieferant)			Ist-Wert (Abnehmer)	Entscheid
Nr.	Prüfmerkmal	UT	NM	OT	X-min.	X-max.	X-quer			
1	Wanddicke	2,500	3,100	3,700	2,947	3,128	3,038			
2	Breite	10,800	11,000	11,200	10,950	11,100	11,025			
3	Tiefe	14,000	14,300	14,600	14,290	14,399	14,345			
4	Gesamthöhe	21,500	22,000	22,500	21,956	22,050	22,003			
5	Aussendurchmesser	30,100	31,460	32,850	31,104	31,577	31,341			

Bemerkung
Lieferant

Bemerkung
Abnehmer

Datum	verantwortliche Unterschrift Lieferant	Datum	verantwortliche Unterschrift Abnehmer

Bild 4-21 Erstmusterprüfbericht (Quelle: TS)

Der Ablauf bis zur Versendung des Prüfberichtes zeigt sich in einem speziellen Fall wie folgt:

– Anlegen des Prüfberichtes,

– Aktion an Einkäufer,

– Ergänzung um kaufmännische Daten (z.B. Bezahlung durch Lieferanten) und

– Versand (über zentralen Drucker/DFÜ/Diskette).

Alle Aktionen werden systemunterstützt durchgeführt. Dies bedeutet, daß bereits einmal erfaßte Daten nicht nochmals erfaßt, sondern automatisch hinzugefügt werden. Der gesamte Vorgang ist weitgehend automatisiert. Die Kopien für den Lieferanten werden dann automatisch gefaltet, einkuvertiert und mit Portokennzeichnung versehen. Am nächsten Morgen wird der Prüfbericht dann auf üblichem Postweg an die Lieferanten abgesandt.

Für besonders dringliche Prüfberichte existiert noch ein Druckprogramm auf dezentralen Druckern. Dieser Drucker kann sofort online angestoßen werden und eröffnet damit die Möglichkeit eines FAX-Versandes des Prüfberichts entweder über einen FAX-Server des Zentralrechners oder manuell über ein normales FAX-Gerät.

In zunehmendem Maß wird zwischen Kunden und Hauptlieferanten die *elektronische Datenfernübertragung (DFÜ)* genutzt. Neben etwa 3 bis 4 Tagen Zeitgewinn beim Kunden, sind auch die Portokosten und der Handlingsaufwand in den beteiligten Stellen wirtschaftliche Gründe für eine schnelle Umstellung auf EDI/FAX.

Ausschlaggebend für die Entscheidung zum Datenaustausch mittels Datenübertragung ist in erster Linie die immer kürzere Reaktionszeit auf veränderte Liefersituationen (just in time). Ist die Möglichkeiten des Datenaustausches erst einmal geschaffen, läßt sie sich auch bestens für die schnelle Information im Abweichungsfall, zur Übersendung von Meßdaten oder ähnlichen Zwecken nutzen. Ein weiterer Aspekt für die DFÜ ist, neben der Verkürzung von Durchlaufzeiten, die Verringerung der Papier- und Portokosten und die Erhöhung der Datensicherheit.

Es sind zwei Datenübertragungsverfahren anwendbar:

1. Die Versendung der Daten über Datenträger (Disketten)

2. Die Übertragung mittels Datenfernübertragung (z. B. Telefon/Fax, Datex-J, Datex-P)

In Bild 4-22 sind die Übertragungsmöglichkeiten am Beispiel eines speziellen Unternehmens schematisch dargestellt.

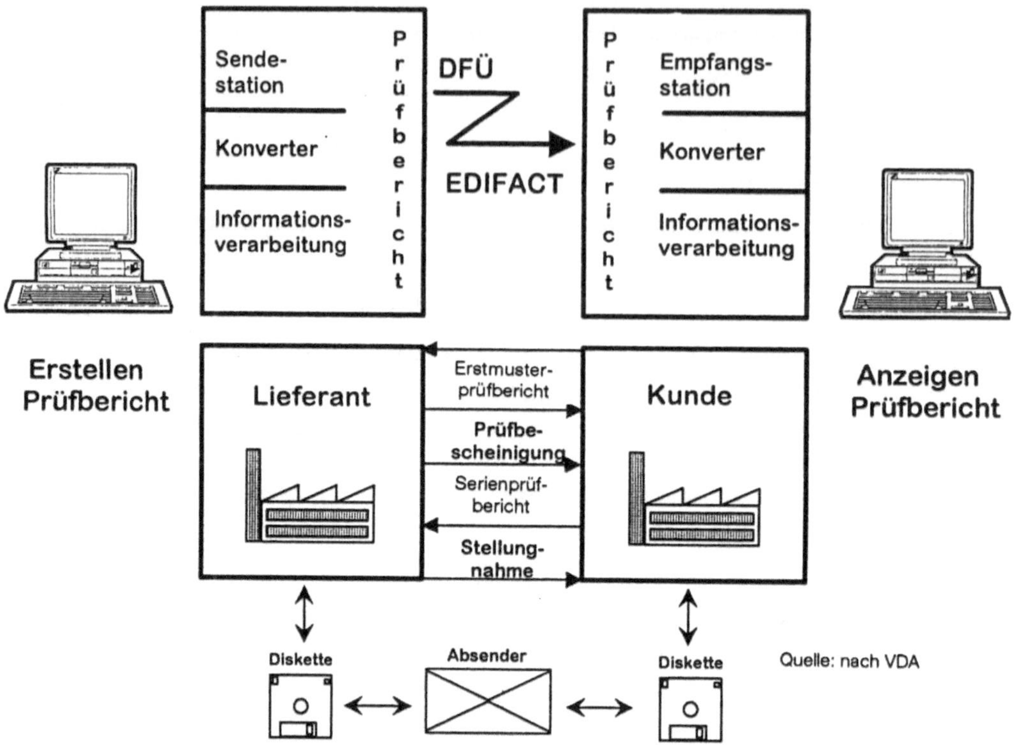

Bild 4-22 Kommunikation mit Qualitätsnachrichten

Die Datenstruktur eines Prüfberichtes ist in Bild 4-23 dargestellt.

In dieser Grobübersicht ist die Grundstruktur des Datensatzes eines Prüfberichtes nach EDIFACT beschrieben. Wie zu erkennen ist, hat jedes mögliche Datensegment seine spezielle Kennung in der Nummer. Alle Datensegmente sind grob strukturiert in Klassen zusammengefaßt. Somit ist jedes Datensegment aufgrund seiner Kennung identifizierbar. Wird beispielsweise die Nummer 716 gesendet, so folgt darauf die nachgearbeitete Menge. Ein anderes Beispiel ist 003: In diesem Segment wird der Name des Lieferanten im Klartext hinterlegt.

4.1.2.5 Lieferantenbewertung

Die Ergebnisse der einzelnen Prüfungen fließen in die Lieferantenbewertung ein. Hierbei werden die einzelnen Lieferungen des Lieferanten nach Fehleranzahl und Fehlerschwere bewertet. Daraus ergibt sich eine Beanstandungszahl (Bz) zwischen 1 und 100. Da steht „0" für einen qualitativ sehr guten Lieferanten und 100 für einen qualitativ sehr schlechten Lieferanten. Des weiteren sind im CAQ-System die Verfahren nach VDA1, VDA2 und VDA3 als Standard enthalten. Sie geben eine *Lieferantenqualitätszahl* (LQZ) aus, wobei 1 ein schlechter und 100 ein sehr guter Lieferant ist.

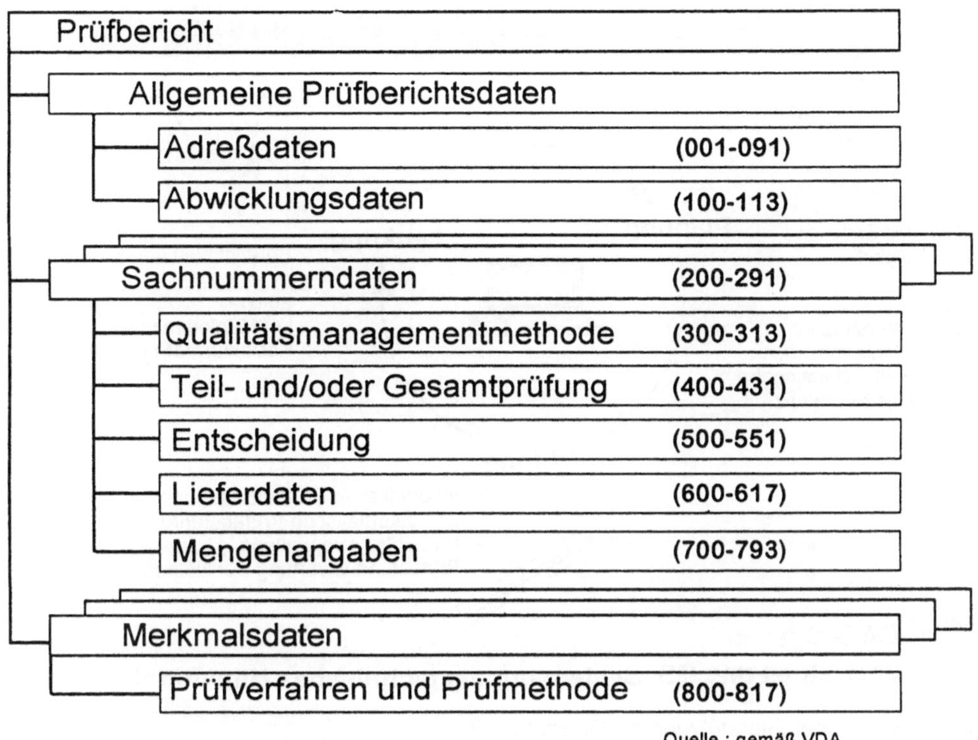

Bild 4-23 Datenstruktur eines Prüfberichtes

4.1.3 CAQ in der Produktion

Entsprechend der Untergliederung der Funktionen der Qualitätsprüfung nach Prüfplanung, Prüfung im Produktionsablauf (Bild 4-24) und Qualitätstechnik, werden im folgenden die Möglichkeiten einer CAQ-Unterstützung diskutiert.

4.1.3.1 CAQ in der Prüfplanung

Aufgabe der Prüfplanung ist es, auf Basis der in der Qualitätsplanung definierten Qualitätsmerkmale durch gezielte Vor- und Aufbereitung der für den Prüfer notwendigen Daten und Unterlagen diesem die Voraussetzungen zur Einhaltung der Qualitätsforderung zu geben, Zeit zu sparen und Fehlerquellen zu vermeiden.

Im Rahmen der Prüfplanung werden für den Prüfer die Vorgaben:

- Merkmalsangabe (Nennmaß, Toleranz),
- Prüfmittelangabe,
- Dynamisierungslogik,

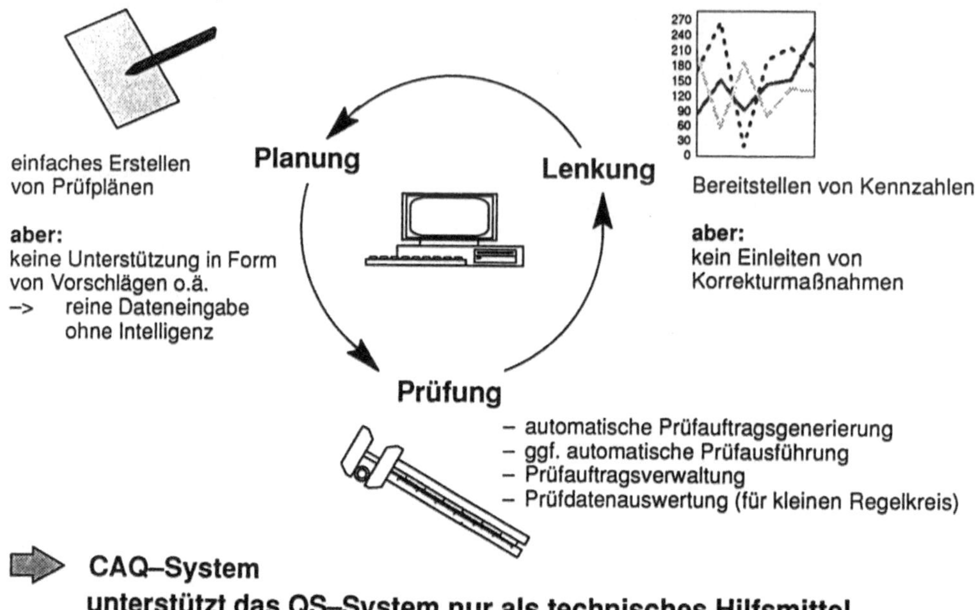

Bild 4-24 Rechnerunterstützung im Qualitätskreis

– zeitraum-, losanzahlorientiert,

– merkmalsorientierte Dynamisierung,

– arbeitsvorgangsorientierte Dynamisierung,

– Zusatztexte, Normen, Hinweise,

– Zeitvorgaben und

– Hilfstexte, Skizzen und Videofilme

sachnummernbezogen, bauteilbezogen und fertigungsbezogen aufbereitet.

Auf dieser Grundlage kann eine schnelle Abwicklung der Prüfung durch den Prüfer erfolgen, da die *Rüstzeit* für ihn bereits minimiert ist. Außerdem ist die Festlegung der Dynamisierungslogik in Abhängigkeit des vom Planer erkannten und definierten Qualitätsrisikos ebenfalls Basis für den Qualitätsaufwand in der Qualitätsprüfung. Der Prüfplaner gibt vor, nach wieviel fehlerfreien Losen das Merkmal auf Prüfverzicht gesetzt werden kann, oder welche Prüfschärfe nach einem Los mit erkannten Abweichungen auszuwählen ist.

Die Prüfplanung beginnt mit dem Anlegen der Stammdaten zum betroffenen Bauteil. Unter Stammdaten sind alle qualitätsrelevanten Daten zu einer Sachnummer zu verstehen. Ein Teil der Daten entstammt anderen CA-Systemen, beispielsweise der Arbeitsplanverwaltung, Zeichnungsstammdaten, Kalkulation und Sachnummern-Grunddaten, während ein anderer Teil von der Prüfplanung selbst verwaltet wird. Die Stammdaten aus anderen CA-Systemen werden als Rumpfdaten ohne spezifische planerische Vorgaben in der Regel vom System vorbesetzt. Der Planer kann bei Bedarf die Stammdaten um Einzelinformationen, wie Prüfplanprojekt oder ähnliches erweitern.

Zur Erläuterung der Prüfplanungsprozesse im CAQ bzw. der Bildschirmmaskendarstellung ist exemplarisch eine Funktion für die Prüfpläne gewählt. In Bild 4-25 ist die Bildschirmmaske dargestellt.

```
============= Stammdaten ================ Datum: 05.01.95
=============== Anzeigen =================

Sachnummer      : 5090801930 Benennnung       :ZB TURBINENGEHAEUSE
Planart         : S1         Zeichnungsnummer :5090801930
OFFENE HAUSAUFTRAEGE
Ersterfassung   : 890825     Freigabe-KZ      : F
Änderungsstand  : 2          Planername       : LAMM
Abteilung       : QSAL       Freigabedatum    : 890825
Projekt         : 0          Letzte Änderung  : 890613
Projekte (PPL)  :            Mitteilung       :T3333/89
Ähnlich. Schlüssel:7632      Änd.Indexzeichen :B
ABGKlassif. Fert :           SNPflicht         :N
Synchronisation :            Krit. Bauteile   :Bes. zu beachtende
Wert            :                             Merkmale nach MMN 519

Zus. Planarten  : A5 P1F P9F
Text            : siehe QF19
FUNKTION  SACHNUMMER       PLAN  PPL MPOS    NACH-MPOS    SP
QF 11     5090801930       S1    --- ----    ----         --
--  --  ------------------------
```

Bild 4-25 CAQ-Verwaltung von Stammdaten

Zu Stammdaten können Hinweistexte erfaßt bzw. generiert werden, wobei in diesem Beispiel nur die 1. Zeile angezeigt wird. Sind noch weitere Informationen abgespeichert, wird dies im Feld „TEXT" angezeigt. In einer weiteren Funktion des CAQ-Systems können die Texte angesehen bzw. verarbeitet werden.

In den Bildschirmmasken sind verschiedene Eingabewerte wie „SACHNUMMER" Muß-Eingabe, daneben gibt es Kann-Eingaben, wie beispielsweise „Planart". Für bestimmte Fälle kann mit dem Rechner eine Vorbesetzung der Felder vereinbart werden. Wird keine Planart angegeben, wird die erste Planart angezeigt, zu der Daten des CAQ-Systems vorhanden sind. Die wichtigsten Felder der Maske sind:

AENDERUNGSSTAND	Änderungsstand des Arbeitsplanes
ABTEILUNG	verantwortliche Abteilung
ABC-KLASSIF.FERT	Klassifikation (nach Wert und Häufigkeit pro Jahr)
	A = Wert x Häufigkeit > 50000,- DM/pro Jahr
	B = Wert x Häufigkeit > 5000,- DM /pro Jahr
	C = Wert x Häufigkeit < 5000,- DM /pro Jahr
FREIGABE-KZ	Statuskennzeichen der Stammdaten
	F = Daten freigegeben
	G = Daten gesperrt
	I = Daten inaktiv
PLANERNAME	Name des verantwortlichen Prüfplaners
T-MITTEILUNG	Letzte Technische Mitteilungsnummer
AEINDEXZEICHN.	Änderungskennzeichen der Zeichnung
SN-PFLICHT	Serialnummernpflichtige Bauteile
KRIT. BAUTEILE	Hinweis auf besondere Schwerpunkte

In dieser Detaillierungsstufe muß jede einzelne Maske mit den Benutzern bzw. Verwaltern des CAQ-Systems genau abgestimmt werden. Diese Abwicklung wird in Abschnitt 7 nochmals bezüglich der Einführung eines CAQ-Systems ausführlicher behandelt.

Die Prüfplanung hat eine enge Verknüpfung zur Arbeitsplanung. Im Arbeitsplansystem werden vom Arbeitsplaner die Prozeßschritte geplant und somit auch die dazu erforderlichen Prüfschritte. Die Prüfort- und Prüfzeitpunktbestimmung erfolgt also im Arbeitsplansystem. Auf diese Grobplanung setzt dann die merkmalsorientierte Planung der Prüfplaner auf. Im CAQ-System werden die Verknüpfungen zwischen den Arbeitsplandaten und den CAQ-Daten verwaltet. In beiden Programmpaketen sind Module enthalten, die auf eine korrekte Verknüpfung achten und sie gegebenenfalls melden bzw. unerlaubte Erfassungen, Änderungen oder Löschungen verhindern. Dies ist allerdings nur bei integrierten Systemen (z. B. QUISS oder SAP) möglich.

Die Planung der Merkmale kann in Einzel- bzw. Sammelmasken erfolgen. Die Wahl der Maske wird durch den jeweiligen Einzelfall bestimmt. Ausschlaggebend ist die vorgesehene Tiefe der Planung, die durchgeführt werden soll.

In der Einzelmaske können alle notwendigen Dateninhalte verwaltet werden. Beispielsweise können die Texte, Hinweise, Verknüpfungen mit Familienprüfplänen bzw. Merkmalen verwaltet werden. Aufgrund der großen Bedeutung für das Verständnis der Prüfplanung, ist eine Bildschirmmaske zur Erfassung der Einzelmerkmale aufgezeigt. Diese Maske ist aufgrund ihres Inhalt von besonderer Bedeutung und in Bild 4-26 aufgezeigt.

```
============= Einzel-Merkmalsdaten ========        Datum: 09.01.95
=============== Anzeigen ================
FORTSETZUNG MIT DER PF8 TASTE.
Sachnr.      : 5090801930    Benennung    : ZB TURBINENGEHAEUSE  Frei   : F LA QSA
Plan/AVO     : S1 / 110      Zeichn.nr    : 5090801930           Änz.   : B
Änd.Stand    :01             Arbeitsplatz : 1362 60033           PPL : 10 F LA
OFFENE HAUSAUFTRAEGE
MPOS         : 0410          MCODE        : 8020   Beschreibung: Oberflächengüte
                                                                RZ

Prüftab.     : 99            Verarb.Code  :        Prüfmittel    : Sichtprüfung
Tabeinst.    : 1             Verriegelt   :
Nennmaß      : 16            Häufigkeit   : 1
Tol-oben     :              zugeordn. Text :
Tol-unten    :               Block/DR-KZ :         rep.Sachnummer   :
Maßeinheit   : m             Dyn.überwacht:        rep. Planart     :
Blatt/Feld   : C4            Klassifizrg. :        rep. PPL         :
Prüfunterlagen :             WSP bei AVO : 0       Anz. Zugeord.SNR.: 0
Planer       : Lamm          Ersterfassung :930825  letzte Änderung : 930828


Text                         : ganze Kontur auf Formgenauigikeit überprüfen
FUNKTION    SACHNUMMER       PLAN   PPL   MPOS   NACH -MPOS   SP
QF 15       5090801930       S1     10    0410   ______       ___
--  --      --------------------
```

Bild 4-26 CAQ-Verwaltung von Einzelmerkmalen

Die CAQ-Funktion QF15 wird im vorliegenden Beispiel verwendet, wenn zu einem Merkmal zusätzliche Angaben gemacht werden sollen. Es wird immer nur ein Merkmal pro Bildschirmseite angezeigt bzw. verwaltet. Muß-Eingabe ist **SACHNUMMER**, **Plan** und **PPL** oder **MPOS**. Angezeigt wird die MPOS-Nummer, die in der Fußzeile steht. Die wichtigsten Felder und ihre Bedeutung sind:

C	Verarbeitungscode (möglich ist 'I'=Merkmal inaktiv)
MPOS	Merkmalsnummer (pro Sachnummer/Plan nur 1x zulässig)
HK	Häufigkeit des Merkmals pro Bauteil
MCOD	Merkmalscode (z.B. 8888 = ALLGEMEINE PRUEFUNG)
NENNM	Nennmaß (nur numerische Werte zulässig)
TOL-OBEN	obere Toleranz

TOL-UNTEN	untere Toleranz
ZTEXT	zugeordnetes Textmerkmal (für Drucksteuerung)
BEMI	Betriebsmittelsachnummer oder Text
PTAB	Prüftabelle und Einstiegsstufe
V	Verriegelungskennzeichen (manche Merkmale müssen immer 100 % geprüft werden)
MASSEINH.	Maßeinheit (z.B. MM, MY, GRAD)
BLATT/FELD	Angabe der genauen Lage des Merkmals)
PRUEFUNTERL.	Prüfunterlagen (z.B. Hausnormen)
DYN.UEBERW.	Dynamisierungsüberwachung (zulässig ist 'J')
KLASSIFIZRG.	Klassifizierung des Merkmals z.B. Sonderfertigungsprogramm)
WSP BEI AVO	AVO im Arbeitsplan, bei dem das Merkmal durch Werkerselbstprüfung schon geprüft wurde
BETRIEBSMIT.	Es können max. 4 Betriebsmittel angezeigt werden. Sind mehr als 4 Betriebsmittel vorhanden, erfolgt vom Programm die Hinweismeldung → **QF14**.
TEXT	2 Zeilen Text der Funktion QF19 werden angezeigt. Sind weitere Texte vorhanden, erfolgt vom Programm die Hinweismeldung „weiterer Text siehe Funktion → **QF19**".

Wenn eine solche detaillierte Erfassung aller denkbaren Hinweise der Einzeldaten nicht erforderlich ist, steht die Sammelmaske zur Verfügung. In der Sammelmaske können bis zu 5 Merkmale in einer Bildschirmseite verwaltet werden und somit die Erfassungszeit und die Anzahl der Transaktionen zum Hauptrechner minimiert werden. Allerdings sind dann nur die Hauptfelder Merkmalsnummer, Merkmalsbezeichnung, Prüfmittel und Prüftabelle mit Einstieg verwaltbar.

Neben diesen Hauptmasken der Prüfplanung sind noch verschiedene Verwaltungsmasken, wie Planungshistorie der Merkmale, Sachnummern oder Druckfunktionen der einzelnen Pläne notwendig. Diese Funktionen unterscheiden sich meist nur vom Inhalt her von den ähnlichen Funktionen der anderen CA-Systeme, wie Arbeitsplanung, Logistik, Lagerdaten, Stückliste.

Herauszustellen ist, daß gerade diese Historie-Funktionen in einem CA-System als Bestandteil der QS-Strategie betrachtet werden können. Die einzelnen C-Historiefunktionen sind für die DIN EN ISO 9000 ff. zur Erfüllung der Dokumentationsforderung erforderlich. Bei Integration in das jeweilige Subsystem, wie Planungssystem, Steuerungssystem, können weitere Historiefunktionen in dem CAQ-System entfallen.

Eine weiter Aktivität der Prüfplanung ist die Analyse der durchgeführten Planänderungen in Hinblick auf die Beeinflussung der Qualität der Bauteile. In Bild 4-27 ist die Verknüpfung der Arbeitsplan- und Qualitätsdatensysteme dargestellt.

Jede Änderung des Fertigungsplaners in den Arbeitsplandaten wird in Form einer Datenzeile in einer Aktionsdatenbank für die Auswertungen durch die Prüfplaner bereitgestellt. Diese Datenbank kann dann individuell vom Prüfplaner sortiert werden. Hierzu eignen sich Sortierprogramme, die zyklisch alle Planungsaktivitäten aus dem Arbeitsplansystem nach vorgegebenen Kriterien sortieren und die planerischen Aktivitäten mit Einfluß auf den Qualitätsendzustand der Bauteile für den Prüfplaner aufzeigen. Die Datenzeile besteht aus allen verfügbaren und notwendigen Einzelinformationen zur Sachnummer und der planerischen Änderung. Über diese Datenbank kann der Prüfplaner die Notwendigkeit und die Art seiner Änderungen erarbeiten und in die Prüfanweisungen für den Prüfer einarbeiten.

Folgendes Beispiel für einen solchen planerischen Eingriff soll dies erläutern:

Der Prüfplaner entnimmt der Aktionsdatenbank die Information, daß bei einem Fertigungs-AVO ein neues NC-Programm erstellt wurde. Aufgrund dieser Information und der Qualitätshistorie mit niedriger Prüfschärfe ergänzt er die Prüfanweisung um Aufforderung zur erneuten Erstmusterprüfung beim nächsten Prüf-AVO.

4.1.3.2 CAQ im Produktionsablauf (MFU, PFU, SPC)

Die Prüfplanung ist das Herz des CAQ-Systems. Ihre Funktionalität und ihr Bedienungskomfort entscheiden in starkem Maße über Akzeptanz, Arbeitsaufwand und Nutzen des CAQ-Systems. Denn gerade in der Prüfplanung kommt es darauf an, komplexe Zusammenhänge so umfassend zu beschreiben, daß die Arbeit auf der operativen Ebene so einfach wie möglich gestaltet wird. Zur Verringerung dieses nicht unerheblichen Arbeitsaufwandes bieten einige Systeme die Möglichkeit zur Erstellung von *Gruppenprüfplänen*, wie sie in Bild 4-14 dargestellt sind. Eine interessante Variante der Prüfplanung stellt die *CAD-integrierte Prüfplanung* dar, bei der Prüfmerkmale bereits innerhalb des CAD-Systems markiert und zur Erstellung eines Rumpfprüfplanes an das CAQ-System geschickt werden. Dort werden sie um Angaben zum Stichprobenplan und um die Prüfmittel ergänzt. Neben einem verringerten Prüfaufwand hat diese Variante den Vorteil, daß bereits die Entwicklung die qualitätsrelevanten Merkmale, die zu prüfen sind, festlegen kann. Prüfpläne werden sinnvollerweise in verschiedenen Ebenen strukturiert (Bild 4-28).

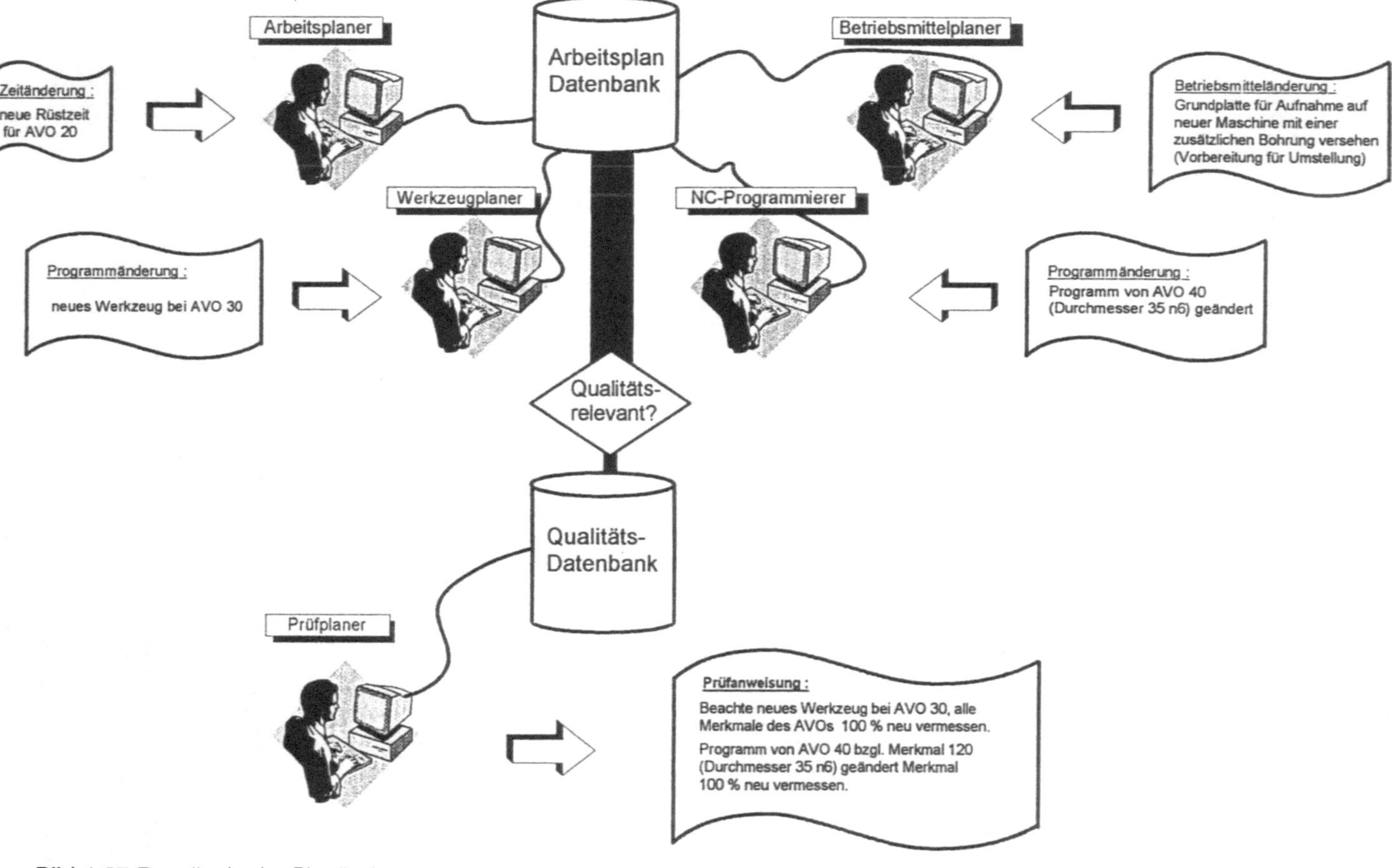

Bild 4-27 Regelkreis der Planänderungen

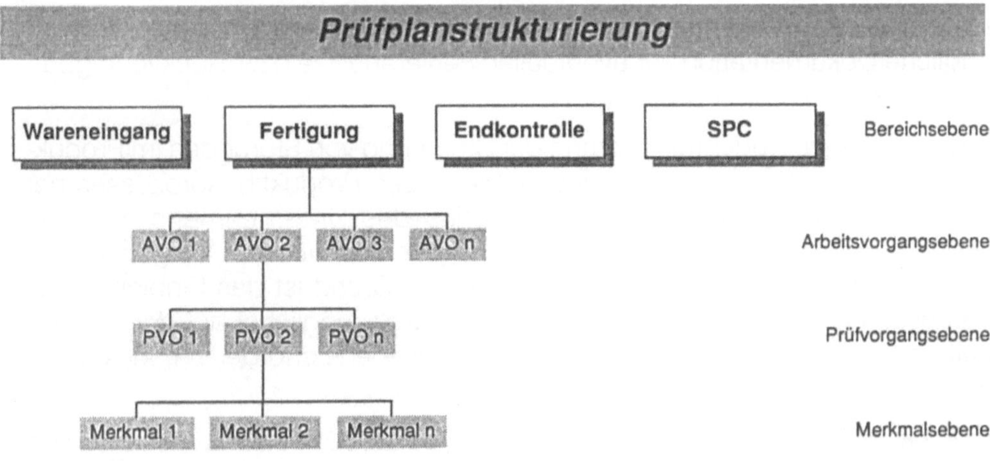

Bild 4-28 Strukturierung von Prüfplänen

Zur Planung und Verwaltung eines CAQ-Systems sind oft 40 und mehr Bildschirmmasken erforderlich (Bild 4-29).

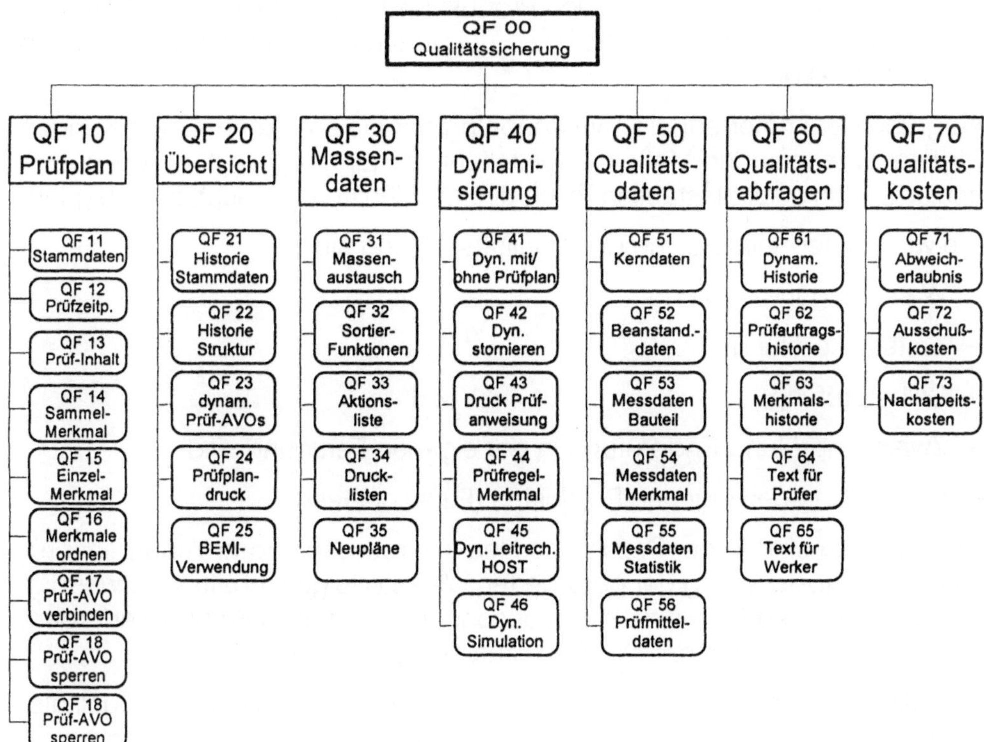

Bild 4-29 Funktionsübersicht des CAQ-Pakets QUISS im Fertigungsbereich

Alle diese Funktionen sind für die Planung, Dynamisierung, Prüfung und letztendliche Dokumentation zur eventuellen Fehleranalyse bzw. Rückverfolgbarkeit (Abschn. 4.1.5) erforderlich.

Eine besondere Bedeutung kommt der Steuerung von Störungen im Produktionsablauf zu. Eine Verschrottung während des Produktionsprozesses hat einen großen Einfluß auf den Materialfluß des Unternehmens. Es muß schnellstmöglich eine Entscheidung bezüglich des weiteren Vorgehens zur Neubeauftragung gefällt werden. Aus diesem Grund ist das Einbinden der Verausschussungsaktion in die PPS-Systemwelt möglichst auf der unteren Leitrechnerebene mit Verbindung zur Planungsebene erforderlich, wie es Bild 4-30 zeigt.

Ein sekundärer Grund für die rechnerunterstützte Abwicklung dieser Aktion ist die kalkulatorische Berücksichtigung der Verschrottungskosten. In Bild 4-31 ist der Musterausdruck eines systemunterstützt erstellten Ausschußbeleges dargestellt. In diesen Beleg werden vom System alle verfügbaren Daten vorbesetzt. Die Informationen des Beleges sind an allen Terminals in der Fertigung zu jeder Zeit für spätere Entscheidungen verfügbar.

In der Praxis ergeben sich, je nach Produkt und Organisation des Unternehmens, unterschiedliche Bereiche bzw. Funktionsträger für die Qualitätsprüfung in der Produktion.

Aufgrund der immer engeren Verknüpfung der Lieferanten mit dem Kunden wird im zunehmenden Maße die Einzelfunktion Eingangsprüfung bei wichtigen und auch qualitätsstabilen Teilen direkt in den Fertigungsablauf integriert.

Die wichtigsten Teilbereiche der Qualitätsprüfung sind:

— Wareneingangsprüfung,

— Erststückprüfung,

— Selbstprüfung,

— Zwischenprüfung/Endprüfung in der eigenen Fertigung und

— Endprüfung des eigenen Produktes (Funktionstest).

Des weiteren sind in der Praxis des Herstellprozesses noch Verfahrensprüfungen zur Absicherung der geforderten Werkstoffeigenschaften notwendig. Diese Verfahrensprüfung, die meist besonders geschultes Personal erfordert, wird ebenfalls meist in der Qualitätsprüfung durchgeführt.

Die CAQ-Software-Systemelemente für die einzelnen Bausteine der Qualitätsprüfungen sind auf die einzelnen Teilbereiche der Qualitätsprüfung abgestimmt und angepaßt. Moderne CAQ-Systeme bieten keine Unterscheidung mehr nach den einzelnen Bereichen Wareneingang, Fertigung und Monta-

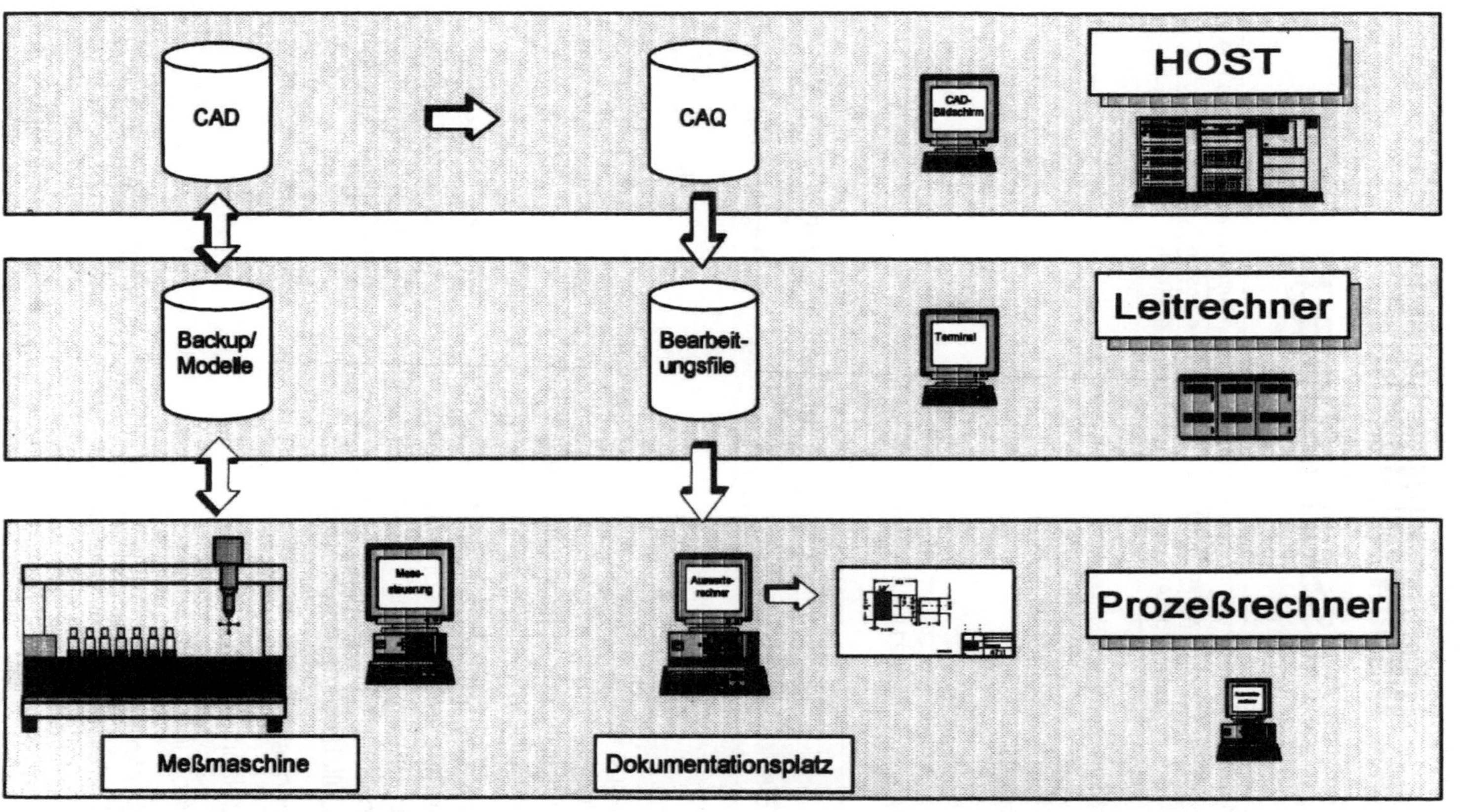

Bild 4-30 Mehrebenenkonzept

Ausschußbeleg		
Auftragsnummer: 467661 Sachnummer : 566 445 44 33 Zeichnungsnummer :556 445 43 34		
Kontierung: 70011455645 Mehrkostenkennzifffer: 02 belastete Kostenstelle : 2004		
bearbeitet bis AVO : 60 Auschuß bei AVO : 0 Ausschußbereich . : Fertigung		

Fehlerbeschreibung:
Der Durchmesser 205 H7 wurde nicht eingehalten. Der Durchmesser ist 204

Fehlerursache:
Programmfehler im Programm 45534423

Fehlerbehebung:
Programmfehler im Programm 45534423

Datum/Feststeller:	Datum/Verantwortlicher:	Merkmalsnummer : 45443
12.11.94 Maier *Ma*	12.11.94 Huber *Hu*	Klassifizierung : 3 (Nebenfehler) Erfassungsvermerk: *13.11.94 Schulz*

Bild 4-31 Muster eines Ausschußbeleges

ge. Die notwendige Prüfplanung und Prüfung läuft, soweit möglich, nach den gleichen Regeln. Auch muß in den modernen CAQ-Systemen die Datenverwaltung einer Qualitätsprüfung von zwei oder drei Werkern zum gleichen Merkmal (Werker mit Selbstprüferfunktion, Laufprüfer, Endprüfer) möglich sein.

Im Rahmen der Selbstprüfung an der Maschine oder auch in der Großserienfertigung ist ein anderes Konzept notwendig. Da das Los zu diesem Zeitpunkt noch nicht fertig ist, kann hier nicht nur eine Prüfung, sondern muß auch eine gleichzeitige Regelung des Prozesses nach statistischen Methoden erfolgen. Übliche Verfahren hierfür sind:

– Urwertmessungen,

– Qualitätsregelkarten und

– SPC-Überwachung.

Die nächsten Stufen der Automatisierung sind Qualitätsregelkarten, die den Status manuell oder maschinell verarbeitbar haben können, SPC-Meßplätze und Datenverdichtungen auf Leitstandsebene.

– Maschinenfähigkeitsuntersuchung (MFU) / Prozeßfähigkeitsuntersuchung (PFU)

Notwendige Voraussetzung für die erfolgreiche Umsetzung von SPC (SPC: Statistical Process Control; statistische Prozeßregelung) ist jedoch die Maschinen (MFU)- und Prozeßfähigkeit (PFU). Ziel der MFU/PFU ist es, fähige und beherrschte Maschinen und Prozesse nachzuweisen. Ein *Prozeß* gilt als *beherrscht*, wenn sich die Parameter der Verteilung der Merkmale des Prozesses nicht bzw. nur in vorgeschriebenen Grenzen ändern. Ein *Prozeß* gilt als *fähig*, wenn er Einheiten liefern kann, die die Qualitätsforderungen erfüllen. Solche Prozesse liefern praktisch keinen Ausschuß. Die Zusammenhänge sind in Bild 4-32 zu sehen.

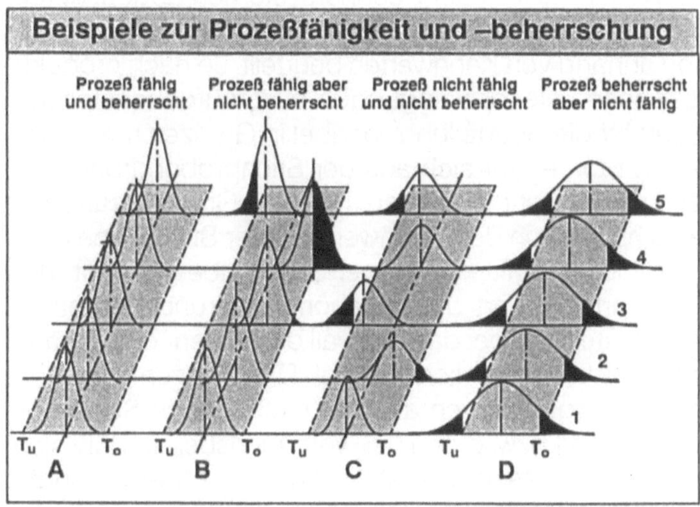

Bild 4-32 Fähige und beherrschte Prozesse

– Maschinenfähigkeit (Kurzzeitfähigkeit)

Unter einer Maschinenfähigkeitsuntersuchung ist eine Kurzzeituntersuchung an Maschinen oder Anlagen hinsichtlich der Erfüllung vorgegebener Qualitätsanforderungen für die gestellte Fertigungsaufgabe zu verstehen. Hierzu wird eine einzige große Stichprobe aus den gefertigten Teilen bewertet. Als Synonym der Maschinenfähigkeit wird vielfach die *Kurzzeitfähigkeit* verwendet. Die Maschinenfähigkeitsuntersuchung umfaßt die Bestätigung der angenommen statistischen Verteilungsform der Meßwerte und die Ermittlung von normierten statistischen Kennwerten zur Beschreibung des Erfüllungsgrades.

– Rechnerunterstützte Maschinenfähigkeitsuntersuchung

Die Maschinenfähigkeit beschreibt die Qualitätsfähigkeit einer Maschine oder Anlage unter Idealbedingungen. Hierbei wird eine einzige große Stichprobe von mindestens 50 Teilen aus der laufenden Fertigung entnommen.

Die für die Maschinenfähigkeit relevanten Merkmale sind bereits im Vorfeld definiert. Die Meßergebnisse können über

– konventionelle Meßmittel,

– Meßmaschinen und

– rechnerunterstützte Meßvorrichtungen und -mittel

erfaßt werden. Unter Zuhilfenahme von auf Rechnersystemen abgebildeten statistischen Verfahren wird ein geeignetes statistische Verteilungsmodell ermittelt und die Stichprobe anhand von Kennwerten beurteilt. Je nach produkt- bzw. unternehmensspezifischen Randbedingungen bzw. Aufgabenstellung kann das Vertrauensniveau für die Beurteilung variabel in Grenzen meist zwischen 80-95% vorgegeben bzw. ergibt sich aus der Stichprobengröße. Die untere Vertrauensgrenze kann errechnet werden. Um eine Grundgesamtheit beurteilen zu können, wird häufig von den Kennwerten einer Stichprobe ausgegangen. Beispielhaft ist hier der Mittelwert einer Stichprobe genannt, der als Schätzwert für den Erwartungswert der zugehörigen Grundgesamtheit dient. Der Vertrauensbereich stellt hierbei das Intervall dar, in dem der Schätzwert mit einer vorgegebenen Wahrscheinlichkeit liegt. Die Grenzen des Intervalls, die Vertrauensgrenzen, ergeben sich aus der statistischen Sicherheit oder Vertrauenswahrscheinlichkeit bzw. durch den Vertrauensbereich läßt sich die statistische Sicherheit beeinflussen. Die statistischen Rechenverfahren sind der entsprechenden Fachliteratur zu entnehmen. Der Anwender entnimmt die berechneten Kennwerte den Übersichtsblättern bzw. den Bildschirmmasken (Bild 4-33).

Die angenommene Verteilungsform wird auf Anwendbarkeit überprüft und gegebenenfalls ein anderes Verteilungsmodell zur Anwendung vorgeschlagen.

– Prozeßfähigkeit (Langzeitfähigkeit)

Ziel der Prozeßfähigkeitsuntersuchung ist es, im Vorfeld systematische Prozeßeinflüsse zu erkennen, zu steuern und dadurch die Voraussetzung für den Einsatz der Qualitätsregelkartentechnik im Rahmen der statistischen Prozeßregelung zu schaffen. Bei der Prozeßfähigkeitsuntersuchung werden alle am Prozeß beteiligten Parameter und ihr Einfluß auf die Merkmalsausprägungen der Teile berücksichtigt. Um die Einflüsse der Haupteinflußfaktoren am Pro-

mtu Friedrichshafen QSXG / Gelenkwelle	Stichpr.-Analyse Auswertung	Datum : 13.03.95 Datei : CAQ00001

```
Teile Nr.      :124 411 2045    Bezeichnung  :Dreiarmflansch Lochkreis 100
Doku.Pflicht   :n               Werkstoff    :06091993
Hersteller     :1242045-1       Auftraggeber :
```

lfd.Nr. Bezeichnung Modell-Verteilung	OSG USG	n(ges) n	> OSG < USG	Mittelwert Standardabw.	Cm Cmk
1 Durchmesser 18_1 NV keine Transformation	18.040 17.990	326 286	0.34965% 0.00000%	18.01485 0.0058700	1.42 1.41
2 Durchmesser 18_2 NV keine Transformation	18.040 17.990	326 286	0.00000% 0.00000%	18.01992 0.0060602	1.38 1.10
3 Durchmesser 18_3 NV keine Transformation	18.040 17.900	326 286	0.34965% 0.00000%	18.02003 0.0054347	4.29 1.22
4 P.15_1 NV keine Transformation	0.075 -0.075	326 286	0.00000% 0.00000%	-0.01864 0.0094379	2.65 1.99
5 P.15_2 NV keine Transformation	0.150 -.075	326 286	0.00000% 0.00000%	0.04770 0.0189357	1.98 1.80
6 P.15_3 NV keine Transformation	0.150 -.075	326 286	0.00000% 0.00000%	0.03947 0.0219125	1.71 1.68

Bild 4-33 Auswertungen mit Maschinen-Fähigkeitsindizes (Quelle: Q-DAS)

duktionsprozeß – den sogenannten *6M* (Mensch, Maschine, Material, Mittel, Methode, Milieu) ausreichend zu berücksichtigen, wird über einen längeren Zeitraum die Qualitätsfähigkeit des Prozesses beobachtet. Hierbei werden mehrere kleine Stichproben gezogen, ausgewertet und analysiert.

Um die Veränderungen über die Zeit zu erfassen, nimmt man 25 Stichproben mit einem Stichprobenumfang größer gleich 3 (Regelfall = 5). Die für die Prozeßfähigkeit relevanten Merkmale werden im Vorfeld definiert.

Die Meßergebnisse können anlog zur MFU über konventionelle Meßmittel, Meßmaschinen und rechnerunterstützte Meßvorrichtung erfaßt werden.

Die Ermittlung der Prozeßlage und -streuung erfolgt über entsprechende Software-Module.

– CAQ-Ausbaustufen für SPC

Auf der Grundlage prozeßfähiger Maschinen und Anlagen kann eine IV-Unterstützung in der Produktion verschiedene CAQ-Ausbaustufen annehmen. Üblicherweise wählt man folgende Hierarchie der DV-geführten Methoden:

– Ist-Werterfassung über BDE-Terminal,

– manuelle oder maschinenlesbare Qualitätsregelkarte,

– Einzelmeßplatz (SPC) und

– Leitstand.

Auch in Klein- und Mittelbetrieben müssen sehr viele Prozeßmessungen während des Betriebes durchgeführt werden. In diesen Firmen sind an vielen Maschinen mit Serienfertigung SPC-Geräte, maschinenlesbare oder manuelle Regelkarten im Einsatz. Diese Medien werden, nach einer erfolgten Prozeßanalyse und eventuell notwendigen Prozeßoptimierung, mittels eines entsprechenden CAQ-Werkzeuges, zur Qualitätsprüfung im Prozeß verwendet.

Bei besonders geeigneten Prozessen gibt es sogar darüber hinaus eine Vernetzung der Meßgeräte mit den Rechnern der Maschine zur ereignisorientierten, automatischen Korrektur der Einstellwerte des Prozesses oder bei Tausch von Werkzeugen. Die gewonnenen Meßdaten werden über interne Netze mit einem Leitrechner verbunden, der die Archivierung der einzelnen Meßprogramme und der anfallenden Meßdaten zur Langzeitanalyse bzw. Dokumentation übernimmt.

Auf diesem Leitrechner sind auch die sogenannten *Ampelfunktionen* installiert. Mit diesen Ampelfunktionen ist beispielsweise der Qualitätsleiter ständig über den momentanen Qualitätsstand der einzelnen Maschinen informiert. Grün unterlegte Maschine auf dem Anzeigentableau bedeutet: „alles innerhalb der Toleranz, keine Probleme", gelb bedeutet: „Maschine noch in der Toleranz, aber die Eingriffsgrenzen bei einem Merkmal wurden verletzt", rot bedeutet: „Prozeß erheblich gestört, es werden Teile außerhalb der Toleranz gefertigt".

Mit den installierten Modulen zur Prozeßüberwachung kann sich dann der Qualitätsleiter jederzeit auf den SPC-Rechner vor Ort aufschalten und eine schnelle Datenanalyse, beispielsweise der letzten Ereignisse durchführen, um schnellstmöglich Abhilfemaßnahmen einleiten zu können. Diese Aufgaben werden auch neuerdings auf den Werker übertragen. Hierzu werden ihm an seinem Leitrechner die Qualitätsregelkarten aller Merkmale der gestörten Maschine zur Verfügung gestellt. Er sieht die Meßergebnisse der laufenden Messungen und kann die Ereignisse, bzw. durchgeführten Maßnahmen, wie Werkzeugwechsel, Programmkorrekturen, am Bildschirm online nachverfolgen.

In Bild 4-34 sind die Möglichkeiten der Vernetzung der Prüfeinrichtungen, bzw. der Prüforte dargestellt.

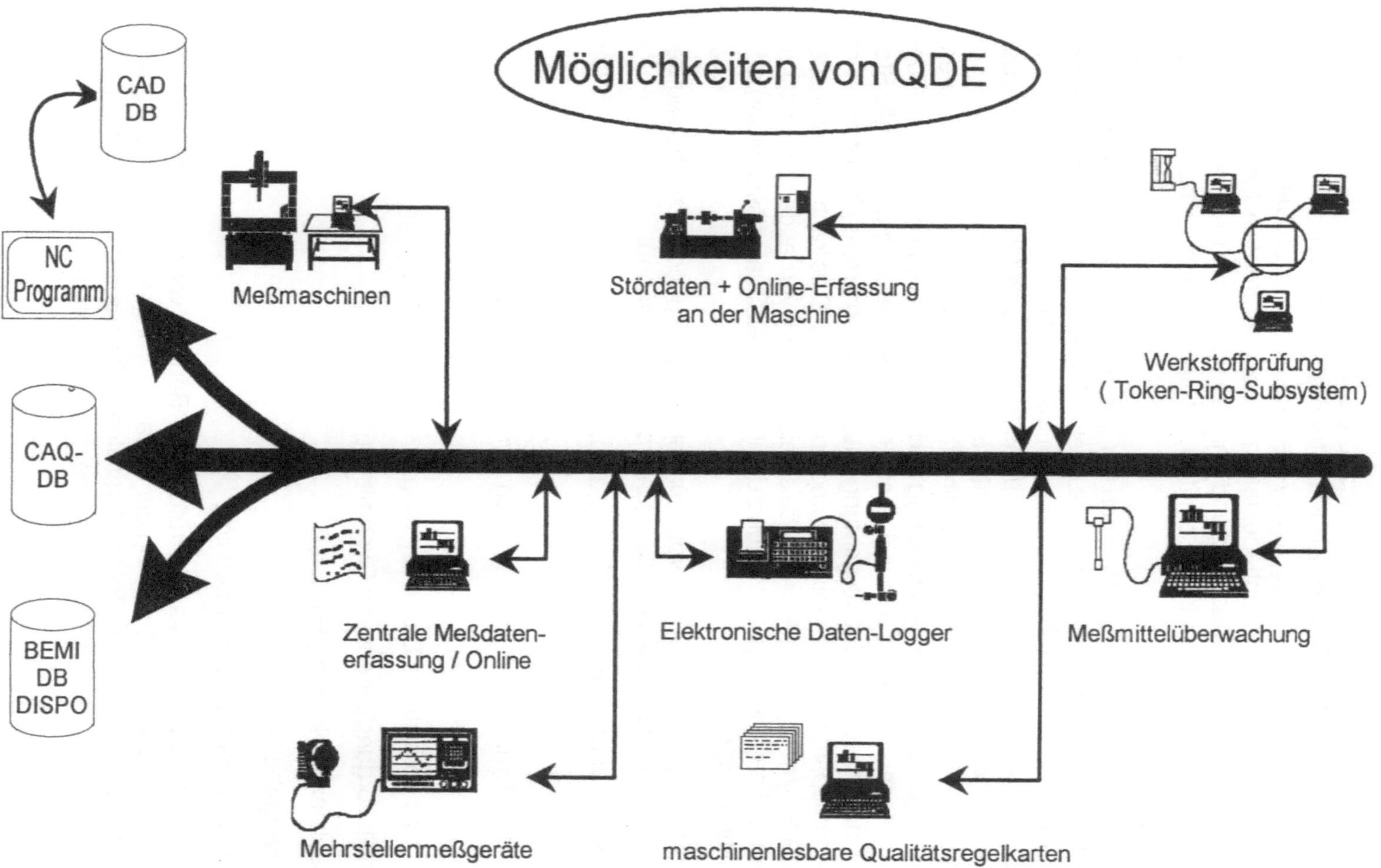

Bild 4-34 Vernetzungsmöglichkeiten für die Qualitätsdatenerfassung

Die Vernetzung umfaßt die Handeingabe der Prüfdaten an Terminals, über Meßautomaten, SPC-Geräte, Koordinatenmeßgeräte, maschinenlesbare Qualitätsregelkarten, bis hin zu Handy-Rechner zur mobilen Datenerfassung mit definierten Lade- und Entladestationen der Geräte. Die Möglichkeiten und Anwendungen der Erfassung und Analyse von Qualitätsdaten innerhalb der Qualitätsprüfung sind in Abschnitt 4.2.2 anhand von Beispielen näher erläutert.

Über BDE-Terminals kann im Rahmen der Vernetzung der Werkzeugmaschinen bei DNC-Betrieb verstärkt auf eine direkte Prozeßerfassung rückgegriffen werden. Hierbei eröffnen fast alle auf dem Markt befindlichen DNC-Systeme eine Qualitätsdatenerfassung über die Tastatur, im anderen Falle auch über Subsysteme eine Anschlußmöglichkeit zur Direktverarbeitung der gemessenen Werte. Hierbei ist nicht nur die direkte Behandlung von Qualitätsdaten, sondern auch die durch die Vernetzung und Automatisierung erreichbare Qualitätsverbesserung von Interesse. Bei einer DNC-Vernetzung werden alle Störungen der Maschine, der Vorrichtung, des NC-Programms, ja bis hin zum Werker transparent, dokumentierbar und analysierbar. Dies kann zur Verbesserung der Prozesse genutzt werden, beispielsweise zur vorbeugenden Instandhaltung, beim Werkzeugwechsel und dient somit der Qualitätssicherung des Produktionsprozesses.

Im Rahmen der Prüfplanung werden für den Prüfer folgende Vorgaben aufbereitet (wie bereits bei der Wareneingangsprüfung erwähnt):

- Merkmalsangabe (Nennmaß, Toleranz),

- Prüfmittelangabe,

- Dynamisierungslogik aufgrund von Dynamisierungstabellen,

- Zeitraum, Losanzahl,

- merkmalsorientierte Dynamisierung,

- arbeitsvorgangsorientierte Dynamisierung,

- Zusatztexte, Normen, Hinweise,

- Zeitvorgaben und

- Hilfstexte, Skizzen und Videofilme.

Auf diese planerische Basis zur Prüfung der Bauteile wird ein Regelkreis der Fehlerrückmeldung zur Steuerung der Dynamisierungslogik aufgesetzt. Dies bedeutet, daß jeder Fehler, der im Herstellprozeß entdeckt wird, zu einer verschärften Prüfung dieses Merkmales bei der nächsten Prüfung führt.

Die Planung von Verfahrensprüfungen kann entsprechend der Maßprüfung ablaufen. Auch hierbei kann das Prüfplanungssystem als Unterstützung zur reproduzierbaren und dokumentierten Prüfung genutzt werden. Im Prüfplan für die Verfahrensprüfung werden beispielsweise die Einstellparameter für eine Rißprüfanlage festgeschrieben und dokumentiert.

In den einzelnen Prüfschritten sind folgende Prüfinhalte der Qualitätsprüfungen durch den Prüfer durchzuführen und somit vom CAQ-System entsprechend rechnerisch zu unterstützen. Dies betrifft die Sichtprüfung, die Maßprüfung (messend und lehrend), die Funktionsprüfung und die Vergleichsprüfung.

Die CAQ-Unterstützung bei den einzelnen Teilaufgaben von Qualitätsprüfungen ist unterschiedlich. Bei der Sichtprüfung und vereinzelt bei Verfahrensprüfungen sind Bildverarbeitungsverfahren im Einsatz. Hierbei werden bei einem Vergleich einer Originalvideoaufnahme mit einem abgespeicherten Muster Auffälligkeiten herausgefiltert. Besonders schwierig ist hierbei die richtige Positionierung des Prüflings zum Muster. Eine geringe Verschiebung oder Verdrehung des Prüflings führt zu einem erheblichen rechnerischen Aufwand, um die Bilder zwischen dem abgespeicherten Muster und dem aufliegenden Prüfling wieder abzugleichen.

Bei der Maßprüfung sind heute vielfach 3-D-Koordinatenmeßmaschinen im Einsatz. Die universale Einsetzbarkeit der Meßmaschinen hat insbesondere in der Klein- und Mittelserienfertigung dieser Art der Meßtechnik einen festen Platz eingeräumt. Diese lassen sich über eine Datei- oder Druckerschnittstelle an ein CAQ-System anbinden.

Als weitere rechnerunterstützte Anwendung sind Meßrechner mit Meßgebererfassung und -verarbeitung in Anwendung. Bei diesen Geräten werden mittels analogen oder digitalen Meßgebern die Maße am Bauteil direkt erfaßt. Das Ergebnis kann dann anschaulich, z. B. in Säulenform, für den Prüfer aufbereitet werden. Die Daten stehen außerdem als Urwertlisten für Maschinenfähigkeits- und Prozeßfähigkeitsanalysen zur Verfügung. Diese Anwendungen können von einfachen Meßvorrichtungen mit maximal 8 Meßgebern bis zu aufwendigen Mehrstellenrechnern mit 60 und mehr Sensoren für statische und dynamische Messungen pro Bauteil erweitert werden. Solche aufwendigen Meßvorrichtungen sind allerdings nur in Großserien kostenmäßig sinnvoll, da der Umrüstaufwand mit jeder weiteren Meßstelle enorm ansteigt. Eine beispielhafte Auswertung zeigt Bild 4-35.

Der Ausdruck der Prüfinformationen kann noch tabellengesteuert einzeln für jeden Block prüfstellenspezifisch gesteuert werden. Diese Funktion ist wichtig, da sie die Möglichkeit eröffnet, bauteil- oder prüfstellenspezifisch den Papieranfall zu steuern. Ein Beispiel für die Erstellung von kundenspezifischen Formularen zeigt Bild 4-36.

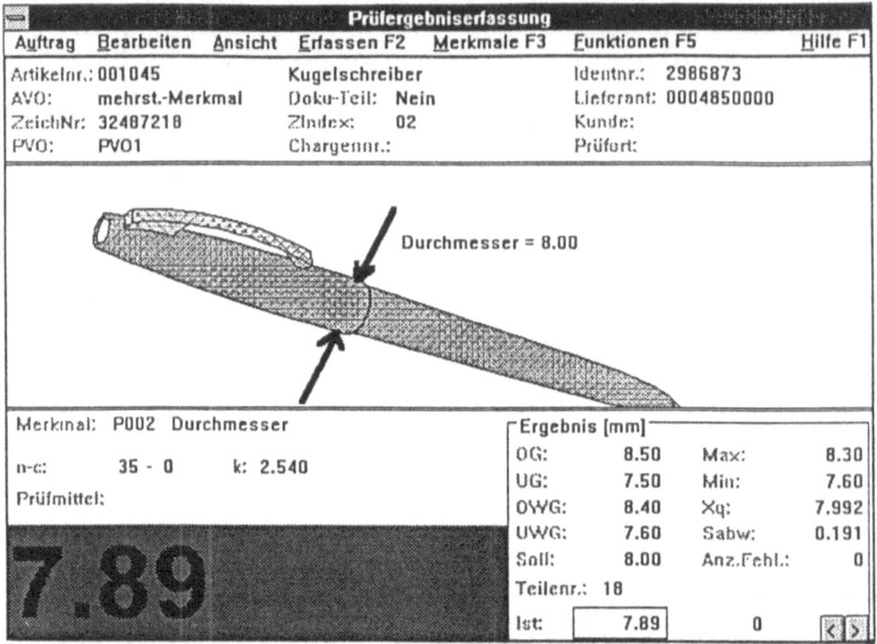

Bild 4-35 Auswertung der Prüfungen

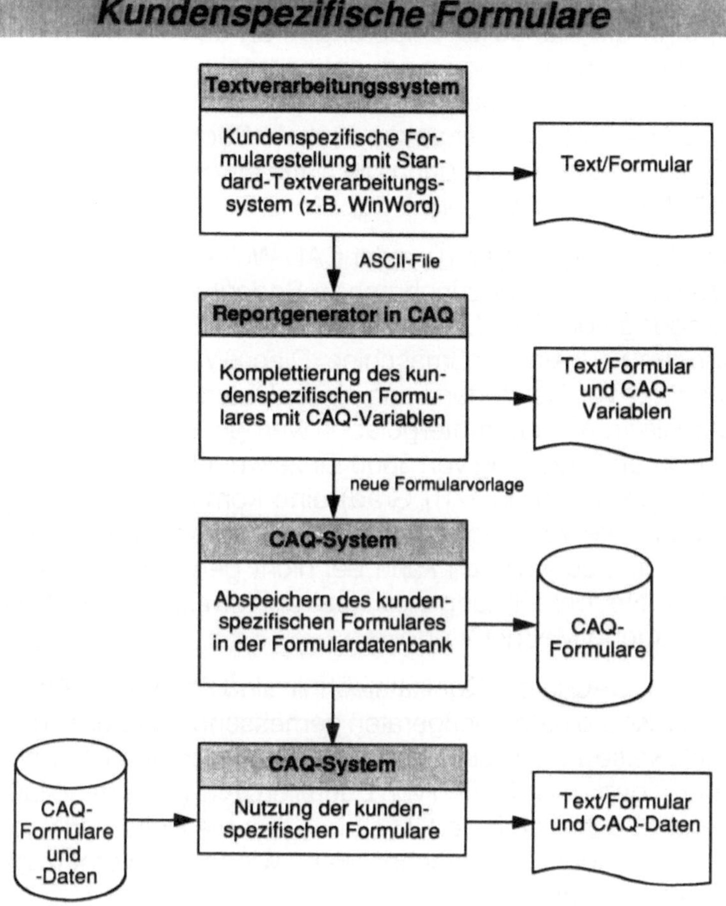

Bild 4-36 Möglichkeiten kundenspezifischer Formulare

4.1.3.3 CAQ in der Meßtechnik

Die Meßtechnik umfaßt die Beschaffung, den Gebrauch und Betreuung hochwertigen Meßgeräte. Die CAQ-Einbindung dieser Maschinen wird in der letzten Zeit unter den Zielen eines optimalen logistischen Ablaufes und raschen, direkten Kommunikation verstärkt gefordert. Zur Zeit werden verschiedene Systeme dafür angeboten. Eines der Systeme ist „AUDIMESS". Hierbei handelt es sich um ein Softwarepaket, das die Übertragung vom und zum 3-D-Koordinatenmeßgeräten (KMG) ermöglicht.

Eine bevorzugte Einsatzmöglichkeit ist die Transformierung von realen Werkstückdaten in die CAD-Welt. Dabei werden gescannte Konturen von der 3-D-Koordinatenmeßgeräten beispielsweise an die Konstruktion als Datensätze übermittelt. Auf diesem Wege können Zeichnungen für Gußmodelle überarbeitet werden; denn meist sind hierzu nur schlecht weiterverarbeitbare Zeichnungen vorhanden, bzw. die manuellen Änderungen an den Modellen wurden nicht in die Zeichnung aufgenommen. Im angesprochenen Fall werden die Abgußmodelle komplett gemäß den Angaben der Konstruktion vermessen und als Datensatz über File Transfer an die nächste Rechnerebene übermittelt. Von dieser Rechnerebene kann dann die Datei an die CAD-Systeme zur Bearbeitung weitertransferiert werden.

Aber auch der umgekehrte Weg, nämlich von der CAD-Welt einen Datentransfer zum Meßgerät zu realisieren, hat zunehmende Bedeutung. Ein Beispiel hierfür ist die Übertragung von CAD-Daten der Nockenform einer Nockenwelle für die Serienprüfung auf eine Meßmaschine. Diese Werte liegen in der Konstruktion als Datensatz vor. Bei Bedarf kann dieser Datensatz an die Meßgeräte ebenfalls über File Transfer heruntergeladen werden. Dies ist in Anbetracht der sonst mühsamen Erfassung von 3600 Einzelwerten in diesem Beispiel (Erfassung der Nockenform in 1/10 Grad) eine komfortable Lösung, insbesondere weil das Risiko von Erfassungsfehlern in diesem Fall weitgehend ausgeschlossen ist. Des weiteren kann bei nicht genügend genauer Einteilung jederzeit eine Neuberechnung und Neutransformierung der Nockenwerte an das unterlagerte Meßgerät erfolgen.

Weitere Anwendungen für CAQ in der Qualitätstechnik sind Portierung, Analyse und Ausgabe von auf Koordinatenmeßgeräten gemessenen Bauteilwerten. So bestehen beispielsweise in der Luft- und Raumfahrttechnik sehr hohe Dokumentationsforderungen zu Ist-Maßen von Bauteilen. Alle kritischen Maße werden für mindestens 10 Jahre archiviert. Um auch hier die Dokumentation so einfach und sicher wie möglich zu machen, kann wieder die Vernetzung von Meßgeräten genutzt werden.

Auf den Meßgeräten werden über Meßprogramme die Werkstücke einzeln vemessen. Nach Beendigung der Messung werden die Daten an den Leitrechner übertragen und dort zwischengepuffert. Dies kann zum einen als backup der Meßdaten genutzt werden, aber auch zur rechnerunterstützten Weiterverarbeitung der Daten (Bild 4-37).

Nach Abarbeitung des gesamten Meßumfanges an den Bauteilen auf dem KMG werden die Daten durch den Maschinenbediener an den überlagerten Rechner übertragen. Dort kann das Meßprotokoll noch editiert werden, um eventuell notwendige Korrekturen bzw. manuell gemessene Nachprüfungen in die Meßprotokolle einzuarbeiten. Anschließend kann beispielsweise mit einem eigenentwickelten Programm auf dem Leitrechner dialogorientiert die Umarbeitung der Meßergebnisse in spezielle Meßblätter des Kunden vorgenommen werden. Hierbei sind rechnerunterstützte Hilfen, wie automatischer Eindruck des Datums, der Serialnummer der Bauteiles, der Bauteilindizes etc. möglich.

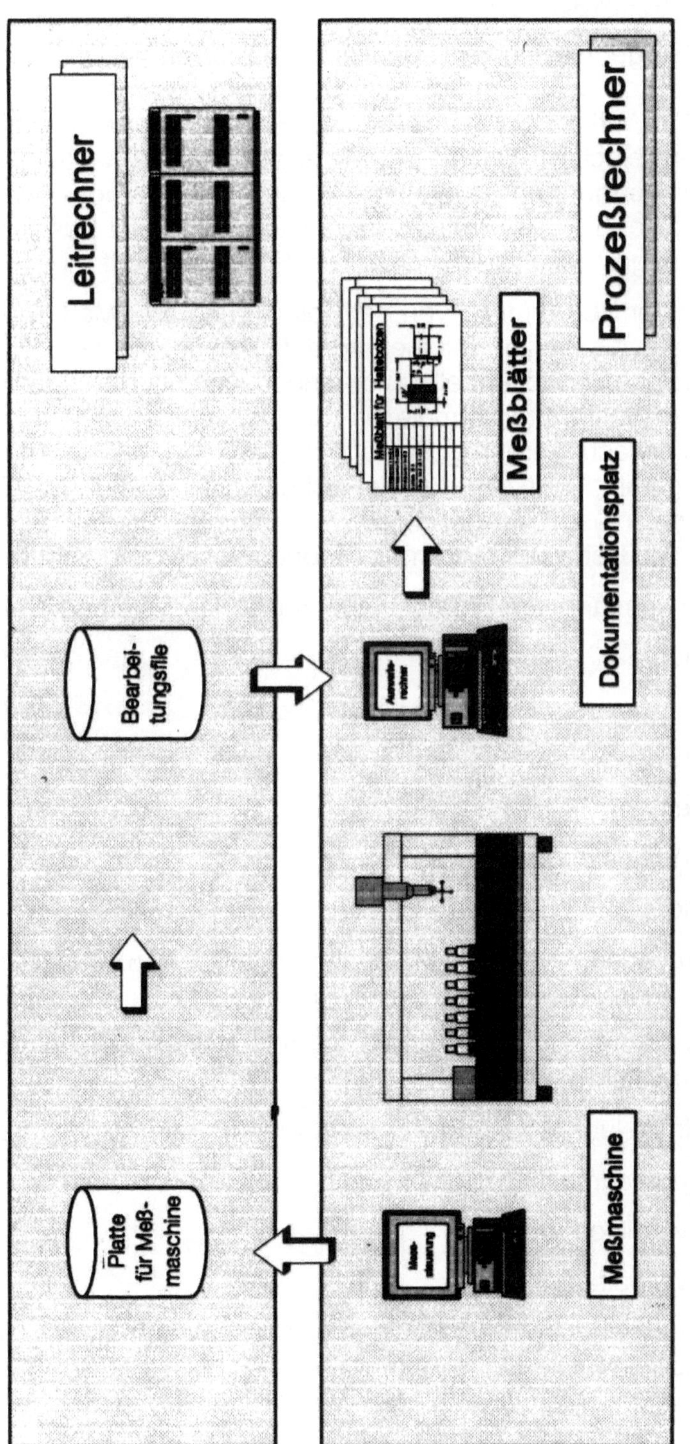

Bild 4-37 Automatische Einarbeitung von Meßdaten in Meßblätter

– Prüfmittelüberwachung

Die Qualitätsergebnisse einer Produktion hinsichtlich der Toleranzeinhaltung hängen auch von der Zuverlässigkeit der eingesetzten Meß- und Prüfwerkzeuge ab. Alle Werkzeuge, auch Meß- und Prüfwerkzeuge unterliegen einem permanenten Verschleiß. Um die Zuverlässigkeit und die Genauigkeitsklassen der Meßwerkzeuge sicherzustellen, ist eine regelmäßige Prüfmittelüberwachung notwendig. Die Prüfmittelüberwachung ist ein Basiselement des Qualitätsmanagement-Systems nach DIN EN ISO 9000 ff.

Das System der Überprüfung von der Kalibrierung aller Meß- und Prüfmittel in der Meßkette bis hin zur Kalibrierung auf Urmaße, die z.B. bei staatlichen oder behördlichen Kalibrierstellen vorhanden sind, ist durchgängig von der Anbindung an zertifizierte Normale bis zum werkereigenen Meßschieber aufzubauen. Überwacht werden grundsätzlich alle Meß- und Prüfmittel, wie Koordinatenmeßgeräte, Grenzlehrdorne, Rachenlehren, Meßuhren, Puppitaster, Drehmomentschlüssel, Kegellehren, Schablonen, Endmaße, Maßlehren, Blockmaße, Meßschieber, Mikrometer, Höhenmesser und anderes mehr.

Der Funktionsumfang von Prüfmittelüberwachungssystemen umfaßt:

– Beschaffen,

– Lagern,

– Benutzen,

– Kalibrieren,

– Verwaltung, Instandsetzen und

– Aussondern.

Der Zusammenhang zwischen Material- und Informationsfluß ist in Bild 4-38 zu sehen.

Neuerdings werden auch Funktionen der Prüfmittelfähigkeitsuntersuchungen durch CAQ-Systeme unterstützt.

Bei der Prüfmittelüberwachung werden folgende Bereiche bevorzugt:

– Meßwertaufnahme,

– Meßwertvergleich und

– Meßwertverwaltung.

Die Meßwertaufnahme wird über Sensoren mit analogem oder digitalem Ausgang durchgeführt. Die Signalweitergabe über definierte Schnittstellen und Protokolle an den Rechner und Meßwertaufbereitung im Rechner ist heute

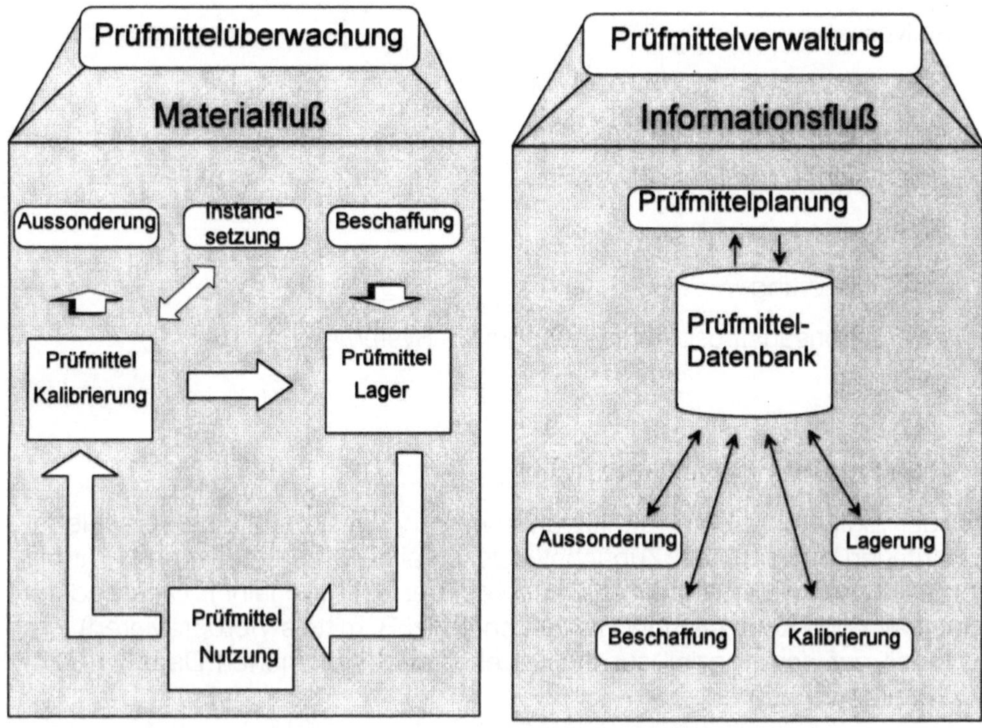

Bild 4-38 Material- und Informationsströme bei der Prüfmittelüberwachung und
Prüfmittelverwaltung

schon sehr stark standardisiert und bereitet keinen größeren Anpassungsaufwand mehr.

Ebenso verhält es sich mit dem Vergleich des Meßwertes zum Kalibriernormal
und zur Soll-Vorgabe der Normen. Die Datenbanklösungen bereiten auf dem
PC in der Regel keine Schwierigkeiten. Vielfältiger und komplexer sind jedoch die Aufgaben der Meßwertverwaltung. Hier ist den Wünschen der Benutzer nach höchstmöglichem Komfort, schnellstmöglichster Abarbeitung und
individueller Lösung Rechnung getragen worden, soweit dies kostenmäßig
zu vertreten ist.

Die im CAQ-Modul zu verwaltenden Daten und Funktionen sind:

– Archivierung der Prüfmittelhauptdaten,

– Prüfmittelnummer,

– Prüfdaten (Meßergebnisse),

– Prüfzyklus,

– letztes Prüfergebnis / neues Prüfergebnis,

- Sollvorgabe,

- Erzeugen von Warnlisten bzgl. Abnutzungsgrenzen,

- Prüfmittelangaben (Draht-∅, u. ä.)

- Überwachen der Prüfzyklen,

- Erzeugen von Mahnlisten,

- Datensicherung,

- Informationsaustausch mit überlagerten Systemen und

- Messung.

- Planung der Prüfmittelüberprüfung

Bei der Einführung von Prüfmittelüberwachungssystemen sind verschiedene Kriterien zu beachten. Zunächst müssen alle zur automatischen Prüfung vorgesehenen Prüfmittel einzeln ansprechbar sein (Serialnr.). Dies bedingt eine bleibende Kennzeichnung aller Lehren (z. B. mittels Vibrogravieren), um jederzeit auf den speziell zu dieser Lehre abgespeicherten Datensatz zurückgreifen zu können.

Vor Beginn der Messung ist eine Prüfmittelplanung durchzuführen. Die Vorgaben für die Prüfmittel können zunächst über Prüfmittelgruppen erstellt werden. Über die Prüfmittel-Sachstammdaten werden die Identifikationsdaten erfaßt. Dies sind beispielsweise der Meßbereich der Lehre oder Zusatztexte (andere Sprache, Hinweise oder ähnliches). In der VDE/VDI/DGQ-Richtlinie 2618 sind Muster-Prüfmittelpläne beschrieben, die teilweise von CAQ-Systemen angeboten werden.

Als letzte Ebene der Eingabe sind die Einzelprüfmitteldaten zu erfassen. Hier werden die speziellen Daten, wie Lieferant, Beschaffungsdatum, Serialnummer verwaltet. Es sind pro Prüfmittel auch mehrere Prüfmerkmale zu behandeln.

- Messung

Die Erfassung der Daten läuft im Rahmen des Meßzyklus ab. Der Prüfer richtet das Meßgerät zur Überprüfung des Meßwerkzeuges ein. Zweckmäßigerweise erfolgt hierbei eine manuelle Vorsortierung der Meßwerkzeuge, um mit weniger Kalibriervorgängen beim Umrüsten der Maschine von Durchmesserbereich zu Durchmesserbereich auskommen zu können. Dann ruft der Prüfer über die Prüfmittelnummer und die Serialnummer des Prüfmittels die Daten der letzten Überprüfung auf, so daß die Grunddaten der Lehre auf dem

Bildschirm sichtbar werden (Bild 4-39). Diese Grunddaten sind beispielsweise Flankendurchmesser, letztes Prüfdatum, Lehrennummer, Serialnummer und andere.

Grenzlehrdorn:	25.0 H 7		+21 +0
Lehrennr.: 48 Einsatzort: Kolbeninsel		Lehrennr.: Y202710000540	
	Gutseite	Ausschuß	
A_o	+5.00	+23.00	Sollmaß
A_u	+1.00	+19.00	
Meßergebnis: vom 20.10.94	+3.5	+22.85	6.Messung
Meßergebnis: vom 22.02.95	+3.5	+22.85	7.Messung
Prüfentscheid :	Lehre ist in Ordnung		✓

Bild 4-39 Bildschirmerfassungsmaske für einen Lehrdorn

Nach dem Einlegen des Prüflings und Betätigung eines Schalters wird das Prüfergebnis vom Rechner übernommen und am Bildschirm angezeigt. Zuvor analysiert der Rechner noch die Toleranzlage des Prüfmittels und gibt in der untersten Zeile das Prüfergebnis, z.B. „Lehre ist in Ordnung" aus. Der Prüfer kann nun die Lehre entnehmen, mit einer gültigen Prüffreigabekennung versehen und die nächste Lehre einlegen. Bei Fehlern wird ein akustisches und optisches Signal vom Rechner abgegeben. Nach der Instandsetzung kann die letzte Messung gelöscht werden und bei Bedarf eine Kennung für Lehren-Austausch verwaltet werden.

– Überwachung

Aufgrund der in Tabellen im Rechner hinterlegten Prüfzyklen für die Prüfmittel besteht die Möglichkeit, Mahnlisten für Prüfmittel zu erstellen. Diese Listen können auch zur Entscheidung über den Lagerort, beispielsweise bei wenig genutzten Lehren, dienen.

Bei Lehren, die keiner festen Kostenstelle zugeordnet sind, beispielsweise vielbenutzte Standardlehren, kann die Überwachung über eine Bringschuld organisiert werden. Die Bringschuld kann gemäß dem Ablaufdatum des Aufklebers, einer zyklischen Überprüfung aufgrund des Lagerzuganges nach dem Gebrauch oder unter zusätzlichem Erfassungsaufwand bei der Ausgabe und gleichzeitigem Datenverbund zum übergeordneten Datenbankserver erreicht werden. Die letztgenannte Lösung ist die datentechnisch aufwendigste, jedoch auch sicherste, da sie eine voll integrierte CAQ-Lösung darstellt.

– Mahnsystem

Das Mahnsystem beinhaltet die Verwaltung aller Daten zur zyklischen Sortierung und Verteilung einer Liste der zu überprüfenden Meß- und Prüfmittel an den Verantwortlichen der Organisationseinheit.

Hierbei werden die abgespeicherten Datensätze nach Datum und Kostenstelle sortiert und ausgedruckt. Außerdem kann auch noch ein Abgabetermin mit vorgegeben werden, so daß der Rechner die abgelaufenen Lehren, nach Funktionseinheiten sortiert in Listenform oder online anfordern kann.

– Datenanalyse

Wenn die Daten auf einem IV-System vorhanden sind, ist eine Datenanalyse hinsichtlich des Informationsbedarfs zur Beschaffung, Bevorratung oder Auslastung der verschiedenen Meß- und Prüfmittel, ohne größeren Aufwand möglich. Da die Anzahl von Meßlehren- und Meßvorrichtungen bei einem Klein- und Mittelbetrieb in der Größenordnung von 2 000 bis 3 000 keine Seltenheit ist, ist eine konventionelle Abwicklung nicht ohne großen Personalaufwand möglich.

Die heutigen Systeme zur Prüfmittelüberwachung basieren meist auf einer organisatorischen Festlegung periodischer Prüfintervalle (z. B. alle 6 Monate/ 1 Jahr). Diese Festlegungen sind in den Systemmodulen Erfassen, Verwalten, Analysieren der Meßmitteldaten integriert. Im Rahmen überschaubarer Weiterentwicklung wird erwartet, daß die heute meist als Insellösung eingeführten Systeme bei der Realisierung des „C"-Gedankens in die PPS-Welt eingebunden werden können, um somit eine benutzungsgesteuerte Prüfung der Meßgeräte zu ermöglichen. Ein CAQ-Prüfmittelüberwachungs-System sollte auch den Überprüfungszeitpunkt der Lehre, evtl. in Abhängigkeit von der Stückzahl, dem Werkstoff des zu prüfenden Loses, oder ähnlichen Kriterien errechnen und überwachen können. Diese Flexibilität ist im Rahmen der Rückführung der Qualitätsverantwortung an den Produzenten einer Leistung von steigender Bedeutung. Hiermit kann auch für nicht zentral gelagerte Meß- und Prüfmittel aufgrund der Materialbewegungsdaten aus dem Produktionsplanungssystem eine Dokumentation durchgeführt werden. Des weiteren kann im Rahmen der DIN EN ISO 9000 ff. eine Überprüfungsmöglichkeit aufgebaut werden, die im Rahmen einer Auditierung durch das Qualitätsmanagement oder einen externen Auditors genutzt werden kann.

Bei zukünftigen Prüfmittelüberwachungssystemen müssen die Vernetzungsmöglichkeiten mit der vorhandenen Steuerungsrechnern voll genutzt werden, damit eine Überprüfung auch kurz vor Beauftragung oder abnutzungsgesteuert durchgeführt werden kann. Des weiteren sollte eine Fremdkalibrierung durch den Werker verwaltbar und durchführbar sein. Überprüfungslisten oder aktionsorientierte Bildschirmmasken mit Angabe der noch zu überprüfenden Meßgeräte, der letzten Meßergebnisse, Meßvorschrift der entsprechenden Erfassungsmaske zur Rückmeldung der Ergebnisse wären denkbar.

4.1.4 CAQ im Kundeneinsatz (Reklamationsmanagement)

4.1.4.1 Wesen der Reklamation

Wenn der Kunde den erwarteten Nutzen eines Produkts oder einer Dienstleistung nicht erhält, so ist er unzufrieden und hat Grund zur Reklamation. Den Umfragen zufolge reklamieren allerdings nur 4% der unzufriedenen Kunden. 65% bis 90% kommen nicht wieder und reden über das Unternehmen schlecht. Einer Untersuchung der *Canadian Manufacturers Association* zufolge sind die Ursachen für den Verlust von Kunden in erster Linie durch das Verhalten des Lieferers oder seiner Kontaktpersonen gegenüber dem Kunden bedingt. So sind insbesondere mangelndes Eingehen auf die Kundenerwartungen und die Bearbeitung von Reklamationen hauptverantwortlich für solche endgültigen Kundenreaktionen und weniger die allgemein erwarteten Gründe, wie unakzeptabler Preis oder Verpflichtungen gegenüber Dritten. Im Sinne von TQM muß daher die Zufriedenstellung des Kunden ein wichtiges Unternehmensziel sein. Zudem ist die Neukundengewinnung etwa 5mal so teuer, als Kunden zu halten. Die Zufriedenheit des Kunden bezieht sich dabei auf

– offen geäußerte Forderungen,

– vorausgesetzte Erwartungen,

– nicht bewußte Anforderungen und

– das besondere Etwas.

Weil man bei einer Reklamation die Unzufriedenheit des Kunden in bezug auf seine Anforderungen erfährt, muß man eine Reklamation *positiv* bewerten. Sie stellt die Stimme des Marktes dar und gibt Anlaß zu Verbesserungen. Sind die Fehler bekannt, die Ursachen erkannt und die entsprechenden Maßnahmen eingeleitet worden, dann werden in Zukunft diese Fehler vermieden und die Qualität sowie die Kundenzufriedenheit wird erhöht. Dies dient zur Verbesserung der Wettbewerbsfähigkeit des Unternehmens.

4.1.4.2 Ablauf einer Reklamation

Bild 4-40 zeigt den Ablauf einer Kundenreklamation, die im folgenden näher erklärt wird.

- *Reklamationsbereich*

  In diesem Bereich wird entschieden, ob die Reklamationen die Kunden bzw. die Abteilungen des eigenen Hauses (intern) betreffen oder aber die Lieferanten. Je nach ausgewähltem Reklamationsbereich folgen die anderen Schritte.

- *Reklamationsannahme*

  In der Reklamationsannahme wird die Reklamation mit dem Formular nach Bild 4-41 erfaßt.

Es werden dabei drei Bereiche unterschieden:

- *Erfassung des reklamierenden Kunden*

  Es wird die genaue Adresse des Kunden bzw. seines Ansprechpartners erfaßt und, falls möglich, auf bereits bestehende Stammdaten zurückgegriffen. Es ist zweckmäßig, zwischen der reinen Annahme einer Reklamation (Bild 4-41 und Bild 4-42) und der anschließenden Bearbeitung zu unterscheiden. Bei der Annahme kann man in der Regel noch nicht entscheiden, ob eine Reklamation berechtigt ist oder nicht. Erst nach einer Untersuchung und der anschließenden Bearbeitung wird dieses Feld ergänzt. Wichtig bei der Annahme einer Reklamation ist, daß hier schon der Termin für die abzugebende Stellungnahme und die Verantwortlichkeit festgelegt werden. Dies ermöglicht bei der Verfolgung der Reklamationen ein rasches Auffinden beispielsweise derjenigen Reklamationen, bei denen die Stellungnahme an den Kunden noch aussteht. Bild 4-41 zeigt die zu erfassenden Datenfelder. Wichtig sind dabei folgende Informationen:

- *Erfassung des Artikels*

  Der Artikel wird mit Bezeichnung, Artikelnummer und, wenn erforderlich, auch mit der zugehörigen Zeichnungsnummer bzw. der Chargennummer festgestellt. Falls hier Daten aus der SPC (statistical process control, Abschn. 4.1.3.2) vorliegen, werden sie angezeigt.

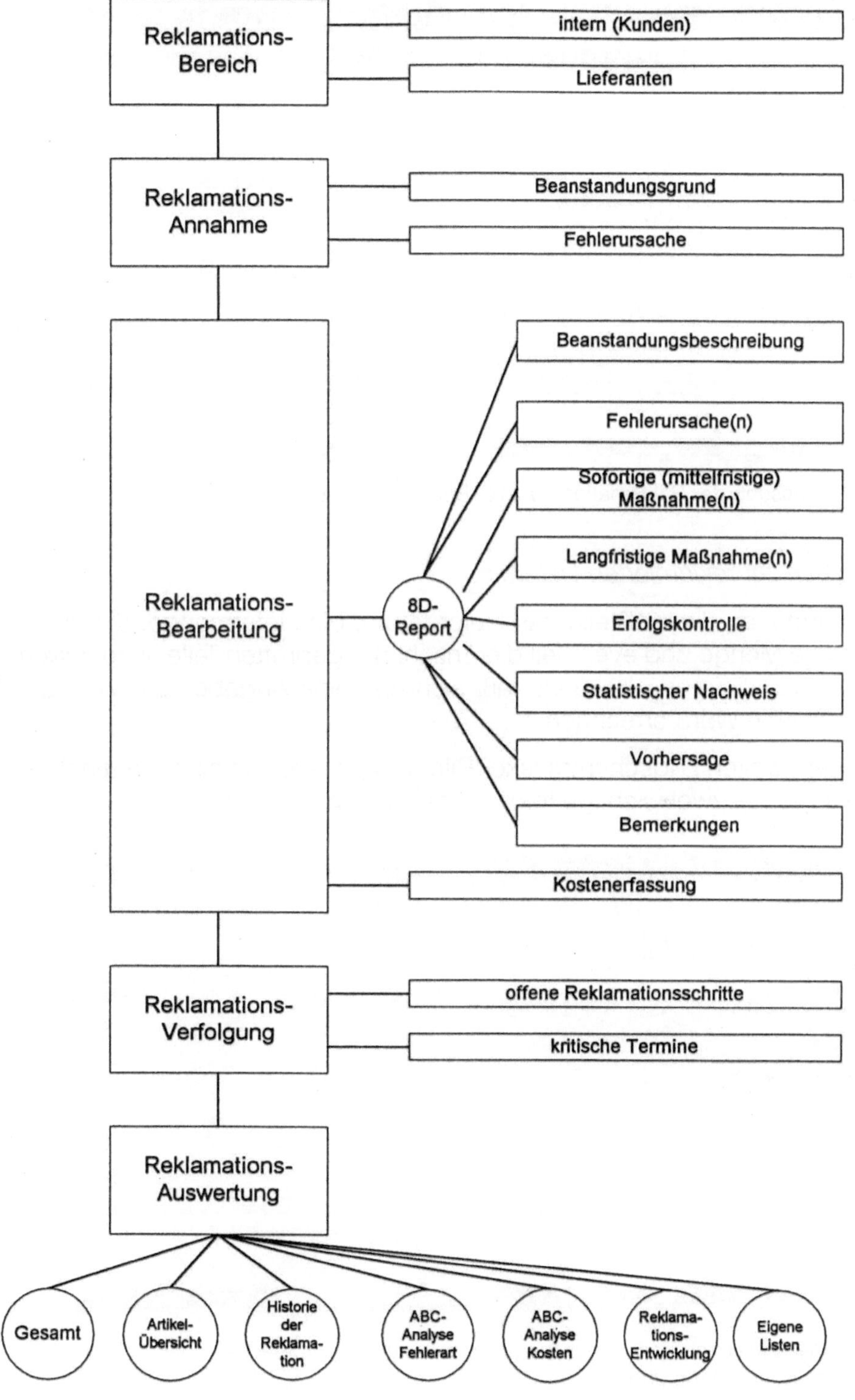

Bild 4-40 Schema des Ablaufs einer Reklamationsbearbeitung

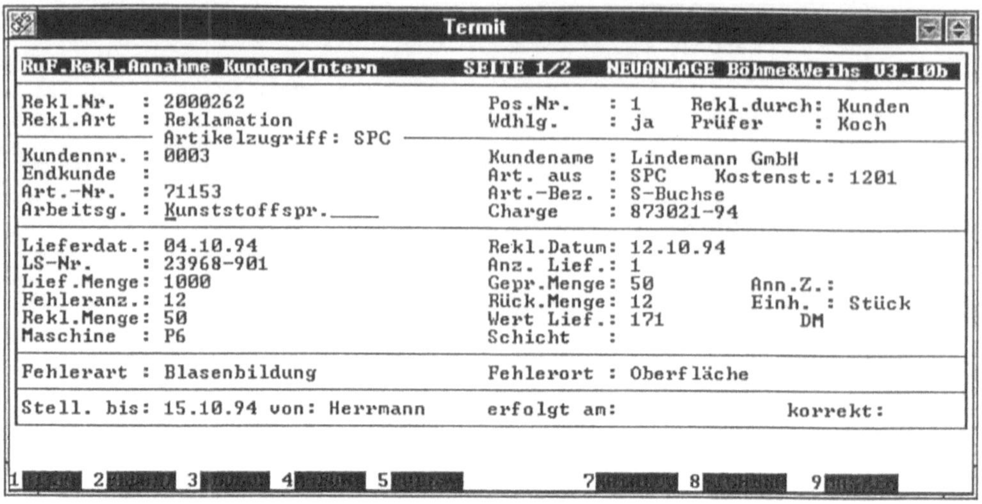

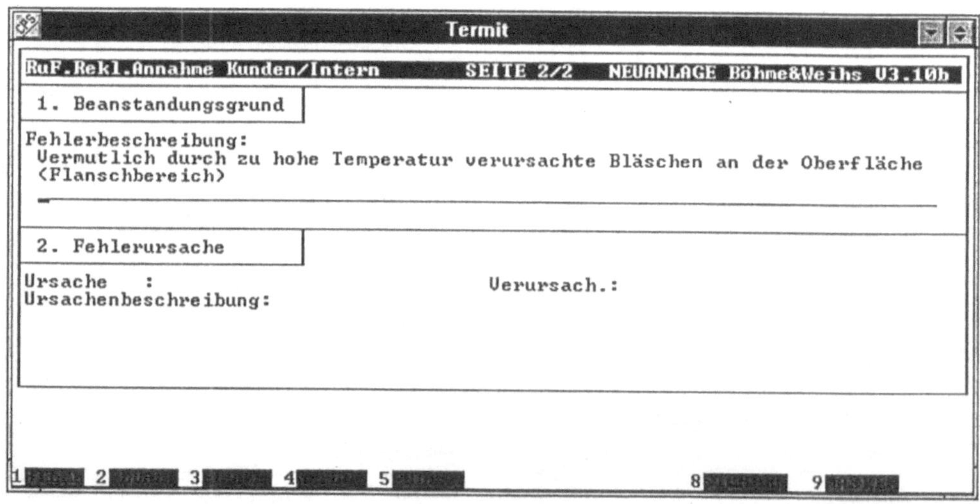

Bild 4-41 Erfassung der Reklamation (Quelle: Böhme und Weihs)

– *Angaben zur reklamierten Lieferung*

Man erfaßt an dieser Stelle das Lieferdatum, die Liefermenge, die beanstandete Menge und eventuell die Anzahl der geprüften Teile. Ist der Wert der Gesamtlieferung bekannt, läßt sich hier eine Angabe zum Wert der reklamierten Ware errechnen.

In einer zweiten Bildschirmmaske (Bild 4-42) werden in einer ersten Analyse folgende zwei wichtige Informationen aufgenommen:

Bild 4-42 Reklamationsaufnahme des Grundes und der Fehlerursache
        (Quelle: Böhme und Weihs)

1. Beanstandungsgrund

Dazu gehören:

- Fehlerart (z. B. Blasenbildung),

- Fehlerort (z. B. Oberfläche) und

- Fehlerbeschreibung.

2. *Fehlerursache*

An dieser Stelle wird eine erste Vermutung über die Fehlerursache eingegeben. Falls eine direkte Zuordnung möglich ist, wird sie bereits hier vorgenommen. Dies ist:

- Maschine,

- Kostenstelle,

- Verursacher,

- Schicht und eine

- Ursachenbeschreibung.

Die wirkliche Zuordnung auf eine Maschine, eine Kostenstelle und eine Schicht wird meist erst nach einer genauen Fehleranalyse in einer speziellen Maske erfaßt (Bild 4-43).

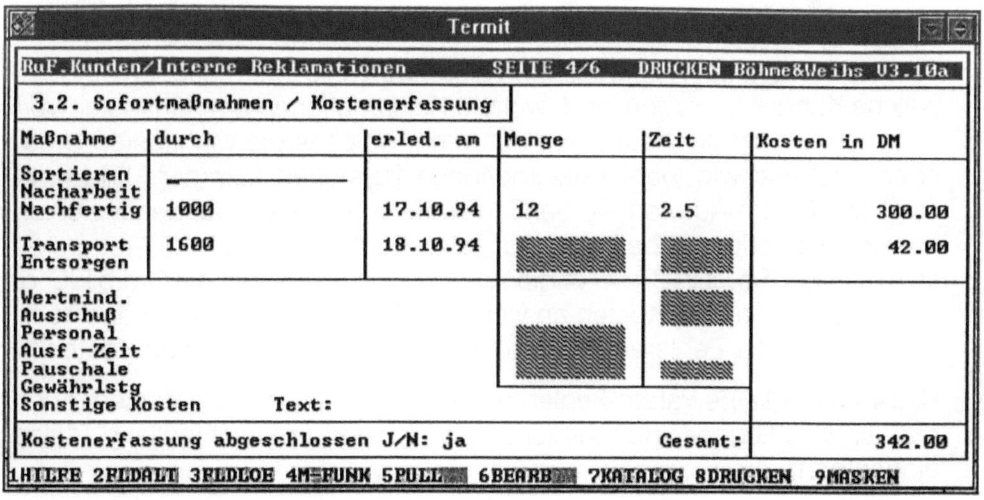

```
┌──────────────────────────── Termit ──────────────────────────────┐
│ RuF.Kunden/Interne Reklamationen      SEITE 4/6    DRUCKEN Böhme&Weihs V3.10a │
│ ┌──────────────────────────────────────────┐                      │
│ │ 3.2. Sofortmaßnahmen / Kostenerfassung    │                      │
│ └──────────────────────────────────────────┘                      │
│ Maßnahme   durch           erled. am  Menge      Zeit    Kosten in DM │
│ Sortieren                                                          │
│ Nacharbeit ─────────                                               │
│ Nachfertig 1000            17.10.94    12         2.5       300.00 │
│ Transport  1600            18.10.94                          42.00 │
│ Entsorgen                                                          │
│ Wertmind.                                                          │
│ Ausschuß                                                           │
│ Personal                                                           │
│ Ausf.-Zeit                                                         │
│ Pauschale                                                          │
│ Gewährlstg                                                         │
│ Sonstige Kosten      Text:                                         │
│ Kostenerfassung abgeschlossen J/N: ja           Gesamt:     342.00 │
│ 1HILFE 2FLDALT 3FLDLOE 4M=FUNK 5PULL  6BEARB  7KATALOG 8DRUCKEN 9MASKEN │
└───────────────────────────────────────────────────────────────────┘
```

Bild 4-43 Maske der Kostenerfassung (Quelle: Böhme und Weihs)

– *Reklamationsbearbeitung*

Die Reklamation wird zweckmäßigerweise nach dem 8D-Report von Ford bearbeitet. Es ist sehr zweckmäßig, wenn man zwischen Sofortmaßnahmen zur Schadensbehebung und längerfristigen Maßnahmen zur Schadensverhütung unterscheidet. Dann ist es möglich, in Zukunft Fehler prinzipiell zu vermeiden, statt die laufenden Fehler lediglich zu korrigieren.

Für eine Kostenbetrachtung ist es notwendig, die Kosten der Sofortmaßnahmen zu erfassen. Dazu kann ein ausführliches Erfassungsblatt hilfreich sein. Dort werden, meist manuell, die mit der Reklamation zusammenhängenden Tätigkeiten, die Mitarbeiter und die benötigten Zeiten erfaßt und erst später in das CAQ-System übertragen. Mit diesen Daten ist man in der Lage, die Kosten, die Zeiten und die benötigten Kapazitäten den Reklamationen zuzuordnen.

Die Reklamation wird in diesem Formular auch abgeschlossen und die betroffenen Mitarbeiter positiv davon benachrichtigt (belobigt).

– *Reklamationsverfolgung*

Mit den Schritten des 8D-Reports werden alle offenen Reklamationsschritte verfolgt und die kritischen Termine überwacht. Damit ist man sicher, die Ursachen der Reklamationen fristgerecht, für den Kunden zufriedenstellend und nachhaltig zu beseitigen. Zu jedem einzelnen Punkt können die entsprechenden Daten eingegeben werden. Auf diese Weise ist man stets über den Status der Reklamationen informiert.

– *Reklamationsauswertung*

Die Auswertung der Reklamationen bietet wertvolle Informationen darüber, welche Kunden verärgert sind, welche Reklamationen am häufigsten vorkommen, wo sie am häufigsten auftreten, welches die wichtigsten Ursachen sind und wie teuer Reklamationen zu stehen kommen. Bild 4-44 zeigt eine Pareto-Auswertung der Fehlerarten und der entstandenen Fehlerkosten. Man erkennt, daß die häufigsten Fehlerarten nicht die teuersten sein müssen. So ist in Bild 4-44 die zweithäufigste Fehlerart die Gratbildung. Sie liegt aber bei den Kosten an vierter Stelle. Die Risse sind zwar erst an fünfter Stelle der Fehlerart, dafür aber an zweiter Stelle bei den Kosten.

Bild 4-45 zeigt eine Pareto-Fehleranalyse nach Fehlerort und Kosten. Auch hier ist zu erkennen, daß Fehlerort und Kosten unterschiedliche Plätze einnehmen.

Eine Kostenanalyse über alle reklamierten Lieferungen, alle Kunden und die verursachten Kosten sowie eine Aufschlüsselung der Fehlerkosten auf die Kostenträger ist möglich.

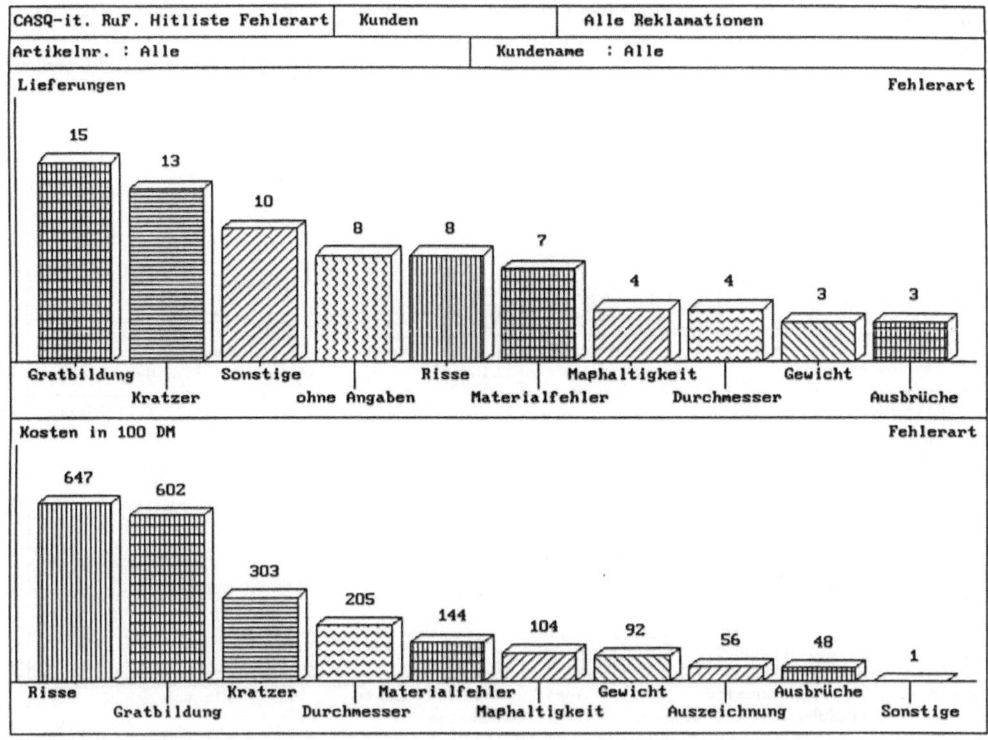

Bild 4-44 ABC-Analyse (Pareto-Liste) der Fehlerarten (Quelle: Böhme und Weihs)

4.1.5 Rückverfolgbarkeit

4.1.5.1 Aufgaben und Konzepte

Müssen fehlerhafte Teile rückverfolgt werden, so kann der Fehler bei jedem Prozeßschritt aufgetreten sein; vielleicht sind sogar fehlerhafte Teile angeliefert worden. Deshalb muß die Rückverfolgbarkeit *ganzheitlich* über mehrere Stationen und über mehrere CAQ-Bausteine hinweg möglich sein. Die Ergebnisse von Qualitätsprüfungen an unterschiedlichen Stationen müssen als Objekte vorliegen, so daß diese Informationen unternehmensweit zur Verfügung stehen und nach allen gewünschten Kriterien durchsucht und ausgewertet werden können. Für die Rückverfolgbarkeit hat dies folgende Vorteile:

– Von jedem Arbeitsplatz aus können unternehmensweite Untersuchungen (z. B. zur Identifikation der Seriennummer) durchgeführt werden;

– zentrale Zugriffsmöglichkeiten auf die Lenkungsdaten. Beispielsweise können Prüfergebnisse aus dem Wareneingang aufgrund von Fertigungsprüfdaten nachträglich korrigiert werden (z. B. Material ist zu spröde, läßt sich nur mit hohem Werkzeugverschleiß verformen);

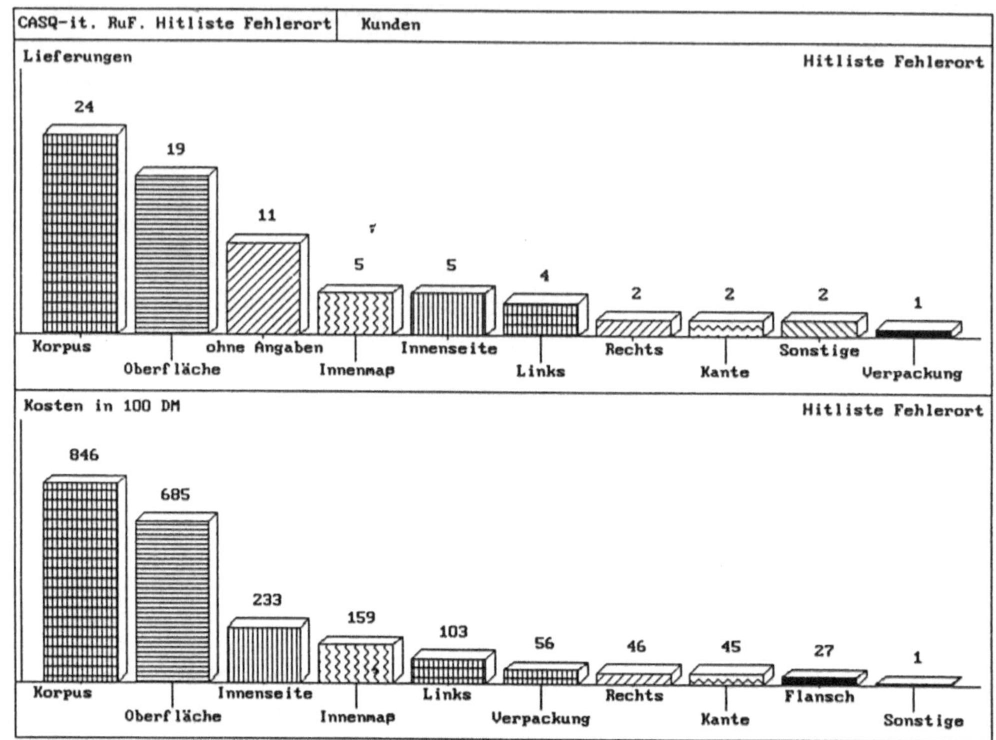

Bild 4-45 ABC-Analyse (Pareto-Liste) der Fehlerorte (Quelle: Böhme und Weihs)

– Rahmenprüfpläne, die vom Zukaufteil über Baugruppen bis zum fertigen Produkt alle zugehörigen Prüfungen festhalten (z. B. zum Nachweis der Sorgfaltspflicht);

– Folge-Prüfaufträge und Meilensteine zur Synchronisation aller Prüfungen mit der betrieblichen Logistik (PPS/BDE).

Eine wichtige Voraussetzung für die Rückverfolgbarkeit im CAQ-System ist die vollständige Verwaltung von Identifikationen (Serien bzw. Chargen) und von Verwendungs-Informationen (z. B. zugehörige Komponenten, übergeordnete Baugruppen). Eine eindeutige Rückverfolgbarkeit muß nicht nur bei Einzelteilen mit Seriennummer oder Rohmaterialien mit verschiedenen Chargennummern möglich sein, sondern auch bei schwierigen logistischen Prozessen (z. B. Bearbeitung von Baugruppen, Mehrfachwerkzeugen oder Folge-Chargen). Zu diesem Zweck kann es nützlich sein, wenn bei Serien- oder Chargennummern zwischen *Eingangsnummern* (EN), die vor einem Arbeitsgang gelten und *Ausgangsnummern* (AN), die nach einem Arbeitsgang vergeben werden, unterschieden wird. Demnach hat eine Liefercharge eine Eingangsnummer und eine Verarbeitungs-Charge eine Ausgangsnummer. Die AN sind für die Qualitätsprüfungen wichtig, während die EN für die Nachvollziehbarkeit logistischer Prozesse benötigt werden. In folgenden Fällen werden die zugehörigen EN in Verbindung mit den AN benötigt:

– Kaufteile werden in Liefer-Chargen (EN) angeliefert, aber nach dem Wareneingang zu Verarbeitungs-Chargen (AN) aufgeteilt;

– Kaufteile werden in Liefer-Chargen (EN) angeliefert, aber nach dem Wareneingang mit eindeutigen Seriennummern (AN) identifiziert;

– Kaufteile werden mit eindeutigen Seriennummern (EN) angeliefert, aber nach dem Wareneingang zu Verarbeitungs-Chargen (AN) aufgeteilt;

– numerierte Chargen (EN) von Einzelteilen oder Baugruppen werden für einen Arbeitsgang bereitgestellt, zusammengeführt oder aufgespalten und erhalten nach dem Arbeitsgang wieder neue, andere Chargennummern (AN);

– Einzelteile oder Baugruppen mit eindeutigen Seriennummern (EN) werden für einen Arbeitsgang zusammengeführt und erhalten nach dem Arbeitsgang eine gemeinsame, zusätzliche Chargennummer (AN);

– Einzelteile oder Baugruppen mit eindeutigen Seriennummern (EN) erhalten nach einem Arbeitsgang eine andere, zusätzliche Seriennummer (AN).

4.1.5.2 Beispiel

Am Beispiel einer Reklamation einer Lieferung Mountain-Bikes wird erklärt, wie eine Rückverfolgbarkeit möglich ist.

Die datentechnischen Voraussetzungen für eine vollständige Rückverfolgung werden sowohl in den Prüfaufträgen, als auch im Teilestamm geschaffen. Die Prüfaufträge beinhalten beispielsweise auftragsbezogene Chargennummern, Seriennummern und Projektnummern. Im Teilestamm befinden sich die grundsätzlichen Informationen über die Verwendungsregeln. So sieht man beispielsweise in Bild 4-46 aus dem Teilestamm, daß das Teil „Herren-Mountain-Bike" aus 16 verschiedenen Komponenten besteht (Inhalt „16" im Feld „Komponenten") und grundsätzlich mit einer Seriennummer produziert wird (Inhalt „S" im Feld „Charge/Ser.Nr."). Ein Blick in die Komponentenliste zeigt außerdem, daß unter anderem das Teil „Standardspeiche 2mm" verwendet wird.

In Bild 4-47 sieht man, daß eine Reklamation über eine Lieferung von 5 Mountain-Bikes eingegangen ist. Das Bike mit der Seriennummer „HMB2000" ist fehlerhaft: Mehrere Speichen am Vorderrad sind abgerissen. Es ist möglich, daß falsch montiert worden ist. Es könnte aber auch sein, daß die Speichen nicht in Ordnung waren. Zur Analyse der Ursache werde nicht nur Prüfdaten,

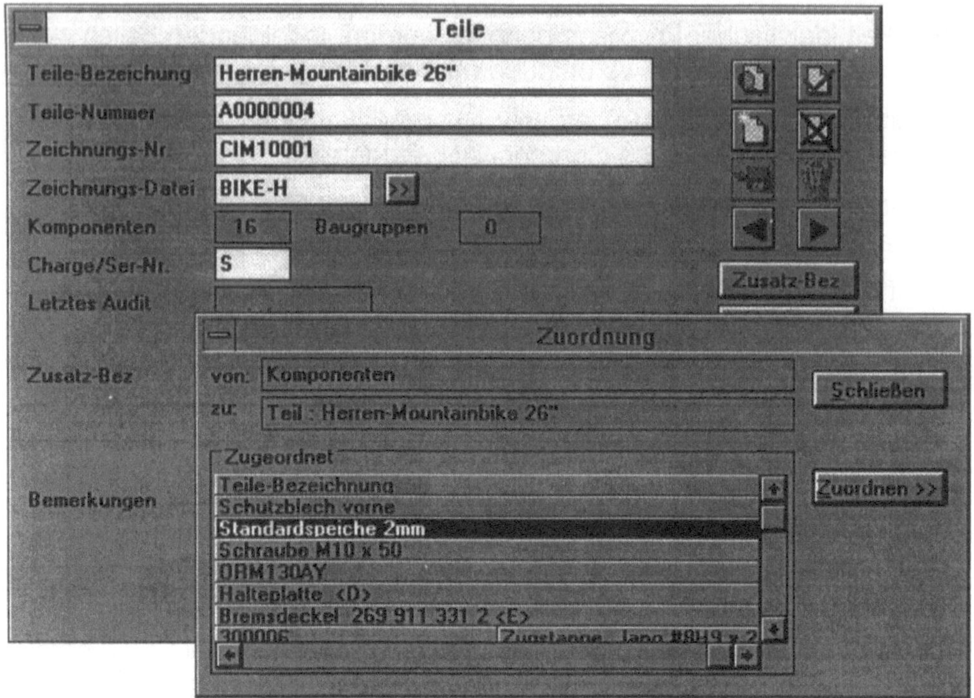

Bild 4-46 Beispiele für einen Teilestamm (Quelle: Schillinger & Partner)

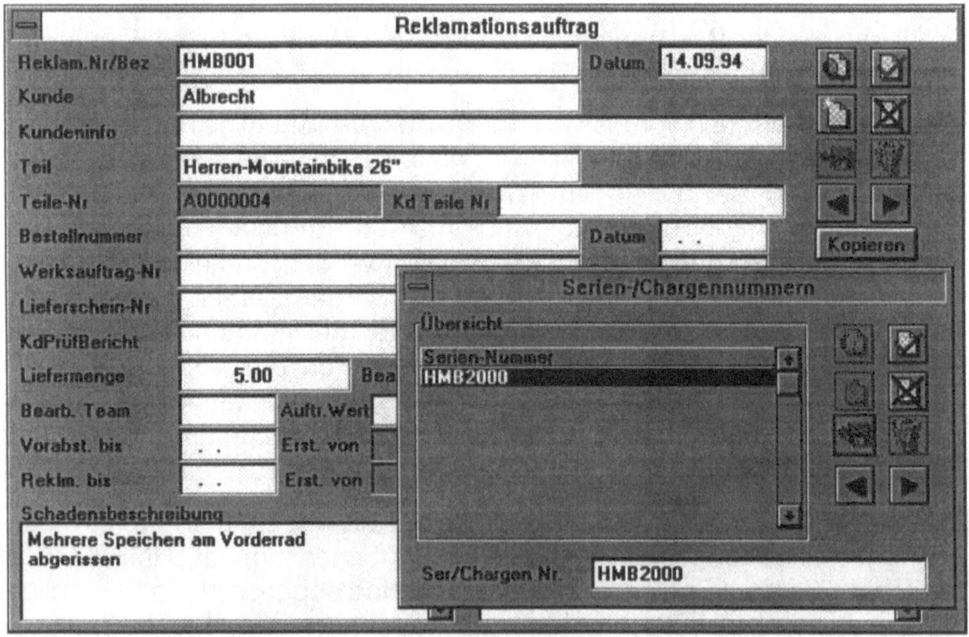

Bild 4-47 Erfassung einer Reklamation (Quelle: Schillinger & Partner)

sondern auch Rückverfolgungsmechanismen über die verbauten Teile benötigt.

In Bild 4-48 ist eine Analyse über die Prüfaufträge zu sehen. Das Ergebnis zeigt, daß vor Auslieferung des Bikes „HMB2000" die Endprüfung „HMB23" durchgeführt wurde, deren Einzelheiten man weiter untersuchen könnte. Im Zusammenhang mit der Rückverfolgung ist jedoch besonders interessant, daß bei dieser Untersuchung auch die zugehörigen Chargen- und Seriennummern aller verbauten Komponenten ausgegeben werden: hier beispielsweise die Chargennummer SP100.

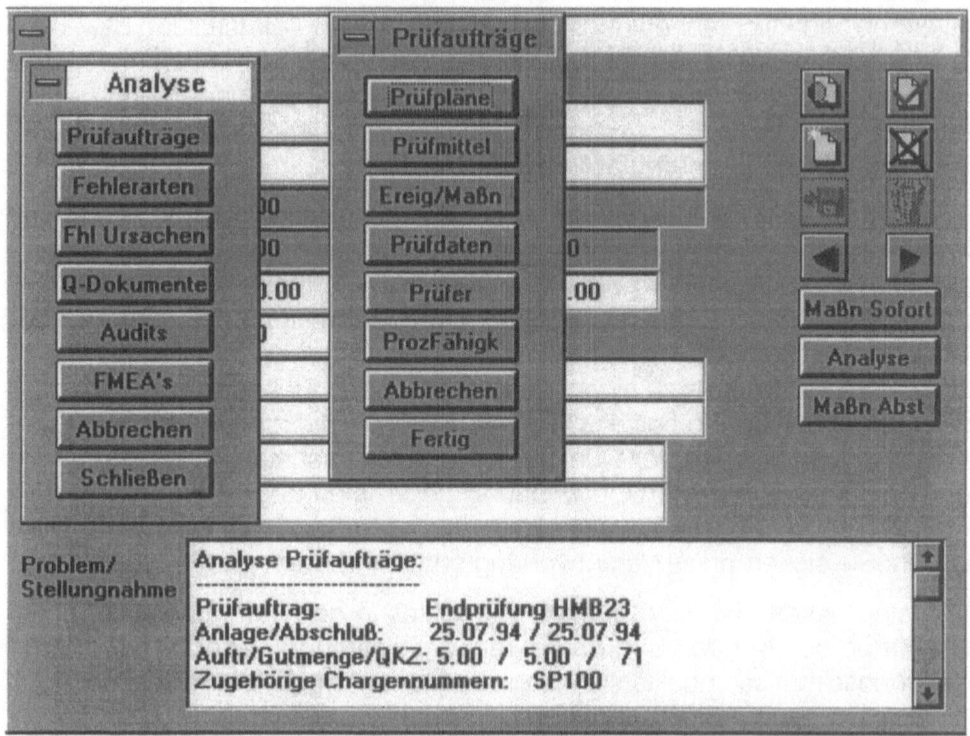

Bild 4-48 Analyse der Prüfaufträge (Quelle: Schillinger & Partner)

Durch Verfolgung der Chargennummer SP100 stellt man nun fest, daß es sich um eine Charge von zugekauften Speichen handelt, deren Wareneingangsprüfung am 16. 07. 94 für das Projekt HMB durchgeführt worden ist. Durch eine zusätzliche Abfrage nach der Projektnummer HMB kann man feststellen, daß tatsächlich nur diese beiden Prüfungen (Endprüfung der Mountain-Bikes und WE-Prüfung der Speichen) durchgeführt worden sind.

4.2 Bereichsübergreifende CAQ-Funktionen

4.2.1 CAQ in der Qualitätslenkung

In der Qualitätslenkung ist der Realisierungsgrad von CAQ-Komponenten heute schon relativ hoch. Aufgrund der Notwendigkeit, eine Vielzahl von Daten aufzunehmen, zu archivieren, auszuwerten, um Schwachstellen zu entdecken und, wenn möglich, zu beseitigen, wurden hier schon früh Rechner eingesetzt.

Die Qualitätslenkung muß auf einer durchgängigen Informationskette von Lastenheft und Pflichtenheft über Entwurfskonstruktion, Herstellung bzw. Beschaffung bis zur Montage und Felddaten der Produkte betrieben werden (Bild 4-49). Erst wenn alle relevanten Daten über Abweichungen und deren Auswirkungen erfaßt sind, ist es möglich, aus Korrelationen oder Paretos Qualitätslenkungsmaßnahmen einzuleiten.

Wichtig für eine effiziente Abwicklung in den Qualitätslenkungsphasen ist die gemeinsame Bearbeitung der Abweichungen in allen Bereichen des Unternehmens und insbesondere die Weiterleitung von Informationen an alle Betroffenen. Hierunter ist Transfer über die normalen direkten Schnittstellen hinweg zu verstehen, also die Weiterleitung der Informationen beispielsweise aus dem Kundeneinsatz zu einem Zulieferteil an den Einkauf bzw. den Zulieferer. Die Verantwortung sollte im Sinne der TQM-Philosopie jedem Fachbereich obliegen. Aufgabe der Qualitätslenkung als Fachstelle ist neben einer Koordinationsrolle nur die Überwachung der Ausführung der notwendigen Aktivitäten und Anpassung an die sich ständig verändernden Rahmenbedingungen. Sie sichert diese Verantwortung mittels Produkt- und Prozeßaudits.

Die erste Phase beim Verkauf eines Produktes in der Vertriebsabteilung ist die Anfrage des Kunden und das daraus resultierende Angebot. Bereits in dieser Phase müssen qualitätslenkende Elemente eingesetzt werden. So muß im Rahmen des QM-Elements Vertragsprüfung bereits im Vorfeld abgeklärt werden, ob alle Wünsche des Kunden erfüllbar sind oder ob einzelnen Forderungen mit den eventuell betroffenen Fachabteilungen, wie der Berechnung, Konstruktion oder des Versuchs genauer abgestimmt werden müssen.

Dafür wird bereits hier zweckmäßigerweise Rechnerunterstützung eingesetzt. Bei der Erfassung der Inhalte des Angebotes können beispielsweise die Elemente in Textbausteine mit Nummern zerlegt werden. Solche Textbausteine und auch die Verträglichkeiten der einzelnen Elemente untereinander sind in Tabellen abgespeichert. Wird jetzt vom Vertriebssachbearbeiter eine Variante gewählt, die von der Entwicklung noch nicht freigegeben ist, so erhält er

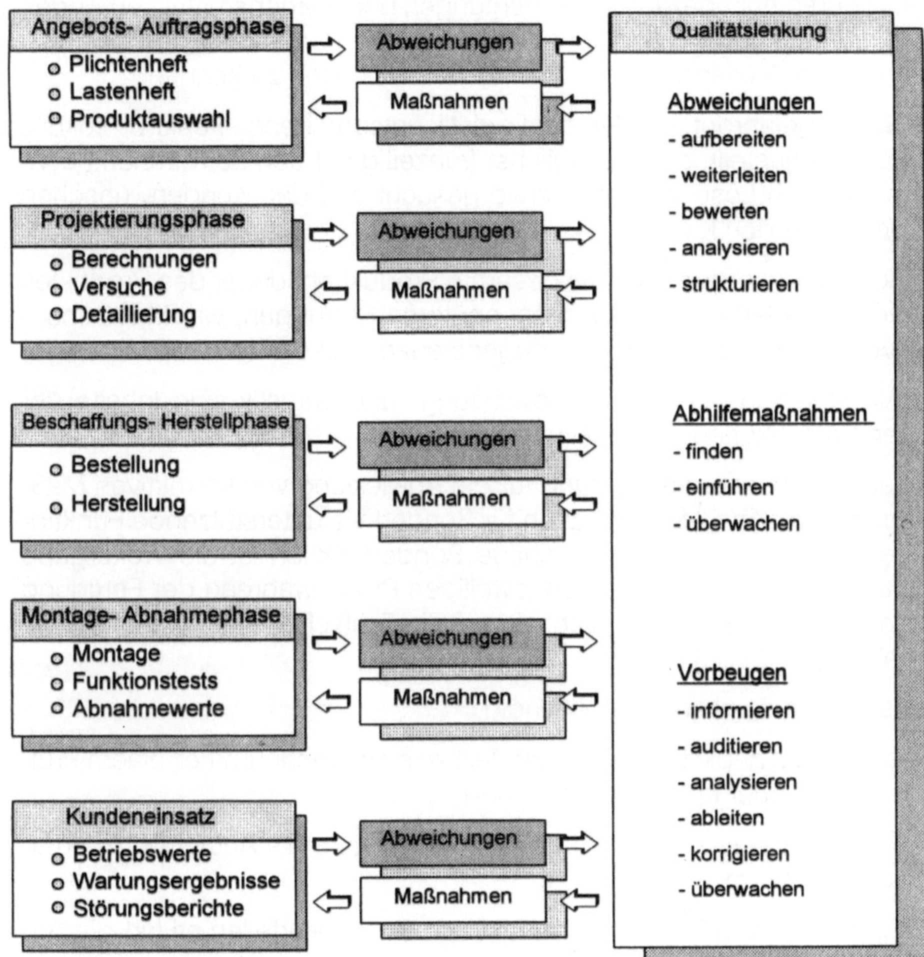

Bild 4-49 Durchgängige Informationskette bei der Qualitätslenkung

eine Aufforderung zur Abklärung des Sachverhaltes. Er muß die technische Machbarkeit des Kundenwunsches überprüfen. Danach erst kann die Freigabe des Angebotes erfolgen.

Nach der Bearbeitung des Auftrages in der Vertriebs- bzw. Projektierungsabteilung wird der Auftrag im Falle von konstruktiven Anpaßarbeiten aufgrund von Kundenwünschen in die Materialplanung des Unternehmens weitergeleitet. Dies läuft heute weitgehend rechnerunterstützt ab.

Auch hier werden bereits Fehleranalyseprogramme oder Fehlermeldesysteme eingesetzt. Im Prozeß der Materialplanung wird abgeprüft, ob alle Einzelkomponenten als Sachnummern freigegeben, alle Arbeitspläne, Maschinenkapazitäten, Lieferantenkapazitäten, Vorrichtungen und Betriebsmittel vorhanden sind und freigegeben werden können. Alle diese Informationsabgleiche sind erforderlich, um letztendlich den Ausliefertermin halten zu können.

Ist der Termin gefährdet, werden der Logistik entsprechende Fehlerprotokolle zur Verfügung gestellt, damit möglichst frühzeitig mit den betroffenen Fachabteilungen nach Lösungen im Vorfeld gesucht und den Kundenwünschen entsprochen werden kann.

Diese Abgleiche werden über die gesamte Produktionsdauer des Produktes stufenweise wiederholt, um auch bei späteren Störungen, wie Maschinenausfall oder Ausschuß, rechtzeitig gegensteuern zu können.

Diese Aktivitäten in der Auftragsabwicklung und Logistik sind Inhalte der einzelnen Prozeßketten der Qualitätslenkung.

Neben einer Rechnerunterstützung für die Abwicklung von korrektiven Maßnahmen, muß ein CAQ-System auch für Sonderfälle unterstützende Funktionen übernehmen. Eine solche wichtige Sonderfunktion ist die Weitergabe von Qualitätsinformationen an den jeweiligen Prüfer während der Fertigung oder die manuelle Einflußmöglichkeit auf die Prüfschärfe auf Bauteil- bzw. Merkmalsebene im Störungsfall.

Hierfür sind zwei Funktionen notwendig:

– Erfassung von begleitendem, freien Text zu einer Sachnummer, einem Prüf-Arbeitsgang oder einem Merkmal und

– manuelle Änderung der Prüftabelle bzw. Prüfstufe als Audit oder permanente Anpassung.

Ein Beispiel aus dem Bereich der Lenkung von Zulieferteilen erklärt die Anwendungsmöglichkeiten dieser Funktion:

Aus der Wareneingangsprüfung wird zu einer Sachnummer ein zu geringes Aufmaß gemeldet. Es ist jedoch noch unklar, wieviele der Teile im Rahmen der Fertigbearbeitung nicht die Soll-Vorgaben der Zeichnung erfüllen werden. Eine Information an den Werker und den Prüfer des Bearbeitungsvorganges ist notwendig. Hierzu gibt der Meister der Wareneingangsprüfung nun zu diesem Auftrag eine Information für alle Prozeßbeteiligten im System ein, die bei jeder Prüfung und dem relevanten Bearbeitungsarbeitsgang mit ausgedruckt wird (Bild 4-50).

Um sicherzustellen, daß das Los nicht vom System aufgrund der bisherigen Historie auf Prüfverzicht gesetzt wird, kann man außerdem noch über ein Feld „manuelle Prüfschärfe" die Prüfungen in der Fertigbearbeitung auf „prü-

```
               =====Texte zur Dynamisierung=====     Datum 24.02.95
                   ====Anzeigen====

Sachnummer :   555 037 25 25   Plan   : 1         Prüf-AVO: 140
Bennennung :   Kolbenbolzen   Prüfplan :          Arb.Platz : 12362 60 037
Auftrag     :  Kolbenbolzen   Erfasser: Lamm      Erfass.Datum: 03.02.94
Anz. Zuord. :  1              Gepl.Zuord.: 1      Dyn. Datum : 01.02.95
Code Prüfanweisungstext:
  --   =Bei diesem Auftrag werden Rohlinge der Charge 4534571 verwendet.=
  --   Diese Charge hat gemäß Lieferant im Bereich der Mulde ein zu geringes
  --   Aufmaß. Aus Termingründen wird jedoch eine Fertigbearbeitung
  --   durchgeführt.
  --   Alle Mehrkosten aufgrund der Mehraufwendungen (Messen, Rüsten)
  --   werden  auf  die Kontierung 7053565432 verbucht.
  --   Nach Abschluß des Auftrages ist eine Rückinformation an H. Meier
       Eingangsprüfung Telefon 3454 erforderlich.


Funktion Sachnummer   Plan  PAVO   PPL  MPOS P  Auftrag  Von Dat. bis Dat.
QF 64    555 037 25 25  S1   140    --   ----  -  467543  --------- ----------
--  --   -------------------
```

Bild 4-50 Erfassung von Sonderinformationen zur Prüfanweisung

fen" setzen. Somit steuert das CAQ-System die Teile aufgrund des Eintrages zur Prüfung aus.

Auch bei Kaufteilen, wie Roh-, Halbfertig- und Fertigteilen, ist eine entsprechende Qualitätslenkung notwendig. Insbesondere bei guten Lieferanten ist eine manuelle Eingriffsmöglichkeit beispielsweise aufgrund von telefonischen Vorabinformationen wichtig, um bei noch unbekanntem Eingangstermin, nicht eine Ablieferung an die Montage oder das Lager zu riskieren.

Aus diesem Grund sind im rechnerunterstützten Wareneingangs-Prüfsystem ebenfalls Sonderfunktionen zur Aussteuerung von Teilen zu Sonderprüfungen realisiert. Die Logik entspricht der für die Fertigungsprüfung. Bei Eingang der Fehlermeldung wird ein manueller Eingriff im System vorgenommen, der die automatische Dynamisierung aufgrund der Qualitätshistorie ausschaltet. Zusätzlich können auch hier besondere Hinweise dem Prüfer zur Prüfanweisung zugesteuert werden.

Außer in den einzelnen Prozeßketten selbst, ist auch eine prozeßkettenübergreifende Informationsweitergabe notwendig. So ist es beispielsweise sinnvoll, im Bereich der Montage auch das mit Qualitätssicherungsaufgaben betraute Personal in den einzelnen Modulen der CAQ-Bausteine für WEP (Wareneingangsprüfung) und FEP (Fertigungsendprüfung) zu schulen, um schnellstmöglich bei Störungen selbständig eingreifen zu können.

Eine Schulung in den einzelnen CAQ-Modulen für Haus- und Kaufteile ist für Kundendienstpersonal meist kaum möglich. Hier wird auf Information in Form von Berichten zurückgegriffen und diese auf Qualitätsmängel hin untersucht. Sind solche angezeigt, sollten diese zweckmäßigerweise in einem Produktdokumentationssystem erfaßt werden, damit eine Rückverfolgbarkeit von Schadensereignissen möglich ist (Abschn. 4.1.5). Auch ist es von Vorteil, periodische Analysen über eingehende Feldmeldungen durchzuführen. Diese Analysen haben das Ziel, Trends oder Fehlerschwerpunkte aus den zeitlich unsystematisch eingehenden Meldungen zu erhalten. Weiterhin können mit solchen CAQ-Modulen potentielle Schwachstellen oder zu erwartende weitere Schadensfälle an den übrigen Produkten im Feld rechtzeitig bearbeitet werden.

Die Informationen aus diesem System müssen regelmäßig verdichtet und in die laufenden Prozeßketten für Haus- und Fremdteile eingearbeitet werden. Nur so kann eine durchgängige Informationskette von der Rohteilefertigung bis zum laufenden Betrieb des Produktes gewährleistet werden (Abschn. 2.4, Bild 2-13).

4.2.2 CAQ in der Qualitätsdatenerfassung und Auswertung

4.2.2.1 Statistische Prozeßregelung (SPC: Statistical Process Control)

Wegen der breiten Anwendung von SPC kommt diesem QS-Werkzeug besondere Bedeutung zu. Daher wird auch im folgenden ein Beispiel der SPC-Anwendung detailliert bis auf die Bildschirmmaskenebene vorgestellt, um spezifische CAQ-Inhalte zu präsentieren. Mit statistischer Prozeßregelung (SPC) wird eine Produktion hinsichtlich der Erfüllung von definierten Qualitätsmerkmalen überwacht. Durch eine gezielte Auswahl der Prozeßparameter ist eine Qualitätslenkung auf der Basis statistisch ausgewerteter Meßergebnisse möglich. Innerhalb der eigenverantwortlichen Produktion wird SPC in Selbstprüfung durchgeführt. Voraussetzung für den Einsatz von SPC ist die nachgewiesene Prozeßfähigkeit bzw. Maschinenfähigkeit (Abschn. 4.1.3).

Bei jedem Fertigungs- und Prozeßschritt treten zufällige Abweichungen auf. Um die zufälligen von den systematischen Einflüssen zu unterscheiden, werden statistische Kenngrößen (z. B. Mittelwert und Standardabweichung) einer Stichprobe gebildet und für die weitere Vorgehensweise zur Beurteilung herangezogen. Eine Prozeßregelung aufgrund von Einzelmeßwerten nach jedem Bauteil hat gegenüber den statistischen Kennwerten den Nachteil des „Aufschaukels" des Prozeßverhaltens, d.h. die Arbeitsstreubreite vergrößert sich durch solches Regelverhalten.

Im Sinne eines Regelkreises zur präventiven Qualitätssicherung sind der Produktionsprozeß als Regelstrecke, die relevanten zu produzierenden Bauteilmerkmale als Regelgröße, je nach Anwendungsfall der Bediener oder ein rechnergestütztes Steuerungselement als Regler und die Maschineneinstellgrößen als Stellgröße anzusehen. Die beschriebenen Prozeßmodelle gehen von einer zufälligen Streuung der Merkmalswerte um den Prozeßmittelwert aus. Prozesse in der Verfahrenstechnik, zum Beispiel die Verarbeitung von Elastomeren oder Flüssigkeiten, weisen ein anderes Prozeßverhalten auf. Hier ist die Streuung innerhalb der Stichprobe klein in bezug auf die Schwankungen der Prozeßmittelwerte. Es sind hierbei gesonderte Rechenverfahren für den Einsatz von Regelkarten einzusetzen.

Zur Visualisierung werden die statistischen Kennwerte pro Stichprobe in mit Spezifikationsgrenzen für die obere und untere Eingreifzone versehenen Qualitätsregelkarten über einer Zeitachse dargestellt. Liegt der Wert oberhalb oder unterhalb dieser Grenzbereiche, dann muß in den Prozeß eingegriffen werden.

– *Statistische Prozeßregelung am Beispiel einer Serienproduktion für Gelenkwellen*

Anhand des nachfolgend beschriebenen Beispiels wird die Umsetzung der statistischen Prozeßregelung über ein rechnerunterstütztes System stellvertretend am Meßrechner der FA. REORG und am System für maschinenlesbare Qualitätsregelkarten (MQRK) der Fa. DATAINPUT (vorgefertigte Belege) in Verbindung mit dem Leit- und Auswertestand Fa. Dornier mit der Software DIQSY dargestellt. Das Grobkonzept dieses Auswertestands für SPC-Rechner ist aus Bild 4-51 zu sehen. Inzwischen ist dieses Produktionsleistungscenter voll mit SPC-Plätzen ausgestattet und wird über den Auswerte- bzw. Leitstand überwacht.

Die Firma DATAWIN (früher: DataPec) bietet firmenspezifische Lösungen für Belegleser und Drucker an. Bild 4-52 zeigt die Integration in CAQ und Bild 4-53 ein Beispiel für einen Beleg, der vom Unternehmen speziell gestaltet werden kann.

– *Auswerte- und Leitstand*

Für die weitere Datenverarbeitung im Auswerte- und Leitsystem und für die weitere Einbindung in ein anderes CAQ-Modul können die Prozeßergebnisse

– manuell über Tastatur,

– über einen Meßcomputer (MC) oder

– über maschinenlesbare Qualitätsregelkarten (MQRK)

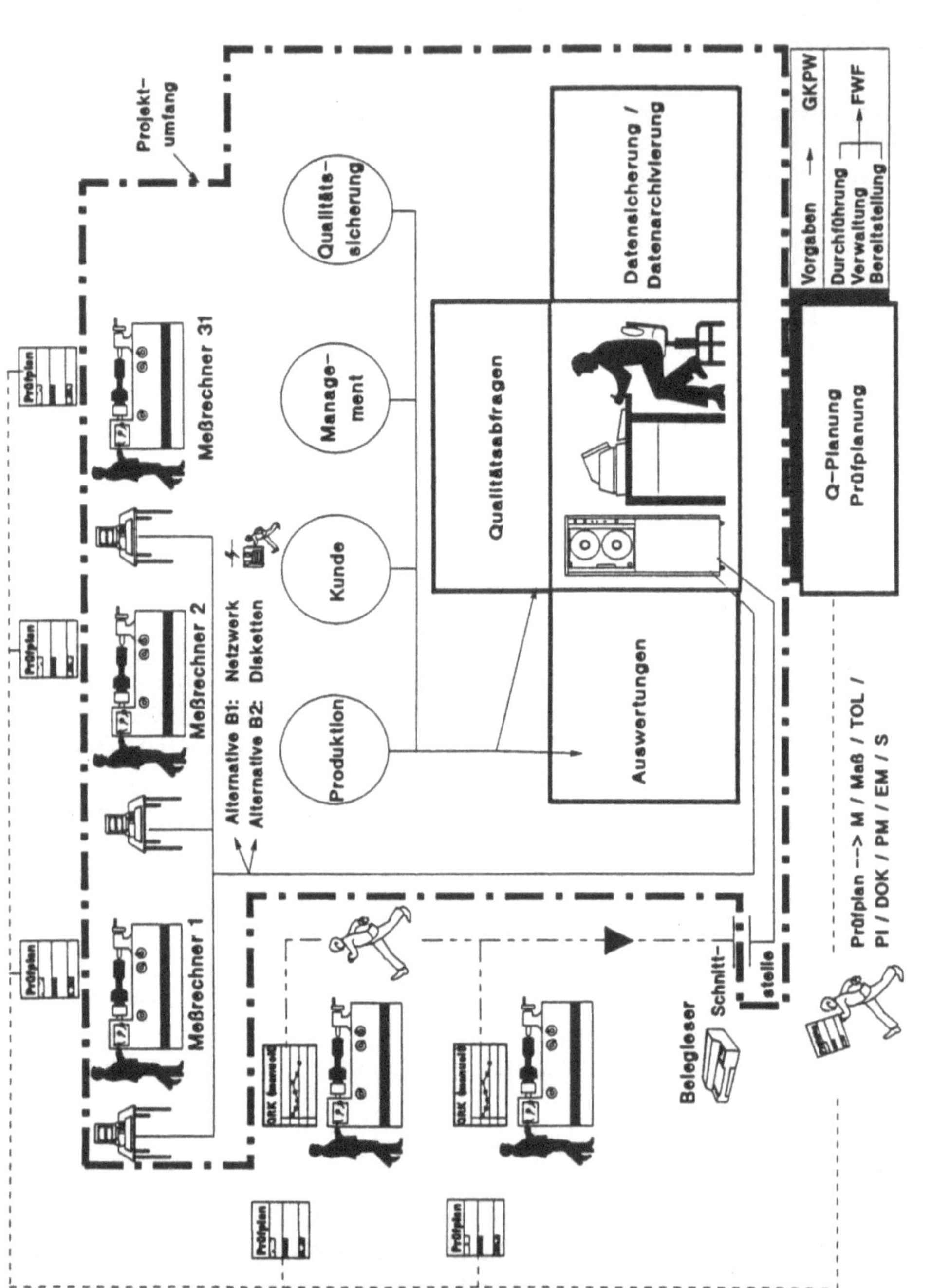

Bild 4-51 Konzept eines Auswertestandes

erfaßt werden. Bei den weiteren Betrachtungen werden nur die letzten beiden Möglichkeiten ausführlicher behandelt.

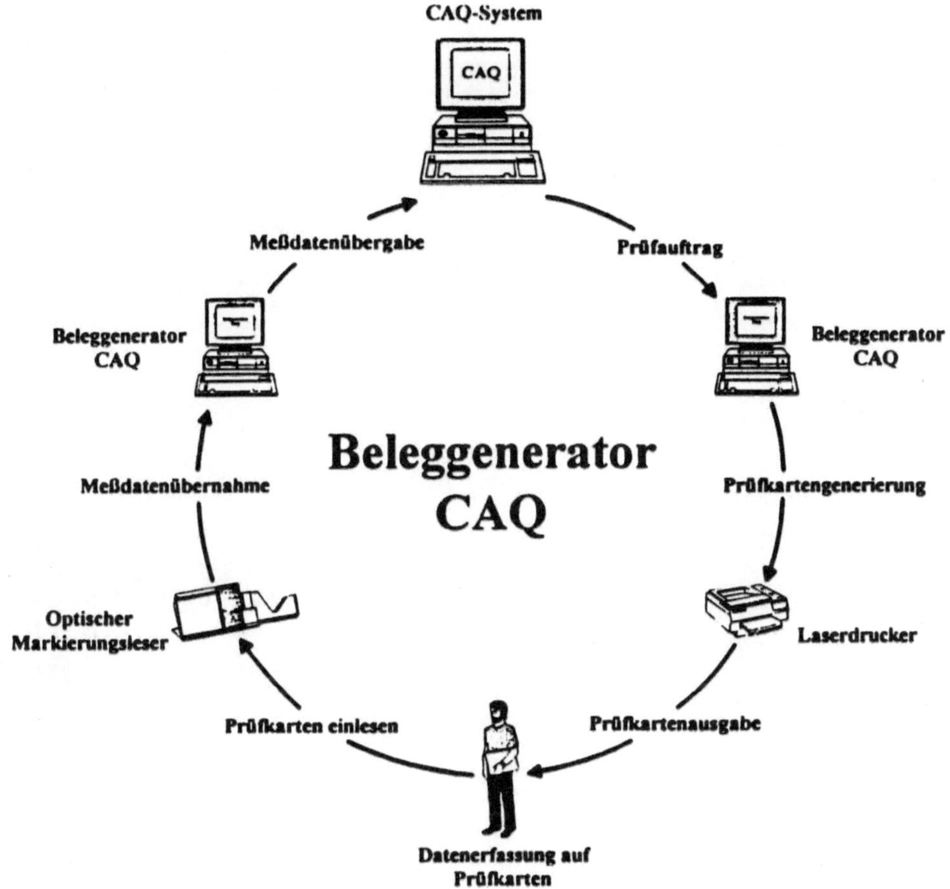

Bild 4-52 Belegleser- bzw. -drucker-Integration in CAQ (Quelle: DATAWIN)

– *Systemhierarchie*

Der Auslegung der Hardware wurde das Zwei-Ebenen-Konzept mit der Leit- und Prozeßebene zugrunde gelegt. Auf der Leitebene erfolgt die planerische Tätigkeit im Vorfeld der Auftragsabarbeitung und die Meßdatenauswertung für nicht prozeßgebundene Rahmenbedingungen. Dazu gehören beispielsweise Gesamtaussagen zu einem gefertigten Bauteil über mehrere Arbeitsgänge, Pareto-Analysen nach diversen Kriterien. Die Auswertungen werden im Rahmen der vorbeugenden Instandhaltung dazu verwendet, Zeitpunkte für Maschineninstandsetzungen auf Grund von Ist-Daten festzulegen. Des weiteren bilden Qualitätsdatenüberwachungen auf Basis von Prozeßfähigkeitsindizes die Grundlage für Maschinengrundüberholungen bzw. die Investi-

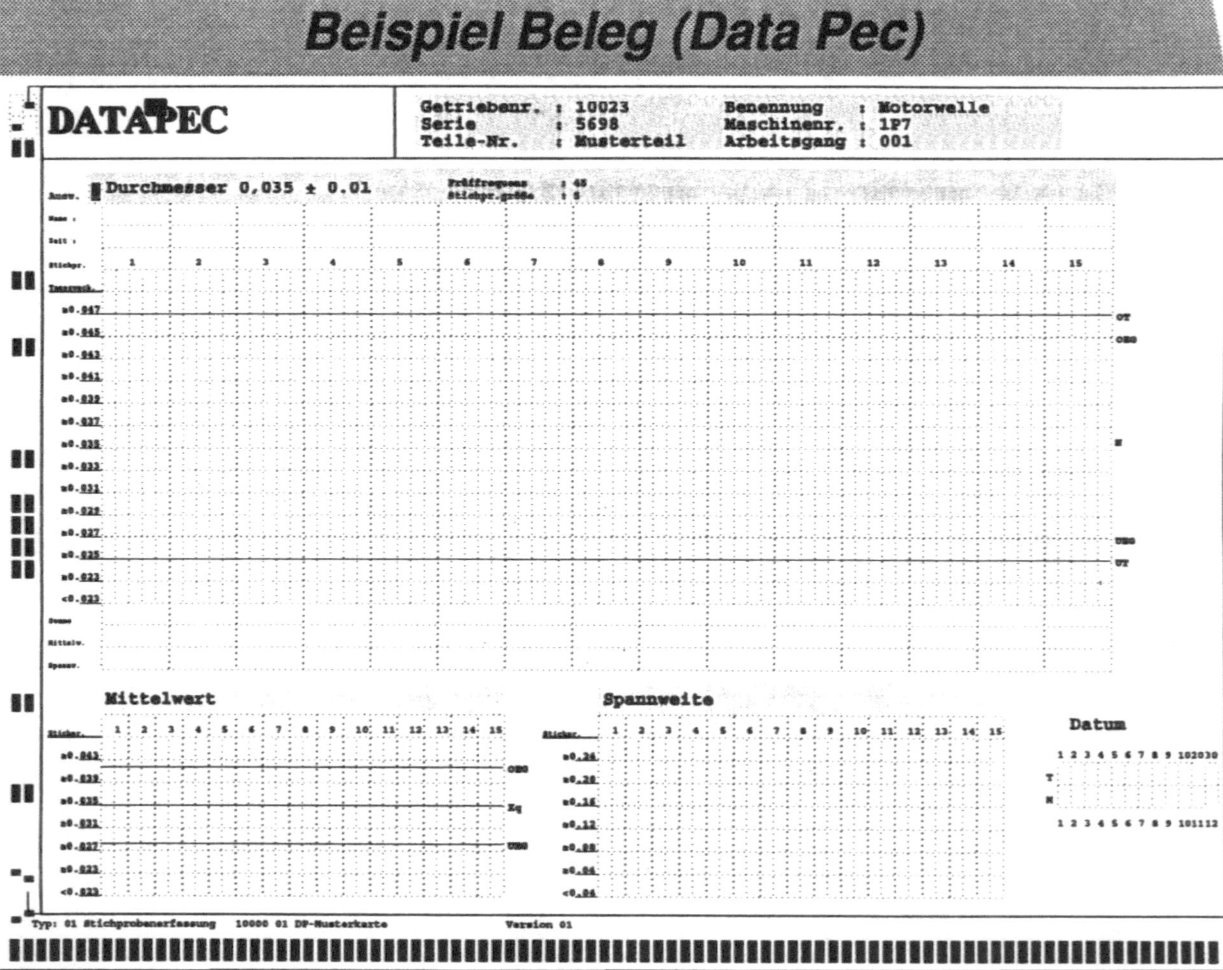

Bild **4-53** Beispiel eines firmenspezifischen Beleglesers (Quelle: DATAWIN)

tionsplanung. Auf der Prozeßebene werden Kenndaten berechnet bzw. bereitgestellt für die Durchführung des kleinen Prozeßregelkreises vor Ort (Bild 4-54).

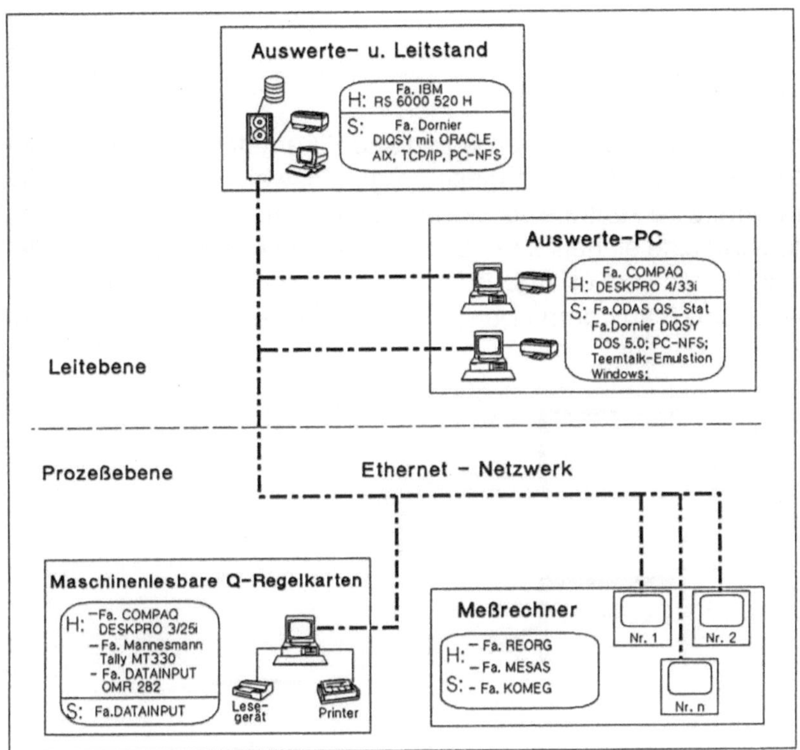

Bild 4-54 Prozeß- und Leitebene

– *Funktionen des Leitsystems*

Die Aufgabe des Leitstandes ist es, einheitliche Planungsvorgaben für Meßplätze mit Meßrechnerunterstützung oder Ausstattung mit maschinenlesbarer Qualitätsregelkarte teile- bzw. teilefamilienbezogen aufzubereiten, über Prüfauftragsgenerierung den Prüfzeitraum zu begrenzen und die rückgemeldeten Prüf- und Meßergebnisse auszuwerten und zu analysieren. Hierzu sind die Erfassungsstationen der Meßergebnisse, d.h. Meßrechner und System für maschinenlesbare Qualitätsregelkarten, mit dem Leitstand über ein Ethernet-Netz verbunden. Auf dem Speichermedium des Leitstandes ist ein Bereich definiert, auf den alle Meßergebniserfassungsstationen Zugriff haben. Hier werden sowohl die lauffähigen Prüfpläne und Prüfaufträge als auch die Meßergebnisse vor dem Einsortieren in die Datenbank gespeichert. Die Funktionen des Systems untergliedern sich in drei Hauptmodule:

- Verwaltung,

- Planung und

- Auswertung.

- *Modul „Verwaltung"*

Alle im System mehrfach verwendeten Daten und Parameter werden in sogenannten Katalogen verwaltet. Durch diese Vorgehensweise ist ein minimaler
Erfassungsaufwand, eine zentrale Verfügbarkeit der Daten an allen Prüf- und
Auswerteplätzen und eine einheitliche Basis für zentrale Auswertungen gegeben. Ist die Anbindung an ein übergeordnetes CAQ-Modul (z.B. QUISS) realisiert, werden die Daten aus dem übergeordneten Datenbestand übernommen (Bild 4-55).

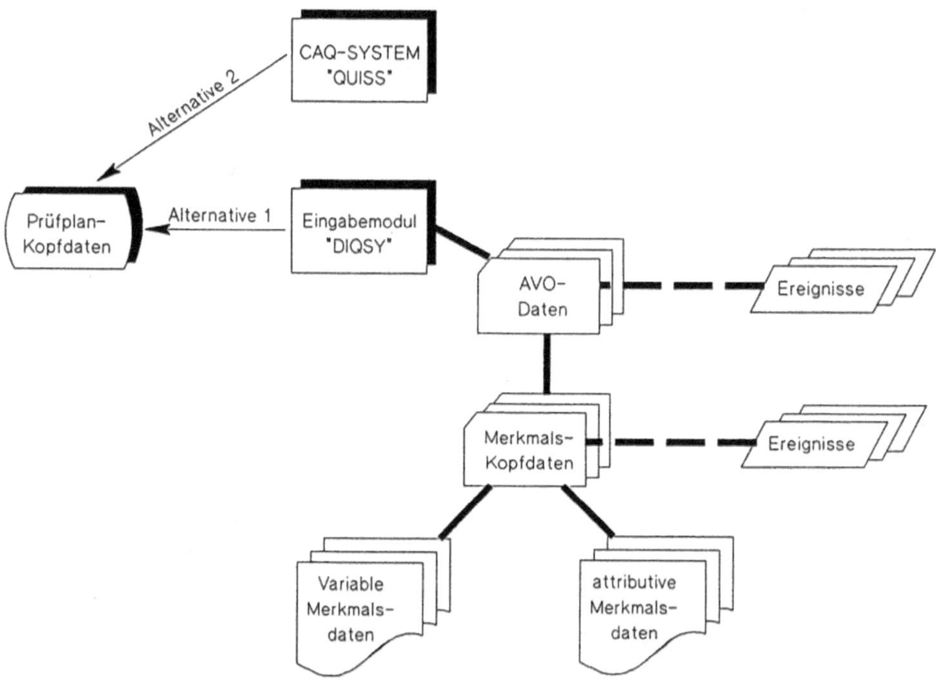

Bild 4-55 Prüfplanerstellung über mehrere Systeme hinweg

In den jeweiligen Katalogen werden u.a. die Merkmale, die Prüfmittel, die
Maschinen, die Ereignisse, die Meßplätze und der Kalibriermeister spezifiziert und für die eigentliche Prüf- und Meßplanung bereitgestellt (Bild 4-56).

```
MVVZZ 31 DIQSY-LS MT-01.05.02      Verwaltung            Dornier 07.03.95 11:56

                        M E S S P L A T Z  -  K A T A L O G

Meßplatz-Nummer:79_DAF100/110             Meßplatzkennung :R
Knotenname      :fwmc07                    Meßplatz-ID      :     7
Beschreibung    :SPC-Dreiarmflansch LK 100/110
Kommentar       :
Datei-Ordn.-Nr.:    37                     mORK-Meßplatz-Nummer :


    Meßplatz-Nr.   K Id  Beschreibung
 1  79_DAF100/110  R    7 SPC-Dreiarmflansch LK 100/110
 2  79_DAF80/90    R    6 SPC-Dreiarmflansch LK 80/90
 3  79_VAF110      R    8 SPC-Vierarmflansch LK 110
 4  81_KGS_116S    R   13 SPC-Kreuzgelenkstern schleifen Typ116
 5  81_KGS_140S    R   15 SPC-Kreuzgelenkstern schleifen Typ140
 6  81_KGS_201S    R   14 SPC-Kreuzgelenkstern schleifen Typ201
 7  81_KGS_460S    R   16 SPC-Kreuzgelenkstern schleifen Typ460 / 901
 8  84_Rohre_UMF   R    1 SPC-Umformen Gelenkwellenrohre (PKW/NFZ)
   (MESSPLATZ-KATALOG)        Auswahl :0    Meßplatz-Nummer :

1 wTasten  2 abListe            4 Löschen  5 Seite <  6 Seite >  7 Überneh  8 Zurück
```

Bild 4-56 Meßplatzkatalog

Die Identifikation des Meßplatzes erfolgt über die Meßplatz-Nr. und im Netzwerk über eine eindeutige Netzwerkadresse (=Knotenname). Im Textfeld „Beschreibung" kann der Meßplatz genauer beschrieben werden.

– *Modul „Planung"*

Bevor eine Messung durchgeführt werden kann, müssen die zu prüfenden
Bauteile und ihre Merkmale, die Meßplätze, Prüfmittel, Maschinen und weitere fertigungsspezifische Daten definiert werden.

Im Modul „Planung" müssen drei Komponenten, und zwar zwei zeitunab-
hängige Teile, der Urprüfplan und der Meßplan, und ein zeitabhängiger Teil,
der Prüfauftrag, definiert werden. In der weiteren Beschreibung wird der Urprüfplan als Prüfplan bezeichnet.

Der Prüfplan enthält die Stammdaten der zu prüfenden Bauteile und Merkmale. Dies sind sowohl Daten, über welche die zu prüfenden Bauteile identifiziert werden (=teilebezogene Daten) als auch Daten, welche die zu prüfenden Qualitätsmerkmale (=merkmalsbezogene Daten) beschreiben (Bild
4-57).

Hierbei können einem Prüfplan beliebig viele Arbeitsvorgänge (AVO) mit be-
liebig vielen Merkmalen und beliebig vielen Ereignissen zugeordnet werden.
In den Beschreibungen sind Arbeitsvorgänge jeweils als Arbeitsvorgänge mit
Prüftätigkeiten zu verstehen. Die Merkmale werden aus den Katalogen des
Verwaltungsmodules zu dem AVO hinzugefügt. Das Merkmal ist über einen

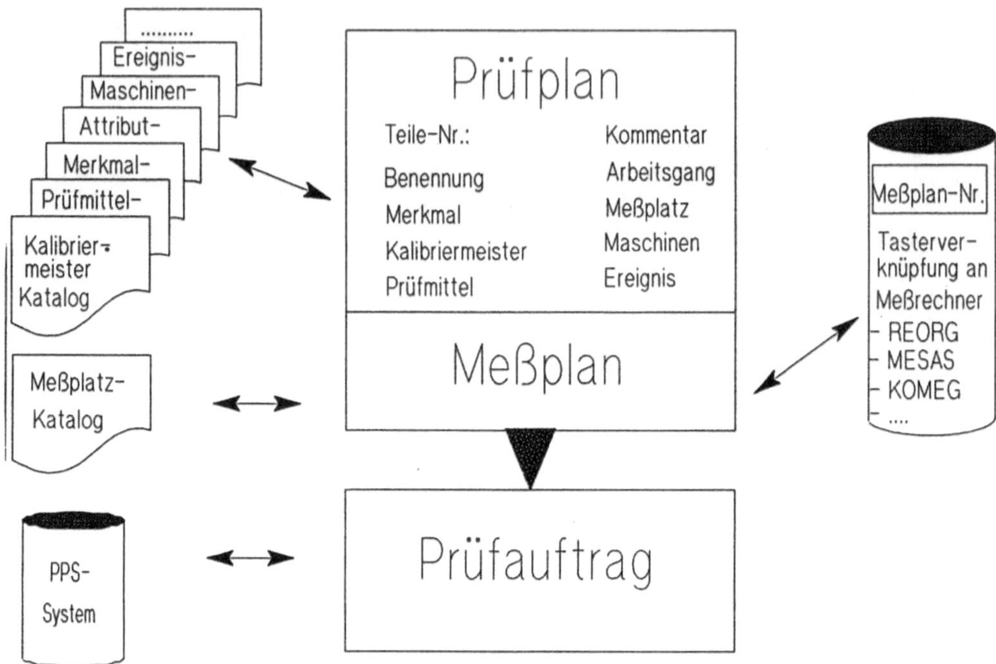

Bild 4-57 Datenbereitstellung für den SPC-Prüfplan für Konfiguration: QUISS-DIQSY-
REORG

Schlüsselbegriff eindeutig identifiziert und enthält Informationen zur Toleranz,
zur Verwendung bei Toleranzüber- bzw. unterschreitung, zum Qualitätsregel-
kartentyp mit dessen Spezifikationen und Meldefälle und zur Darstellung des
Histogramms, sowie diverse rechnertypabhängige Angaben.

Bei der Erstellung des Prüfplans werden die Ereignisse aus dem Ereignis-
katalog, der eine zentrale, einheitliche und auswertbare Form der Ereignisdo-
kumentation darstellt, kopiert. Ereignisse sind Textbausteine, die Prozeßein-
griffe bzw. -veränderungen dokumentieren bzw. beschreiben.

Als Ereignisse können z.B. „Wechsel Spannelemente", „Wechsel Rohteil-
charge" definiert werden. Die Auswahl des dargestellten Merkmals erfolgt
durch den Prüf- oder Arbeitsplaner auf Grund von Erkenntnissen aus einer
Entwicklungs- oder Prozeß-FMEA (Abschn. 4.1.1) oder durch die nachgewiesene Prozeß- und Maschinenfähigkeit im Rahmen der Maschinen- und
Prozeßfähigkeitsuntersuchung von ähnlichen Bauteilen mit vergleichbaren
Prozeßrahmenparametern.

Wird auf dem Datenbank-Server das Erstellen des Meßplanes für einen Prüfplan ausgelöst, so ist die Meßplatznummer und die Netzadresse des Meßplatzes anzugeben, auf dem der Meßplan erstellt werden soll. Die im Prüfplan allgemein erstellten Kopf- und Stammdaten werden im Meßplan auf die

jeweiligen Meßrechnertypen spezifiziert. Die eigentliche Meßplanerstellung erfolgt am Meßcomputer vor Ort. Hierbei werden die Anzahl der Meßtaster, die mathematische Verknüpfung derselben und die Bildschirmdarstellung am Meßcomputer definiert und vor Ort an der Meßvorrichtung getestet. Der Meßplan wird mit der Meßplannummer bezeichnet und dem Leitsystem zur Prüfauftragsgenerierung und für andere Prüfpläne mit gleichem Meßplan zur Verfügung gestellt. Die Meßplangenerierung ist ausschließlich für Meßrechner notwendig und nicht für das Kartenlesesystem.

Zeitgleich zur Generierung von Fertigungsaufträgen werden Prüfaufträge erstellt. Es sind somit die Maschinen, auf denen das Bauteil produziert wird, bekannt und bilden die Basis für maschinenbezogene, statistische Auswertungen. Ist ein Prüfauftrag generiert, können die planerischen Daten nicht mehr geändert werden, um die Systemintegrität sicherzustellen. Damit steht dem Meßrechner ein funktionsfähiger Prüfauftrag in seinem zugewiesenen Plattenbereich zur Verfügung. Am Meßrechner vor Ort kann dieser Prüfauftrag eingelesen und dann entsprechend den dort beinhalteten Vorgaben gemessen werden. Bei Merkmalen, die über maschinenlesbare Qualitätsregelkarten geregelt und dokumentiert werden, können die Prüfaufträge an der MQRK-Druck- und -Lesestation aufgelistet und der Ausdruck der mit den Auftragsdaten beschrifteten Qualitätsregelkarten veranlaßt werden.

— *Modul „Auswertung"*

Mittels Auswerte-PCs ist die zentrale Auswertung aller mit dem Leitrechner über Netz verbundenen Meßrechner und Qualitätsregelkartenstationen möglich. Es können merkmals-, prüfauftrags-, maschinen- und meßplatzübergreifende Auswertungen zu einem Prüfplan durchgeführt werden.

Bevor eine Auswertung durchgeführt werden kann, müssen zuerst die Daten (Meßwerte und Prüfplandaten), die Basis der Auswertung werden sollen, aus der Datenbank in eine Datei selektiert werden. Die Daten zu einem Prüfplan können nach verschiedenen Kriterien wie

— Prüfauftrag,

— AVO,

— Maschine,

— Merkmal,

— Schicht und

— Zeitfenster

eingegrenzt werden. Die Eingabe-Datenfelder sind mit über Funktionstasten aufrufbare Übersichtslisten hinterlegt, aus denen ausgewählt wird.

Ohne einen direkten Eingriff in das System, sorgen die Meßrechner zu unternehmensspezifisch festgelegten Tageszeitpunkten (z. B. Schichtwechsel) dafür, daß die bereitgestellten Ergebnisdaten vom Leitrechner übernommen und in die Datenbank eingetragen werden. Sollen Auswertungen bis zum aktuellen Zeitpunkt vor Schichtwechsel durchgeführt werden, so ist die Ergebnisdatenübernahme und der Datenbankeintrag manuell über Funktionstasten anzustoßen.

Die Auswertungsroutinen greifen auf Auswertedateien zu, die durch die Datenselektion erzeugt wurden. Je nach Eingrenzung des Auswerteumfangs kann nach folgenden Kriterien ausgewertet werden:

- Dokumentationskarte,

- Meßwertprotokoll,

- Qualitätsregelkarten (xquer/s, xquer/R, ..),

- Histogramm,

- Wahrscheinlichkeitsnetz,

- Ereignis-Pareto und

- Fähigkeitsindex.

Die gängigen Prozeßmodelle (z. B nach Shewart oder Rayleigh) zur Kennwertermittlung können jeweils vorgewählt werden. Des weiteren können in einer Konfigurationsdatenmaske die Grenzen, Parameter und allgemeinen Konfigurationsdaten eingestellt und die verschiedenen Konfigurationen jeweils hinterlegt werden. Bild 4-58 zeigt die Auswertemöglichkeiten.

- Überwachung

Wird der Auswerte- und Leitstand zur Überwachung der Meßergebnisse pro rechnerunterstütztem Arbeitsplatz benutzt, werden die Meßwerte nach jeder Stichprobe von den Meßplätzen an den Leitrechner übertragen. Hier werden sie, wie bereits beschrieben, in die Ergebnisdatenbank eingetragen und stehen dann für alle Auswertungen zur Verfügung.

In der Funktion „Online Auswertung – Ampel-Leitstand" werden die gemeldeten Meßwerte direkt nach vorgebbaren Kriterien noch vor dem Einsortieren in die Datenbank überprüft, wie in Bild 4-59 zur Online-Auswertung im SPC-Betrieb schematisiert beschrieben ist.

Mit dieser Online-Auswertung ist es möglich, Fehler und Abweichungen im Produktionsprozeß unmittelbar ohne zeitliche Verzögerung am Leitstandsterminal anzuzeigen.

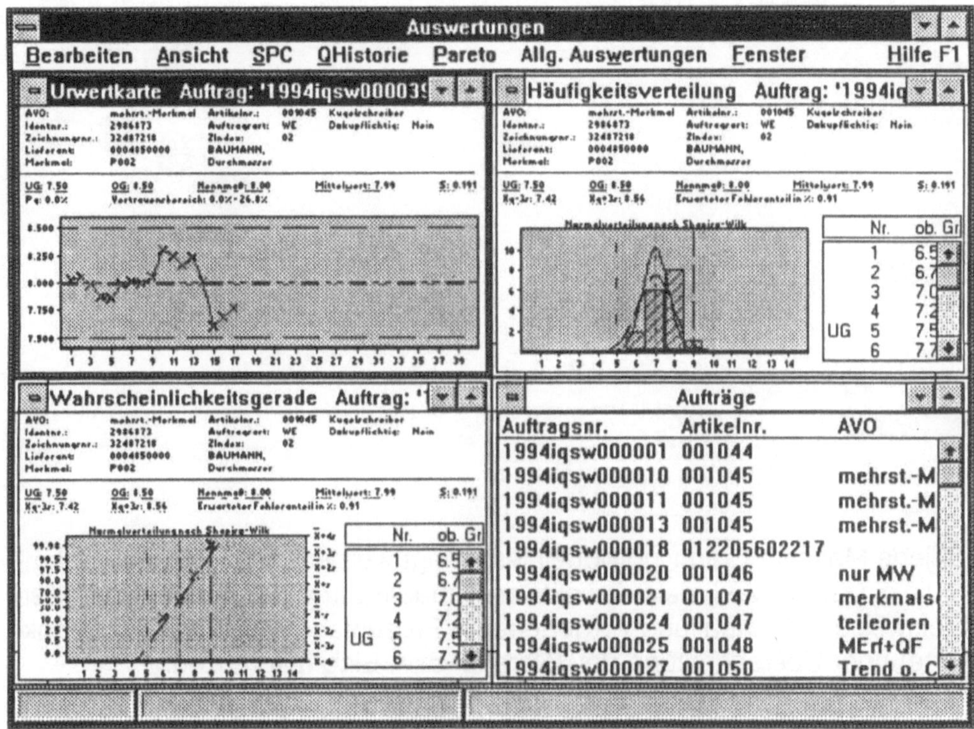

Bild 4-58 Auswertemöglichkeiten statistischer Kenngrößen (Quelle: IDOS)

Produktionsmeister, QS-Auditoren können diese Funktion nutzen, um sich vom Leitstand aus ein Gesamtbild über den aktuellen Prozeßzustand der einzelnen Bearbeitungsprozesse kurzfristig zu erstellen.

Jede Maschine wird auf dem Bildschirm des Leitstands symbolisch durch eine Ampel dargestellt. Die Farben bedeuten:

- Rot : Prozeß nicht in Ordnung,

- Gelb : Prozeß im Grenzbereich und

- Grün : Prozeß in Ordnung.

Zusätzlich besteht die Möglichkeit, einen weiteren Ampelzustand einzurichten, der anzeigt, daß keine Meßwerte für einen aktiven Serienprüfauftrag vorliegen. Dies kann bedeuten, daß fällige Messungen nicht durchgeführt worden sind, oder daß die überwachte Maschine nicht arbeitet.

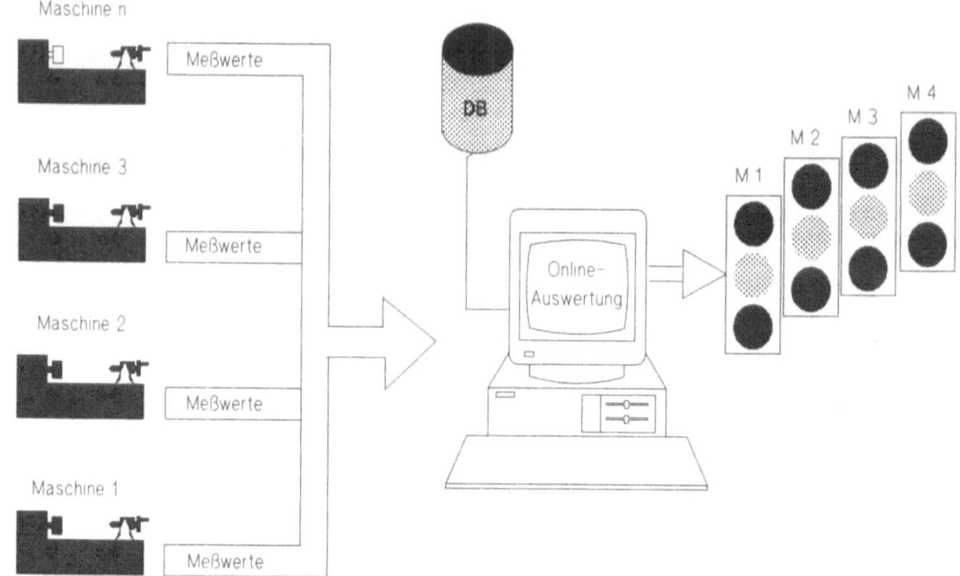

Bild 4-59 Grobkonzept eines Auswertestandes

Für jede Maschine kann individuell festgelegt werden, nach welchen Kriterien die einzelnen Merkmale des aktiven Prüfauftrags zu überprüfen sind; beispielsweise die Einhaltung vorgegebener Prozeßfähigkeitsindizes (cp-/cpk-Werte) oder Überschreitung der Toleranz- bzw. Eingriffsgrenzen.

– Meßrechner

Für komplexe Meßaufgaben, Prüfvorgänge mit mehreren Meßstellen oder in Bearbeitungsmaschinen implementierte Meßplätze sind im Sinne einer rationellen Arbeitsbewältigung Meßrechner einzuplanen, damit die statistische Prozeßregelung ohne merklichen Mehraufwand vom Werker ausgeführt werden kann. Über das Netz greifen die Meßrechner auf einen auf dem Leitrechner für alle Meßrechner gemeinsamen Speicherplatzbereich zu. In einem Übersichtsbild sind pro Meßrechner die zur Bearbeitung anstehenden Prüfaufträge aufgeführt. Es gibt „Dummy"- und Serien-Prüfaufträge.

Im Rahmen der Prüfplanerstellung auf dem Leitstand wird ein „Dummy"-Prüfauftrag mit den planerischen Kopfdaten und merkmalsbezogenen Daten auf dem Meßrechner zur Meßplanerstellung bereitgestellt. Die Meßplanerstellung umfaßt die Konfigurationsfestlegung für die Darstellung der Meßergebnisse am Bildschirm (z. B. Balkenverlauf oder Skalierung) und die Tasterverknüpfung der Meßtaster.

Unter Tasterverknüpfung wird die mathematische Verrechnung der einzelnen Tasterwerte zur Berechnung von Merkmalswerten verstanden. Zur Überprüfung der Richtigkeit des Prüf- und Meßplandaten erfolgt eine Testmessung und gegebenenfalls die Korrektur der fehlerhaften Daten. Meßergebnisse werden hierbei nicht gespeichert.

Nach erfolgreichem Abschluß der Meßplanerstellung wird ein Meßplanname vergeben und der Meßplan über das Netzwerk auf dem reservierten Speicherbereich zur Serienprüfauftragsgenerierung bereitgestellt.

Der aktuell zu bearbeitende Prüfauftrag wird in den Meßrechner eingeladen und lokal auf der Festplatte gespeichert. Somit ist auch bei Netzausfall eine kontinuierliche Meß- und Dokumentationstätigkeit sichergestellt. Durch den Einlesevorgang wird der in der „Dummy"-Prüfauftragsbearbeitung erstellte Meßplan für die Messung bereitgestellt. Änderungen am Prüf- oder Meßplan sind bei einem aktiven Prüfauftrag nicht mehr möglich, um eine Datendurchgängigkeit sicherzustellen.

– Meßrechner mit Werkerbedienung

Auf Grund der Vorgaben im Prüfplan führt der Werker die Bauteilmessung an einer Meßvorrichtung pro vorgegebener Zeiteinheit oder Stückzahl mit vorgegebenem Umfang (Stichprobengröße) durch. Hierbei wird das Bauteil in die Meßvorrichtung eingelegt, der Meßablauf über Näherungschalter oder manuell gestartet und das Meßergebnis bzw. das Stichprobenergebnis entsprechend der Konfigurationseinstellung angezeigt. Die Meßwertdarstellung erfolgt in der in den Bildern 4-60 und 4-61 dargestellten Form.

Auf Grund des Stichprobenergebnisses wird kontinuierlich weitergearbeitet oder es werden gegebenenfalls die Bearbeitungsprozeßparameter korrigiert und/oder rückwirkend bis zur letzten Stichprobe die Teile 100% ausgemessen. Im Sinne des kleinen, d.h. prozeßbezogenen Regelkreises, erfolgt die Korrektur der Maschinenparameter durch den Werker. Die Meßergebnisse werden parallel dazu auf der gemeinsamen Speicherplatte des Leitrechners abgespeichert. Der Eintrag der Meßergebnisse von der Speicherplatte in die Datenbank erfolgt standardmäßig nach einem vorgegebenen Zeitintervall (z.B. bei Schichtwechsel) oder bei manuellem Anstoß im Auswertemenü des Leitrechners. Diese Daten stehen dann im Sinne des übergeordneten Regelkreises der überwachten Fertigungseinheit zur Auswertung bereit.

Nach Beendigung des Prüfauftrags wird dieser abgemeldet, aus dem Arbeitsvorrat des Meßrechners gelöscht und mit dem entsprechenden Statuskennzeichen in der Datenbank des Leitrechners abgelegt.

– Meßrechner mit Maschinenkopplung

Bei komplexen Verknüpfungen von mehreren Bearbeitungsmaschinen, bei Mehrmaschinen durch einen Werker oder anderen Gründen ist es sinnvoll,

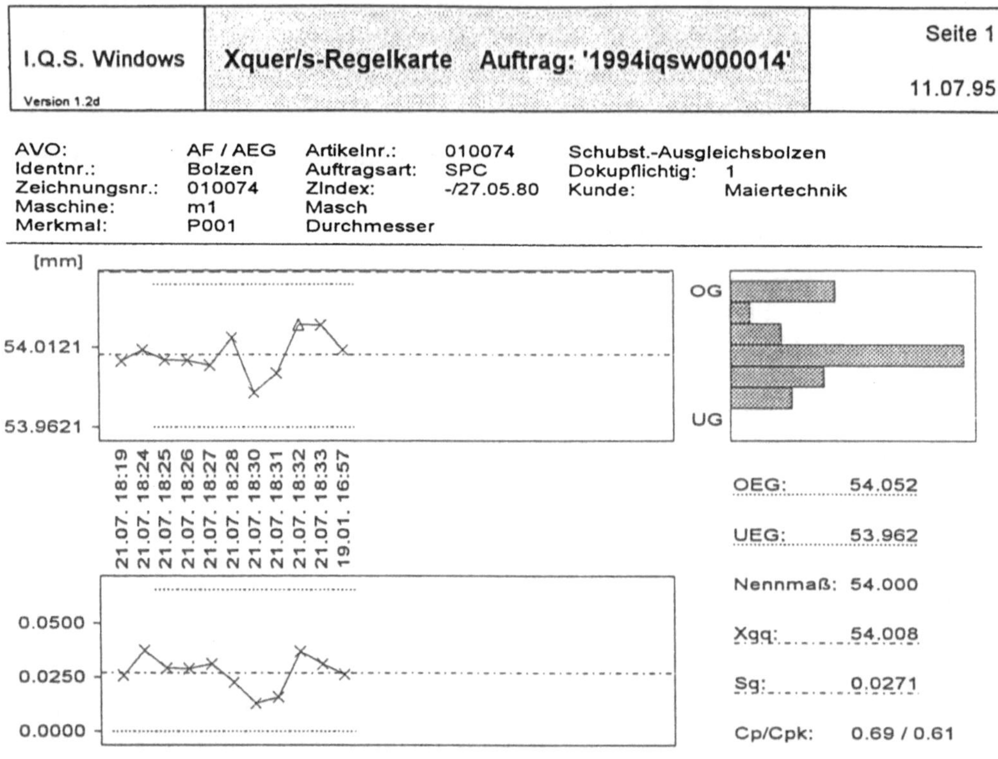

Bild 4-60 Auswertung als Regelkarte (Quelle: IDOS)

den Meßvorgang in den Bearbeitungszyklus , in-process oder post-process, zu integrieren. Die definierten Merkmale werden über Meßeinheiten zum Beispiel 100% gemessen und je nach Entscheid, „Gut", „Nacharbeit", „Ausschuß" über Weichen für die Weiterverwendung freigegeben.

Die Prozeßregelung erfolgt jedoch über eine fiktive Stichprobenbildung mit Kennwerterrechnung (z. B. Mittelwert). Bei Warngrenzenüberschreitung gibt der Meßrechner ein Steuersignal an die Maschinensteuerung zur entsprechenden Werkzeug- bzw. Werkzeugkoordinatenkorrektur. Die Meßwertdarstellung erfolgt in gleicher Weise wie bei Meßrechnerbedienung durch den Werker.

4.2.2.2 Qualitätsdatenverarbeitung im Produktionsablauf

Neben der Bearbeitung von SPC-Daten fallen im Produktionsablauf eine Vielzahl von Aufgaben zur rechnerunterstützten Abwicklung von Qualitätsdaten an. Dies gilt für alle qualitätsrelevanten Prozesse, von der Wareneingangsprüfung bis zur Behandlung von Feldreklamationen.

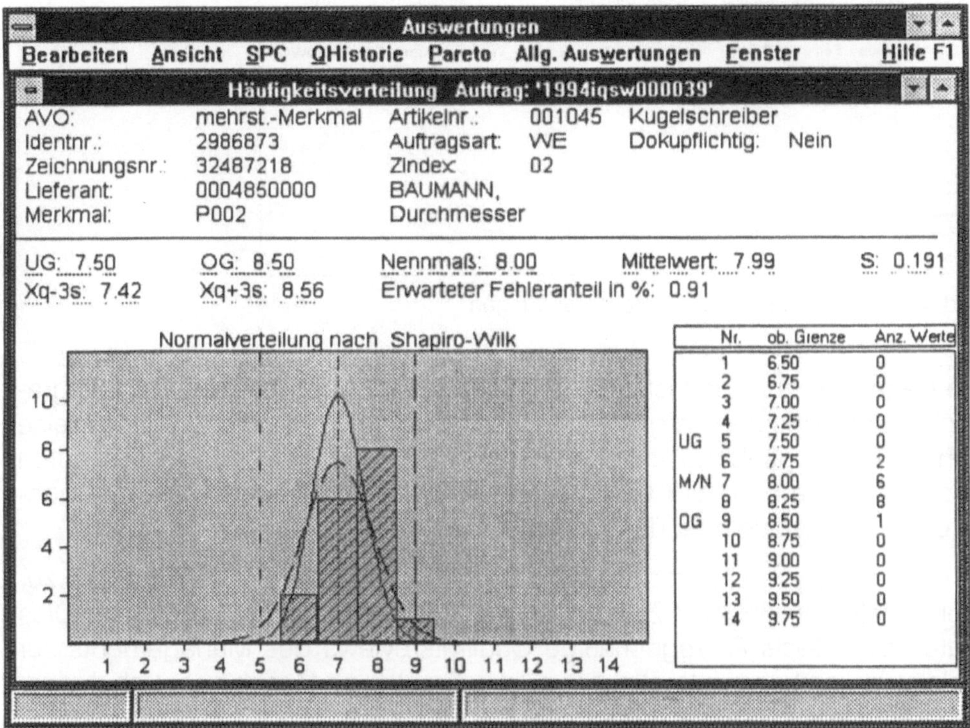

Bild 4-61 Auswertung als Häufigkeitsverteilung (Quelle: IDOS)

Beanstandungen, die beispielsweise im Rahmen der Produktion anfallen, werden über Erfassungsmasken für die CAQ-Module Dynamisierung und Qualitätshistorie bereitgestellt. In Bild 4-62 ist eine solche Erfassungsmaske dargestellt. In dieser Maske werden die für die anderen Module notwendigen Daten, wie Merkmalsnummer, Anzahl des Loses, Fehlerzahl, Fehlerklassifizierung und Fehlerbeschreibung erfaßt.

Auf Basis dieser Daten sind dann weiterführende Analysen und Verdichtungen möglich. In Bild 4-63 ist das bereits an anderer Stelle erläuterte 3-Ebenen-Konzept am Beispiel der Qualitätsdatenerfassung und -verarbeitung dargestellt.

In der Mitte des Bildes ist der kleinste Regelkreis mit dem Werker und der Bearbeitungsmaschine dargestellt. Dieser Regelkreis wird in der Großserie bereits mit SPC-Rechnern unterstützt. Über diesem Regelkreis ist der näch-

```
=======      Einzel - Beanstandungen    ========        Datum: 14.03.95
=============== Anzeigen ===============

Sachnr. : 5090801930            Auftragsnr.   : 460490000    Auftragsmeng  :      20
Bennen.: ZB TURBINENGEHAEUSE    Prüfergruppe  : 60033        Abschlußdatum : 12.11.94

MPOS   : 0270      Beschreibung :: Außendurchmesser        Merkmal.HK :    01
Gepl.St :   5          Gepr.St    :  20      Fehlercode    : 1    Änd.Grund  :

C Entscheidcode  Fehler    Stück    Werkernummer    Gem.Fe Werkernummer Geml.Fe AVO
        Befund / Istdaten
   A1              1        1          45008           1                         55
        Ist  132,85 mm




Funktion       Auftrag      PAVO    MPOS    Sachnummer      Plan    PPL
QF 52          460490 000   130     0270    5090801930      S1      99
--  --         --------------------
```

Bild 4-62 Erfassungsmaske für Beanstandungen

ste Regelkreis zur Kurzfristanalyse in der ersten Führungsebene mittels grafischer Unterstützung dargestellt. Umrahmt werden diese beiden Regelkreise von der Planungsebene, auf der die Langfristanalysen in Form von Berichten u. a. erstellt werden. Bild 4-64 stellt eine solche Langfristanalyse über mehrere Fertigungsinseln für das Management dar.

In dieser Analyse sind die Daten des ersten und zweiten Regelkreises zur Trendanalyse in längeren Zeiträumen den Zielwerten gegenübergestellt. Dies Daten sind Basis für regelmäßige Qualitätsreviews des Managements zur Ableitung von Langfristmaßnahmen, wie Ersatz von Maschinen, Schulungsprogrammen oder ähnlichem.

4.2.3 Qualitätsbezogene Kosten

Die qualitätsbezogenen Kosten richtig zu erfassen und zuzuordnen ist nicht ganz einfach, da sie an unterschiedlichen Orten auftreten, verschiedene Organisationseinheiten betreffen und verschiedene Personen einschließen. Bild 4-65 zeigt in einer Übersicht, wie die Qualitätskosten erfaßt und ausgewertet werden können.

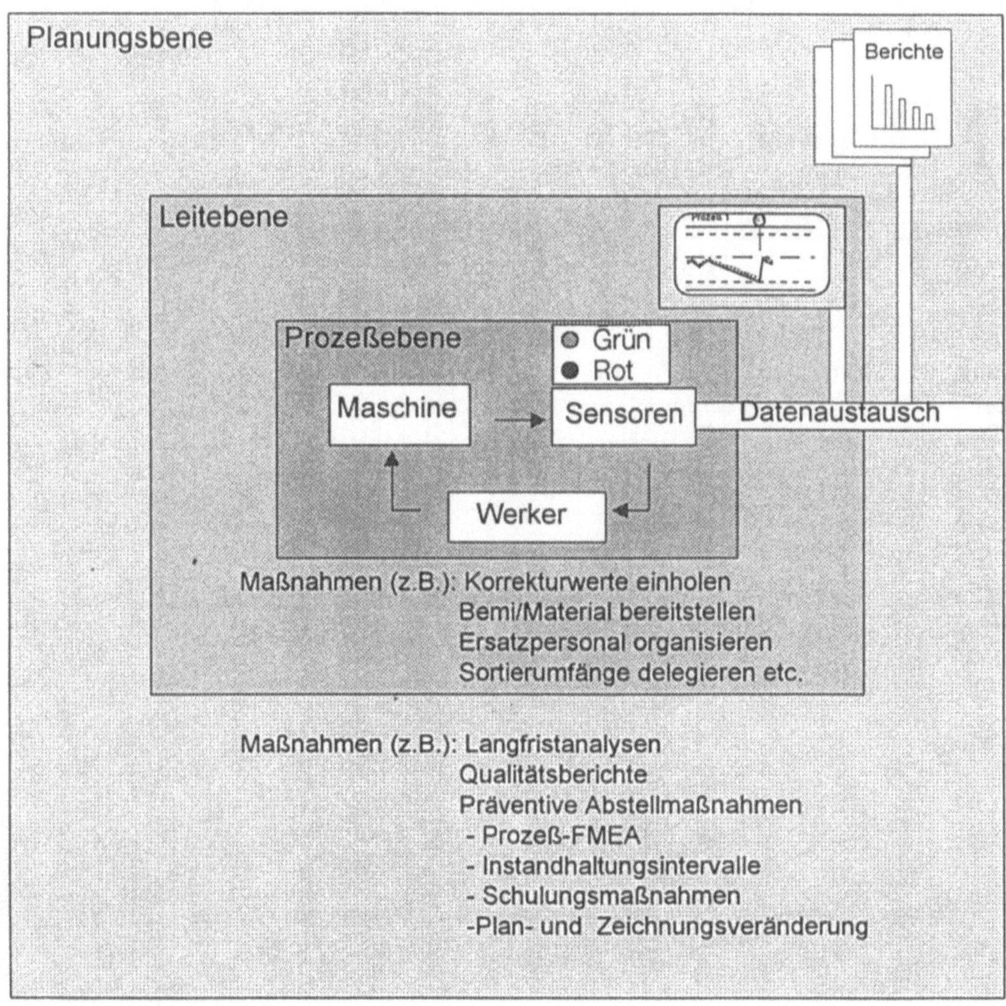

Bild 4-63 Regelkreis der Qualitätsdaten

4.2.3.1 Erfassung

In Bild 4-65 werden die Zusammenhänge gezeigt. Man unterscheidet zwischen:

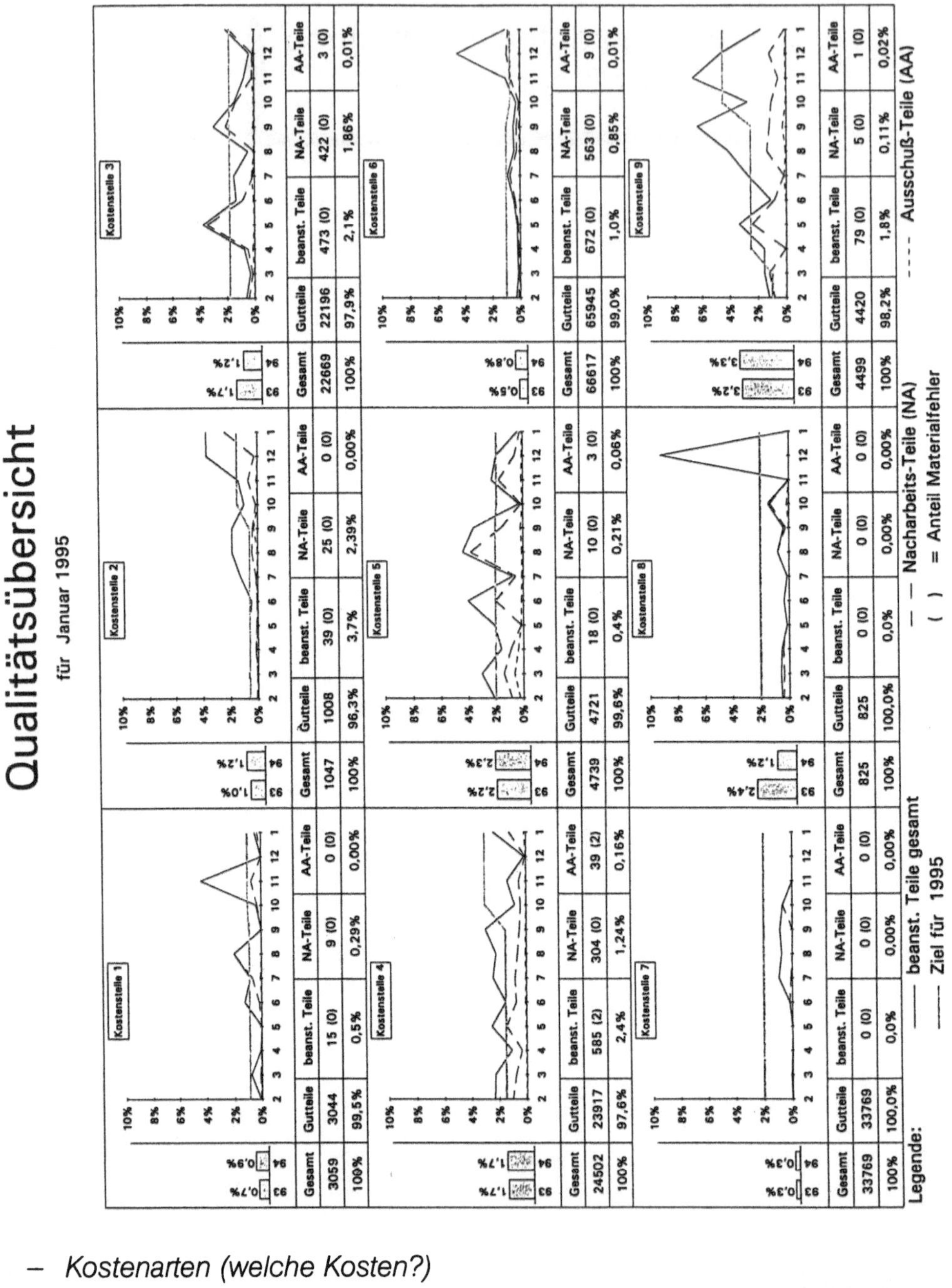

Qualitätsübersicht

für Januar 1995

Legende:

───── beanst. Teile gesamt
───── Ziel für 1995
── ── Nacharbeits-Teile (NA)
- - - - Ausschuß-Teile (AA)
( ) = Anteil Materialfehler

Bild 4-64 Qualitätsübersicht

– *Kostenarten (welche Kosten?)*

Üblicherweise unterscheidet man die Verhütungskosten, die Prüfkosten, die internen und die externen Fehlerkosten.

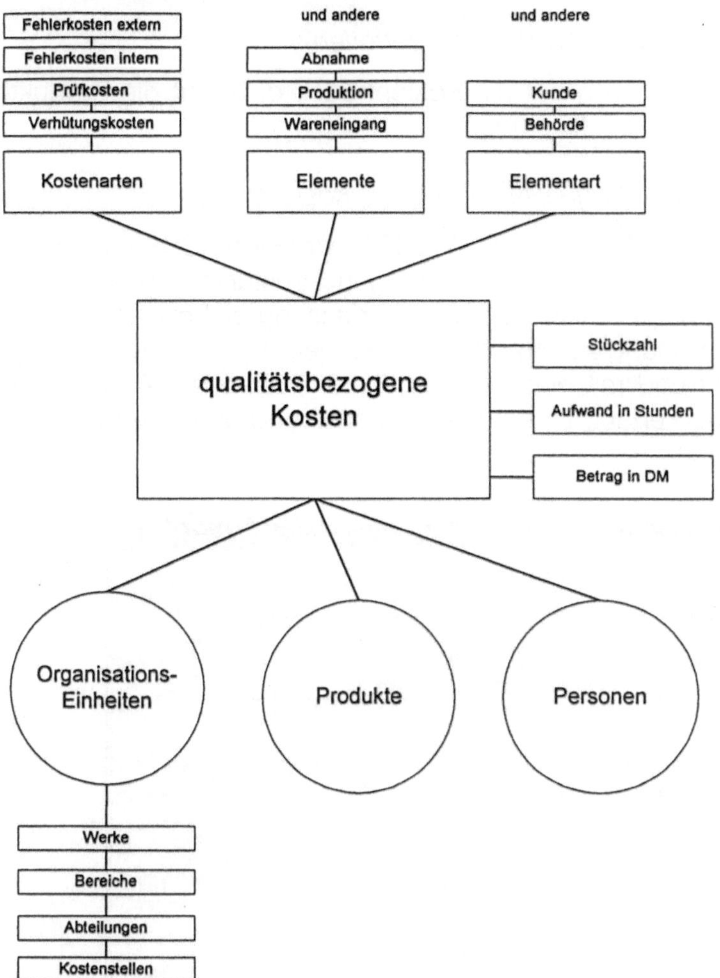

Bild 4-65 Übersicht über die qualitätsbezogenen Kosten

- *Funktionen (welche Funktion ist betroffen?)*

  Hierbei werden die betrieblichen Funktionen eingegeben.

- *Organisationseinheit (welche Unternehmensbereiche sind davon betroffen?)*

  Eine übliche Gliederung ist in Werke, Bereiche, Abteilungen bis hin zu Kostenstellen.

– *Produkte (welche Produkte sind davon betroffen?)*

Hier erfolgt die Zuordnung auf die Kostenträger, d. h. auf die Produkte (oder Teile) bzw. die Dienstleistungen.

– *Personen (wer verursacht qualitätsbezogene Kosten?)*

Im folgenden wird das Modul QUIPSY-QKOST der Firma CDE vorgestellt. Bild 4-66 zeigt die Erfassungsmaske mit den Strukturen, wie sie in Bild 4-65 zu sehen sind. Um eine eindeutige Erfassung sicherzustellen und eine zeitliche Zuordnung zu ermöglichen, werden die Erfassungsbelege laufend numeriert und mit den aktuellen Datum versehen. Änderungen werden dabei auch erfaßt. Eine kurze Beschreibung erleichtert die Ausgabe von Berichten.

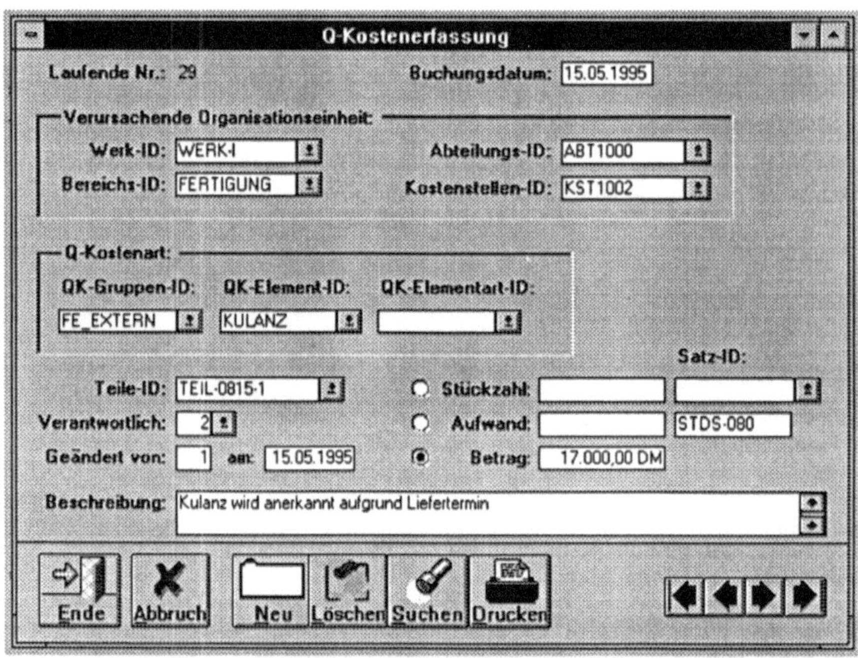

Bild **4-66** Erfassung der qualitätsbezogenen Kosten

4.2.3.2 Auswertung

Folgende Auswertungen werden vorgestellt:

– Verlauf der einzelnen Qualitäts-Kosten in der Zeit (Bild 4-67)

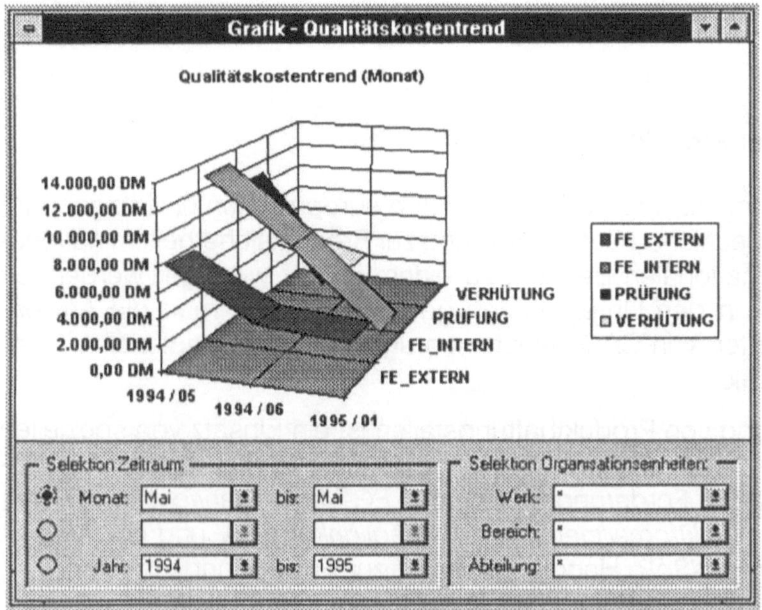

Bild 4-67 Trend der Qualitätskosten (Quelle: CDE)

– Vergleich der Qualitätskosten in den einzelnen Bereichen (Bild 4-68).

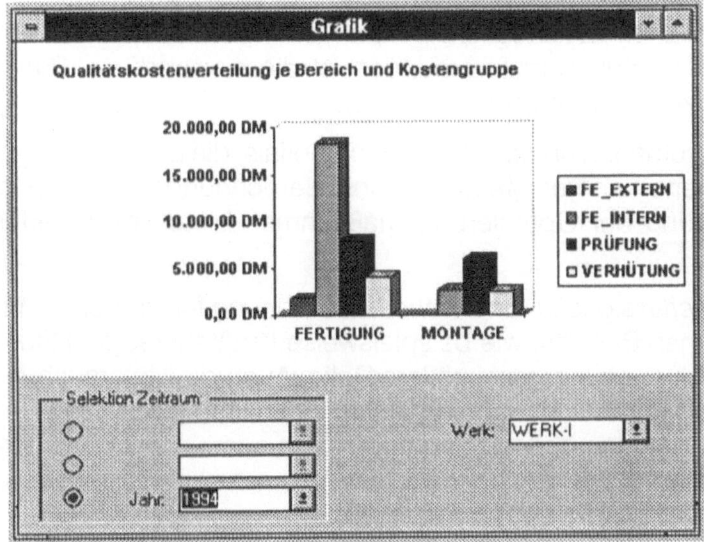

Bild 4-68 Qualitätskosten je Bereich und Kostengruppe (Quelle: CDE)

Mit diesen Auswertungen kann man die Kostensituation erkennen, die Kostenentwicklung beobachten und gezielte Maßnahmen zur Kostendämpfung einsetzen.

4.2.4 CAQ in der Produkthaftung

Die Produkthaftung ist wegen der ratifizierten europäischen Gesetzgebung, aber auch einer deutlichen Sensibilisierung zur Produktsicherheit im nationalen, wie im internationalen Bereich, zu einem immer wichtiger werdenden Themenkomplex in den Unternehmen geworden. Wenn man die Anwendungsmöglichkeiten von CAQ-Bausteinen untersucht, so zeigt sich ein unterschiedliches Bild.

Bei der Abwicklung von Produkthaftungsfällen ist ein Einsatz von speziellen CAQ-Bausteinen kaum sinnvoll. Jedoch ist im Rahmen präventiver Aktivitäten zur Erfüllung der Forderungen, z.B. der *EG-Maschinenrichtlinie EGMR*, der *Richtlinie zur Elektromagnetischen Verträglichkeit EMV* und der *Niederspannungsrichtlinie NSpR*, Handlungsbedarf zur Entwicklung von Werkzeugen zur IV-Unterstützung entstanden. So müssen zur Erfüllung der Bedingungen von *Konformitäts- und Herstellererklärung* nach EGMR entsprechende *Gefahrenanalysen* zu den betroffenen Maschinen oder Teilmaschinen bereitgehalten werden. Die notwendige Analyse des Gefahrenpotentials von Produkten, die ja auch einer permanenten Weiterentwicklung unterliegen, kann heute kostensparend mittels IV-Unterstützung erfolgen.

In Bild 4-69 ist beispielhaft der mögliche Ablauf einer rechnerunterstützten Gefahrenanalyse aufgezeigt. Damit verbunden ist die einwandfreie *Rückverfolgbarkeit* der einzelnen Teile (Abschn. 4.1.5).

Insbesondere die Dokumentation des Gefahrenpotentials, die Bewertung mittels gebräuchlicher anerkannter Methoden und Berechnungsalgorithmen sowie die Überwachung der Optimierungsmaßnahmen bieten sich hierfür bevorzugt an.

CAQ spielt in der *Zuverlässigkeits-* und *Sicherheits-Planung* für Branchen mit Produkten des täglichen Bedarfs, wie beispielsweise Kraftfahrzeuge, Haushalts- und Freizeitgeräte, eine immer größere Rolle. Auch die Untersuchungen und Planungsaktivitäten zum Langzeitbetriebsverhalten sind in der Regel äußerst daten- und rechenintensiv und bieten sich somit zur CAQ-Unterstützung vordringlich an.

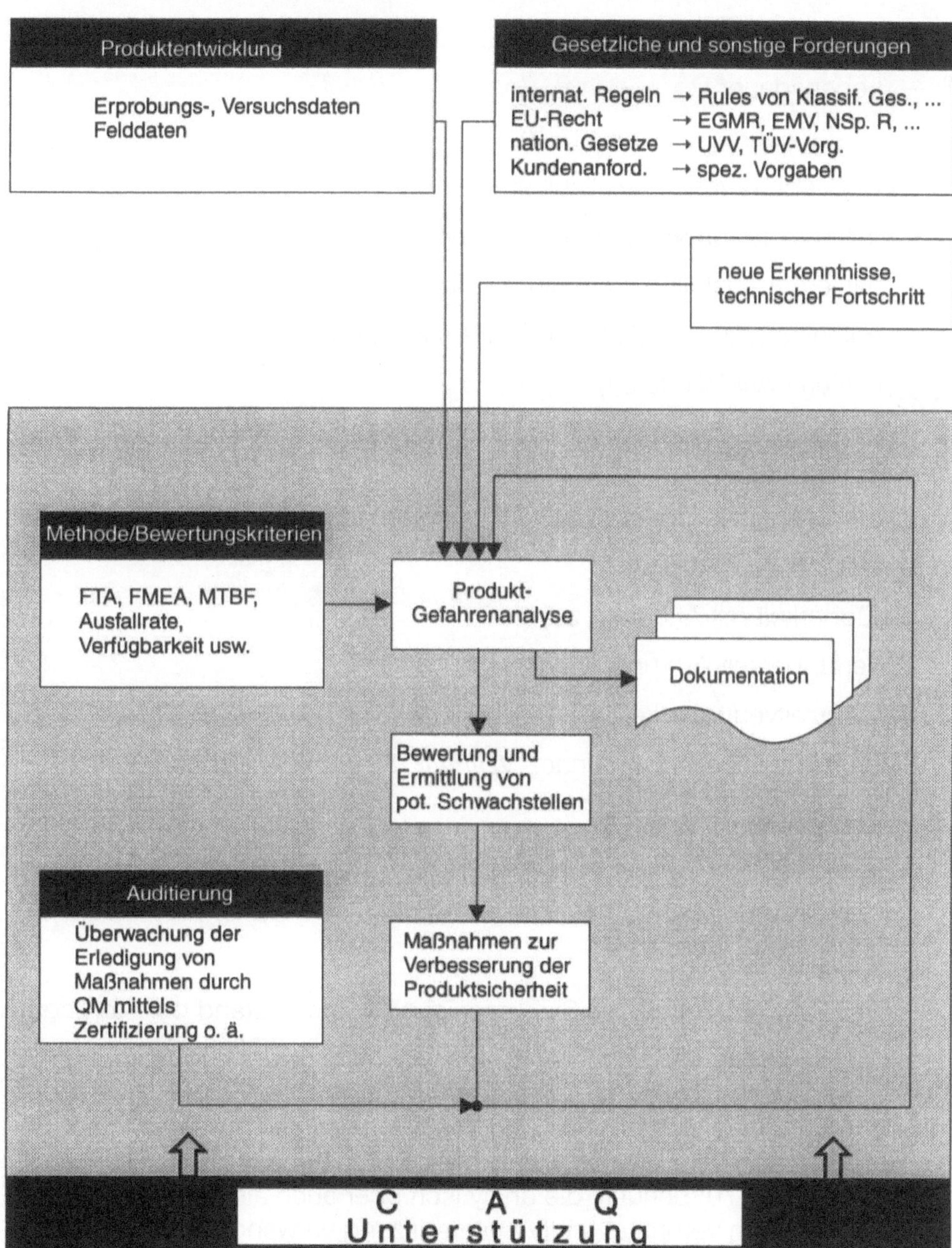

Bild 4-69 Vertragsprüfung und Gefahrenanalyse

Schwerpunkte des Zuverlässigkeits-, Instandhaltbarkeits- und Sicherheits-(ZIS)-Engineering bzw. Risk-Management sind nach H.H. Frey :

- Zuverlässigkeit des Produkts gemäß DIN 40041 mit Angaben zu:

  - Lebensdauer t,

  - Ausfallwahrscheinlichkeit F(t),

  - Überlebenswahrscheinlichkeit R(t),

  - mittlerer Lebensdauer (Mean Time to Failure) MTTF,

  - mittlerem Ausfallabstand (Mean Time between Failures) MTBF,

  - Ausfallrate (typ. Badewannenkurve) Z(t) und

  - mittlerer Ausfallrate z(t).

- Instandhaltung mit Begriffen nach DIN 31051 und DIN 40042 mit Angaben zu:

  - mittlerer Ausfalldauer (Mean Down Time) MDT und

  - Instandhaltungskosten.

- Verfügbarkeit mit Angaben zu:

  - Verfügbarkeit A(t) und

  - Langzeitverfügbarkeit A.

- Sicherheit mit Definitionen nach VDI/VDE 3542 mit Angaben zu:

  - Sicherheit,

  - sicherheitsbezogener Fehlfunktion,

  - Gefährdung (Risiko),

  - sicherem Zustand und

  - Fail Safe (Fähigkeit des Systems, im sicheren Zustand bei Störungen zu verharren oder in einen anderen sicheren zu wechseln).

Die für diese Kenngrößen anzusetzenden Algorithmen für die Auswertung mittels IV-Systemen sind der einschlägigen Fachliteratur zu entnehmen. Für die Beschreibung der Lebensdauer in allen Produktphasen wird die *Weibull-Verteilung* (Bild 4-70) benutzt, die analytisch oder auch als *Lebensdauernetz* in grafischer Form verbreitet mit IV-Unterstützung verwendet wird.

In diesem Umfeld finden mit wachsendem Erfolg *Expertensysteme,* ein Teilgebiet der *Künstlichen Intelligenz (KI)*, ihren effizienten Einsatzbereich. Künstliche Intelligenz versucht, Prozesse – wie: analysieren, interpretieren, planen, sehen und hören – in Modellen zu fassen und somit auf dem Rechner nachzubilden. Bild 4-71 zeigt den Einsatz wissensbasierter Systeme im Qualitäts-Management.

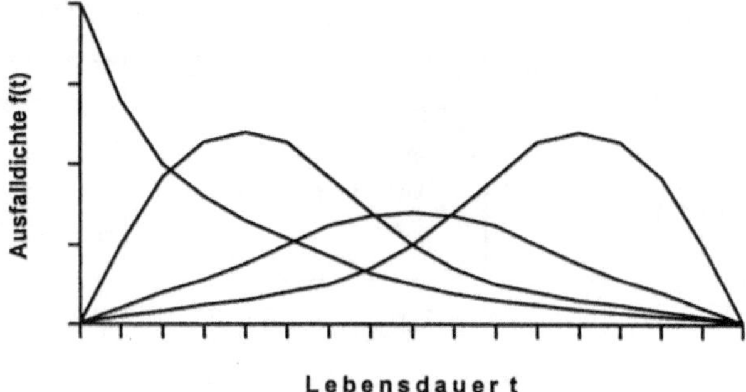

Ausfallwahrscheinlichkeit:

$$F(t) = 1 - e^{-\left(\frac{t}{T}\right)^{b}}$$

t = *Lebensdauerparameter*, $t \geq 0$

T = *charakt. Lebensdauer*, $T > 0$

b = *Formparameter*, $b \geq 0$

Lebensdauernetz

Wahrscheinlichkeitsnetz für Weibull-Verteilung

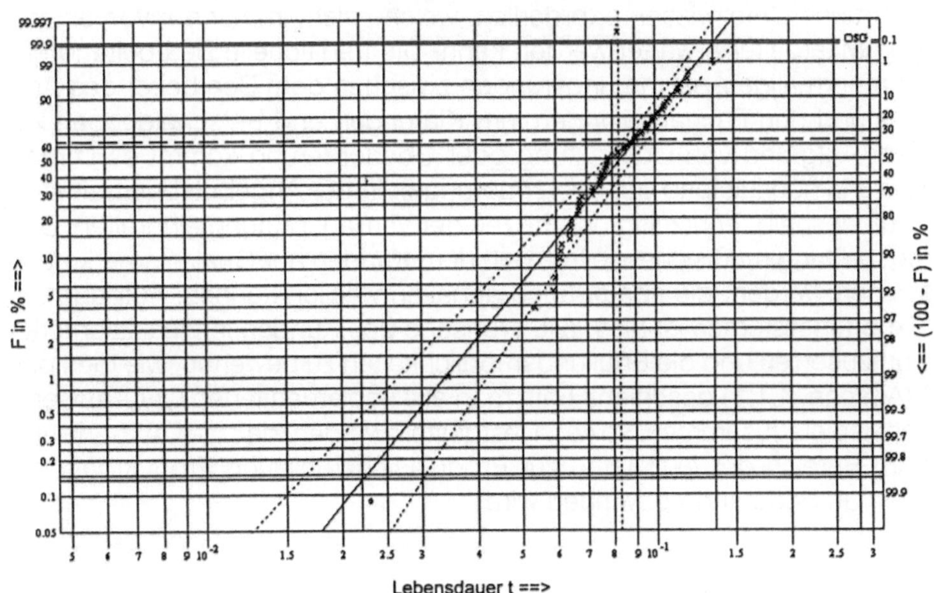

Bild 4-70 Weibull-Verteilung (Quelle: qs-STAT)

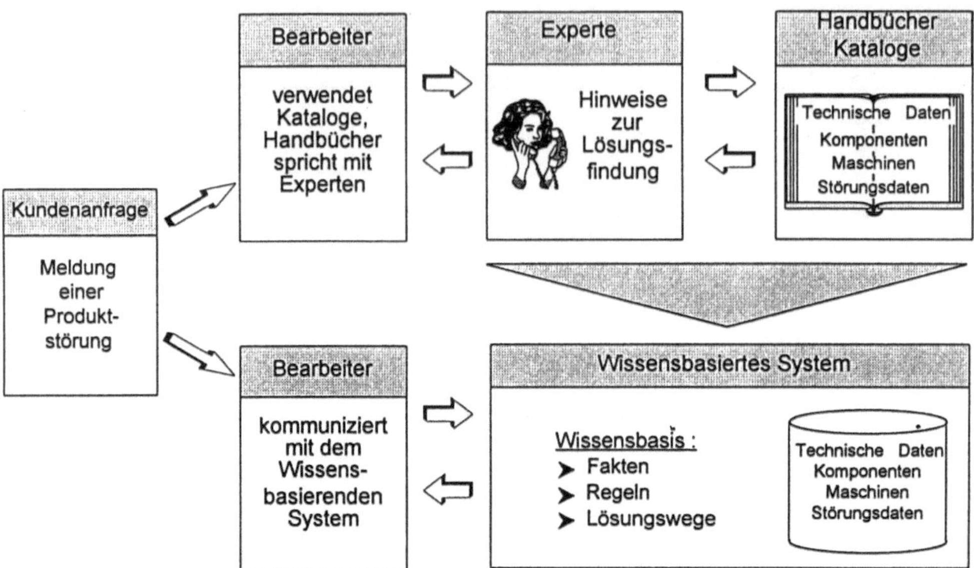

Bild **4-71** Wissensbasierte Systeme (Expertensysteme) im Qualitäts-Management

Für die Angebotsphase sind bereits frühzeitig Versuche mit Expertensystemen unternommen worden. Bei der Bearbeitung eines Angebots sind viel Erfahrung und Detailwissen erforderlich, welche nicht immer nur von einem einzigen Mitarbeiter erwartet werden kann. Die traditionelle Bearbeitung erfordert mehrmalige Abstimmungsrunden zwischen dem Bearbeiter des Angebotes und den Fachabteilungen, um Klärungen und Entscheidungen zu erhalten. Aufgrund von Überlastung oder Überforderung kommt es immer wieder zu Minderleistung oder Verzögerungen in der Angebotsbearbeitung. Hier muß deshalb rechtzeitig der Prozeß der Vertragsprüfung eingreifen. Die Vertragsprüfung muß sicherstellen, daß dem Kunden nur Qualitätsmerkmale zugesichert werden, die später auch gehalten werden können. Aufgabe eines Expertensystemes ist also, alle Wünsche des Kunden in Qualitätsmerkmale umzusetzen und die Erfüllungsmöglichkeiten zu bewerten, wie dies bei QFD (Abschn. 4.1.1) geschieht. Faßt man alle implementierten CAQ-Anwendungsbeispiele zusammen, so kann festgestellt werden, daß die CAQ-Anwendung im Bereich der Aktivitäten zur Produktsicherheit und Produkthaftung weiterhin an Bedeutung gewinnen wird.

4.2.5 CAQ bei Zertifizierung, Klassifizierung und Auditierung

4.2.5.1 Zertifizierung von Qualitätsmanagements-Systemen

Für die Planung von CAQ-Systemen ist es von großem Vorteil, auf ein dokumentiertes Qualitätsmanagement-System zurückgreifen zu können. Dies gewährleistet das Qualitätsmanagements-Handbuch (QMH), das den Aufbau und die Organisation des im Unternehmen installierten Qualitätsmanagement beschreibt.

Es wird empfohlen, einen modularen Aufbau für die QM-Dokumentation zu wählen. Entsprechende Textsysteme der IV-Welt im Unternehmen, ggf. auch das CAQ-System, können helfen, die erforderlichen QM-Elementbeschreibungen zu erstellen und einen raschen, kostengünstigen Änderungsdienst zu unterhalten.

– *Klassifikation von Produkten*

Auch bei Produkten, die einer Klassifikation durch entsprechend autorisierte, internationale Klassifikationsgesellschaften unterliegen, lassen sich die notwendigen Klassifizierungsprozeßschritte IV-unterstützt beschleunigt abwickeln. So können mittels moderner Kommunikationsmittel die für das „Design-Approval" erforderlichen Zeichnungen, technischen Prozeßbeschreibungen, Berechnungsdaten kostengünstiger erstellt, übermittelt und archiviert werden. Dies gilt auch für die Prozeßbeschreibung einer Typ-Funktionserprobung und -bewertung sowie bei der dann folgenden Prozeßunterstützung von Klassifikationsabnahmen der Serienprodukte.

4.2.5.2 Audit

Der Sinn der Auditierung und Zertifizierung von Systemen, Produkten oder Unternehmen ist die Darstellung, Bewertung und letztendlich Dokumentation eines Qualitätsstandes. Man unterscheidet zwischen Systemaudit (Analyse des Zustandes des Qualitätsmanagement-Systems), Produktaudit (Analyse des Zustandes der Produkte und Leistungen) und Verfahrensaudit (Analyse des Zustandes der Verfahren und Prozesse).

Jedes einzelne Element im Qualitätsregelkreis kann auditiert werden. Mit einer Auditierung werden folgende Ziele verbunden:

– Feststellen des Ist-Zustandes der Qualitätselemente, Produkte oder Verfahren,

– Bewertung des vorgefundenen Ist-Zustandes,

– Aufspüren von Schwachstellen,

– Verbesserungsmaßnahmen veranlassen und

– Wirksamkeit der Verbesserungsmaßnahmen überwachen.

Die Veranlassung der Audits erfolgt beispielsweise aufgrund von:

– festgesetzten Intervallen,

– Kundenforderungen (z B. nach DIN EN ISO 9000 ff),

– Zertifizierung und Rezertifizierung,

– Vergabe wichtiger Aufträge,

– Probleme mit wichtigen Teilen (Zulieferteile oder Eigenteile),

– Absicherung der Qualitätsfähigkeit neuer Produkte und

– Verlagerung der Fertigung.

Ein Auditor muß während der Durchführung des Audits alle notwendigen Informationen erhalten.

Nach Durchführung des Audits sind die Ergebnisse zu verdichten. Es ist vielfach Praxis, Bewertungen der Auditergebnisse als Qualitätskennzahl oder als *Erfüllungskennzahl* aufzuzeigen. Die Ermittlung erfolgt mit der Formel :

$$\text{Erfüllungsgrad} = \frac{\text{erreichte Punktzahl}}{\text{mögliche Punktzahl}} * 100 \ (\%)$$

In Abhängigkeit vom Erfüllungsgrad (E) kann dann wieder eine Klassifizierung vorgenommen werden in:

A: Entspricht den Erwartungen (E über 85%),

B: Entspricht weitgehend den Erwartungen, Verbesserung notwendig
(E 50 – 85%),

C: QM-System entspricht nicht den Erwartungen, Neuaufbau erforderlich
(E unter 50%).

Die Auditerkenntnisse, der Erfüllungsgrad und die Verbesserungsmaßnahmen fließen ein in den Auditbericht. Der Bericht gibt an, wie gut das Unternehmen die geforderten Qualitätsansprüche erfüllt (Bild 4-72). Er dient zur Information der Leitung.

Beim Systemaudit werden verschiedene Fragenkomplexe zu den einzelnen QM-Elementen nach DIN EN ISO 9000 für diverse auditierte Bereiche bzw. Unternehmen verwaltet. Die allgemein gehaltenen Fragen können noch an

Auditauswertung

Element	Anzahl Fragen		Anzahl Punkte		Erfüllung EE	Erfüllungsprofil
	maximal	bewertet	maximal	erzielt		
01 Verantwortung d.o. Leitung	29	27	270	178	66%	
02 Qualitätsmangement	15	15	150	104	69%	
03 Vertragsüberprüfung	15	15	150	106	71 %	
04 Designlenkung	32	32	320	224	70 %	
05 Lenkung der Dokum. u. Daten	16	16	160	114	71 %	
06 Beschaffung	24	24	240	162	68 %	
07 Lenkung v. Kunden beig. Prod.	7	7	70	56	80 %	
08 Identifik. u. Rückverf. v. Prod.	12	12	120	96	80 %	
09 Prozeßlenkung	33	33	330	242	73 %	
10 Prüfungen	36	35	350	240	69 %	
11 Prüfmittel	17	16	160	124	78 %	
12 Prüfstatus	7	7	70	70	100 %	
13 Lenkung fehlerhafter Produkte	16	16	160	96	60 %	
14 Korrektur- u. Lenkungsmaßn.	10	9	90	70	78 %	
15 Handh., Lag., Verpack., Vers.	28	28	280	208	74 %	
16 Lenkung von Q-Aufzeichnungen	11	11	110	80	73 %	
17 Interne Qualitätsaudits	13	13	130	90	69 %	
18 Schulung	8	8	80	56	70 %	
19 Kundendienst	10	11	110	72	65 %	
20 Statistische Methoden	6	6	60	36	60 %	

Bild 4-72 Auditauswertung (Quelle: IDOS)

die einzelnen Bereiche angepaßt werden. Hierzu ist aufgrund der großen manuellen Schreibarbeit eine EDV-Unterstützung wichtig. Eine hierfür angepaßte Software muß folgende Funktionen unterstützen:

- Erstellen von Checklisten,

- Anpassen von Checklisten auf Unternehmensbereiche,

- Verwalten von Querverweisen (Normen, Anweisungen),

- Verwalten der Korrekturmaßnahmen und Termine,

- Errechnen der Qualitätskennwerte und

- Erstellen von verdichteten Berichten.

Basis der gesamten Software ist der Fragenkatalog gemäß DIN EN ISO 9001. Dieser Katalog wird dann in die Standardauditbogen für die Bereiche zerlegt bzw. angepaßt. In jedem Bereich wiederum können weitere Auditbogen bereichsspezifisch ergänzt werden. Am Schluß werden systemseitig alle Daten wieder in einem Gesamtaudit für die Geschäftsleitung verdichtet.

Das System sollte auf einem Laptop lauffähig sein. Die notwendige Erfassung kann somit direkt vor Ort parallel zur Auditierung durch den Auditor erfolgen. Der Datenverlust durch Vergessen ist damit gering. Des weiteren kann direkt nach Abschluß des Audits der Bericht gedruckt werden und dem auditierten Bereich durch den Auditor übergeben werden. Mißverständnisse können somit noch direkt nach dem Audit besprochen und ausgeräumt werden.

4.2.6 CAQ im Personalwesen

Die Anforderungen an die Gesamtauftragsabwicklung aller Industrieunternehmen sind in den vergangenen Jahren aus folgenden Gründen ständig gestiegen:

- Der Markt fordert immer kürzere Lieferzeiten der Erzeugnisse.

- In immer kürzeren Innovationsintervallen müssen neue Produkte mit immer höheren technischen Anforderungen bei zunehmend kundenauftragsbezogener Auftragsabwicklung erstellt werden.

- Moderne IV-Konzepte beinhalten die bereichs- und unternehmensüberschreitende, rechnerunterstützte Integration aller Funktionsbereiche der Auftragsabwicklung bei gleichzeitiger Dezentralisierung der organisatorischen Abläufe.

- Just-in-Time-Strategien zwingen zur exakten Einhaltung der Liefertermine und der Liefermengen.

- Zunehmender Kostendruck und Preiskonkurrenz aus dem Ausland fordern weitreichende Rationalisierungsmaßnahmen in allen Unternehmensbereichen.

- Von der eigenen Fertigung, den Zulieferern und Lieferanten wird im CAQ absolute Prozeßsicherheit und Nullfehlerqualität im Sinne der TQM-Strategie in immer stärkerem Maße gefordert.

Moderne, integrierte DV-Konzepte sind trotz oder gerade wegen der Lean-Strategien darauf auszurichten, alle an der Auftragsabwicklung beteiligten Unternehmensbereiche einschließlich der Zulieferer und Kunden in einem Gesamtlogistikkonzept zu vereinen.

Damit werden aus der Sicht des oben aufgestellten Forderungskataloges, der sich noch ergänzen ließe, an die Qualität der integrierten Auftragsabwicklung und an die zielgerichtete Zusammenarbeit aller Beteiligten extrem hohe Anforderungen gestellt. Hierbei ist nicht allein das klassische Qualitätswesen gefordert, es geht vielmehr um eine Qualitätssteigerung aller unternehmerischen Aufgaben, angefangen bei Vertrieb und Produktentwicklung über Fertigung, Einkauf, Montage bis hin zum Versand und zur Instandhaltungslogistik unter Einbeziehung der externen Stellen und Lieferanten.

Von diesen Veränderungsprozessen ist das CAQ-Umfeld aus fachlicher, organisatorischer und systemtechnischer Sicht in besonderer Weise betroffen, da die neuen Organisationsformen zur Dezentralisierung und zur Vereinfachung der Abläufe sich direkt auf die Arbeitsprozesse in der Produktion und den direkt und indirekt tangierten Unternehmensbereichen auswirken. Hierbei kommt dem Menschen als wichtigstes Glied in der Kette von Veränderungsprozessen die führende Rolle zu. Die Mitarbeiter sind entsprechend zu schulen und direkt an der Neugestaltung der Abläufe zu beteiligen.

Als durchaus positives Resümee läßt sich aus den aktuellen Zeitschriften- und Buchveröffentlichungen die schon seit langem wissenschaftlich fundierte Erkenntnis ziehen, daß eine harmonische Team- und Gruppenarbeit im Prinzip immer noch die beste Lösung für die Bewältigung der geschilderten Problematik bei der Umsetzung unternehmerischer Aufgaben darstellt. Schlagworte wie Kreativität, Motivation, Teamarbeit, Kommunikation, Qualitätszirkel, Lernstatt usw. unterstreichen diese These. Andere, hier nicht zitierte Veröffentlichungen berichten von einer neuen Denkweise im Sinne des Begriffes „Unternehmenskultur".

Allgemein lassen sich die Zielsetzungen für den Einsatz Systematischer Denkmethoden wie folgt zusammenfassen:

– Einbeziehung und gemeinsame Ausrichtung aller Funktionsbereiche des Unternehmens auf das Ziel „Optimale Qualität der Auftragsabwicklung";

– gemeinsame bereichsüberschreitende Problemlösungs- und Entscheidungsfindung;

– engere Kooperation zwischen Kunden, Unternehmen und Lieferanten;

– einfachere Beherrschung von Konfliktsituationen bei Kulanz- und Garantieproblemen;

– zielgerichtete Entwicklung neuer Produkte unter Umsetzung moderner wertanalytischer Erkenntnisse;

– Einsatz neuer Marketing- und Vertriebsstrategien in enger Anbindung an die innerbetriebliche Auftragsabwicklung;

– Intensivierung der Zusammenarbeit zwischen Entwicklung, Produktion, Montage, Prüffeld und Qualitätswesen im Sinne des Simultaneous Engineering und

– Planung, Organisation und Umsetzung integrierter DV-Systeme unter Einsatz modernster Soft- und Hardwaretechnologien.

Bei den hier genannten Zielen geht es im Prinzip darum, unter Einbeziehung der in den Mitarbeitern verankerten Erfahrung und des erlernten Fachwissens systematisch, zielgerichtet und effektiv einen möglichst großen Anteil der anfallenden unternehmerischen Aufgaben zu lösen (Bild 4-73).

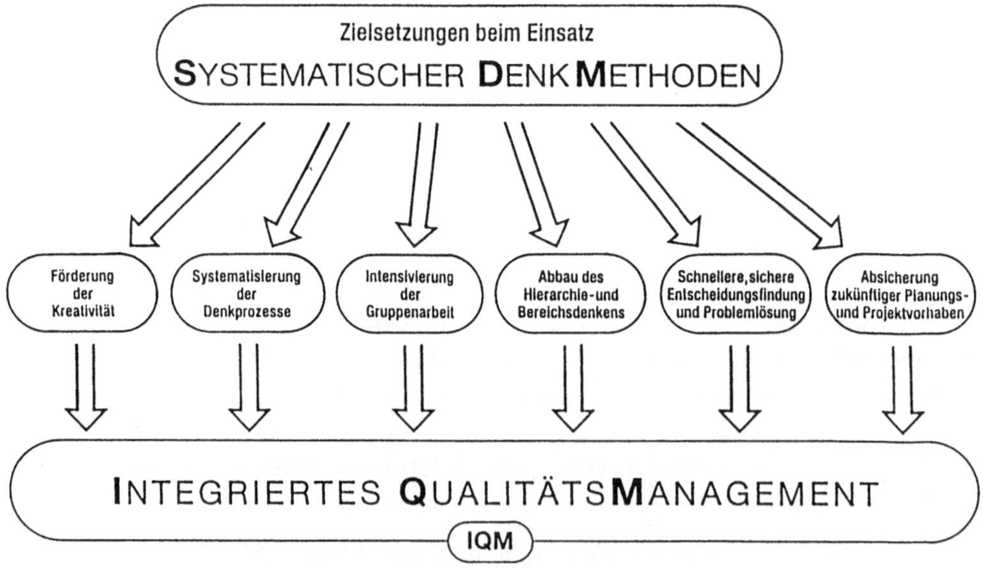

Bild 4-73 Übersicht zu SEP (Systematische Denk-Methoden)

Der Einsatz Systematischer Denkmethoden soll die eingangs genannten Probleme weitgehend reduzieren und allgemein zur Förderung der Mitarbeiterkreativität beitragen. Systematisierung der Denkprozesse bedeutet gleichzeitig Intensivierung der Gruppenarbeit, was zwangsläufig bei hoher Anwendungsintensität einen Abbau des Hierarchie- und Bereichsdenkens bewirkt. Der Einsatz systematischer Denkmethoden kann effektiv für eine schnellere, sichere Entscheidungsfindung und Problemlösung sorgen und dabei helfen, zukünftige Planungs- und Realisierungsvorhaben soweit wie möglich aufgrund der bestehenden Erkenntnisse abzusichern, wie Bild 4-74 zeigt.

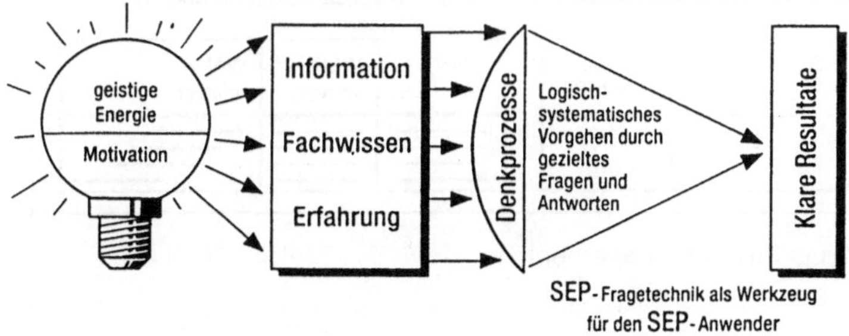

Bild 4-74 Zielsetzungen von SEP

Jedes Vorhaben, das als Projekt abgewickelt wird, ist möglichst rasch in ein strukturiertes, systematisches und offizielles Projekt zu überführen. Das in

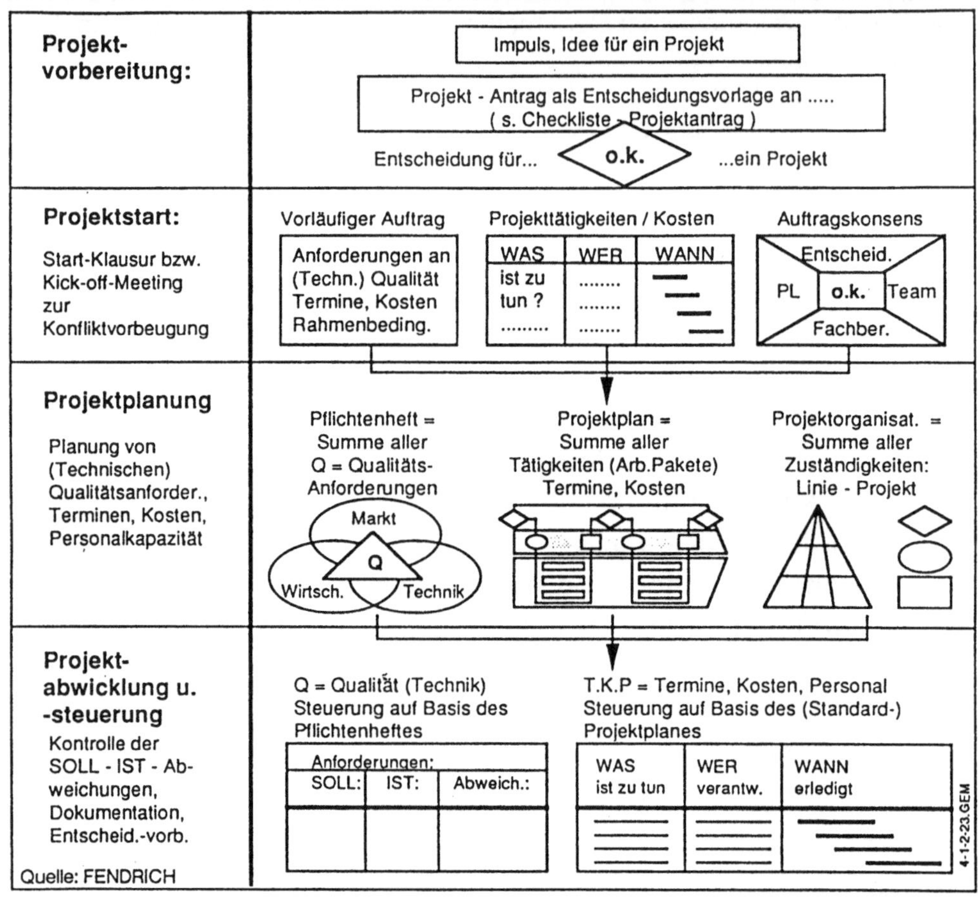

Bild 4-75 Ablaufschema für das Projektmanagement

Bild 4-75 dargestellte Ablaufschema für das Ganzheitliche Team- und Projektmanagement soll helfen, schneller vom „Nebel" in die Projekt-„Klarheit" zu kommen.

Die Bearbeitung der natürlichen Interessens- und Einflußkonflikte zu Projektbeginn zahlt sich mehrfach aus, wenn große Teile späterer Änderungskosten einzusparen sind. Das im Bild dokumentierte Vorgehensmodell gilt grundsätzlich wieder für alle Projektarten und Meetingtypen. Bei der Anwendung dieser Vorgehensweise ist darauf zu achten, daß das Projektmanagement nicht die Richtigkeit und Kreativität der fachlichen Lösungskonzepte ersetzt. Hieraus folgt, daß Steuerungs- und Arbeitsinhalte im Rahmen des Projektmanagements nicht miteinander vermischt werden dürfen. Auf dieses Problem zu achten, ist eine wesentliche Führungsaufgabe des Projektleiters und Teammoderators.

Im Personalwesen sind die wichtigsten CAQ-Module in der Qualifizierung und Requalifizierung von Mitarbeitern zu finden. Gemäß der DIN ISO 9000 ist die Schulung für jeden Mitarbeiter eine wichtige Grundvoraussetzung für einwandfreie Qualität.

Unter diesen Schulungselementen sind die qualitätsrelevanten Schulungen zu verstehen. Qualitätsrelevant sind hierbei alle Schulungen, die der Mitarbeiter für eine einwandfreie Ausführung seiner Tätigkeit benötigt.

Ein CAQ-Modul muß hierbei drei Schwerpunkte umfassen:

1. Detailliertes Schulungskonzept für den einzelnen Mitarbeiter,

2. Qualifizierungs- und Requalifizierungstermine des Mitarbeiters und

3. jährliche Überprüfungstermine des Schulungsplans für die Mitarbeiter.

Im Rahmen des detaillierten Schulungsplans für den Mitarbeiter sind alle für die Ausführung seiner Aufgaben notwendigen Schulungen aufgelistet. Dieses Konzept wird vom Vorgesetzten erstellt. Ziel des Konzeptes ist die personenunabhängige Absicherung der notwendigen Wissensinhalte für die Ausübung der einzelnen Stelle. In Bild 4-76 ist ein solchen Konzept dargestellt.

Um auch hier möglichst effizient und wirtschaftlich vorzugehen, ist eine DV-Unterstützung anzuraten. Eine Möglichkeit der neueren Zeit sind die IV-Module wie Access oder Excel. Diese Module lassen dem einzelnen Vorgesetzten die größtmögliche Freiheit über das äußere Aussehen dieser Listen.

Nach der planerischen, kreativen Phase der Erstellung der Schulungspläne kommt der zweite Schritt, die Abprüfung der Qualifizierungsstände der Mitarbeiter und die Ausarbeitung der Schulungs- und Nachschulungsaktivitäten pro Mitarbeiter. Dieses speziell an das Leistungsprofil des einzelnen Mitarbeiters angepaßte Konzept ist Basis für die Überwachung des Schulungsstandes durch den Vorgesetzten.

Als letzte Stufe der CAQ im Personalwesen sollten mindestens einmal im Jahr die Schulungslebensläufe mit den Soll-/Ist-Vergleichen durch den Vorgesetzten angeschaut und überarbeitet werden. Ziel dieser Durchsicht ist die Abklärung der Frage, wer in welchem Fachbereich oder Arbeitsgebiet eventuell eine Grundschulung oder eine Nachschulung benötigt.

Realisiert sind solche Systeme bereits heute in den Sicherheits- oder Werkstoffschulungsbereichen. So ist es heute üblich, daß die Verwaltung von Riß-

Firma Mustermann
Planhausen

Schulungsplan
Abteilung Qualitätslenkung / Bereich: Herr Schneider

Bearbeiter : Schneider
Datum :   07.01.1995

lfd. Nr.	Name	Personalnummer	Bedarf	erledigt	95	96
1	Maier Manfred	123556	Führungsgrundkurs für Meister 1	03/85		
			Gruppenkompetenz Basiskurs	07/86		
			CAQ-Qualitätsdaten	01/87	WS	
			CAQ-Basiskurs	08/87		WS
			CAQ-Prüfplanung	01/88	WS	
			Führungsgrundkurs für Meister2	06/90		
			Werkerselbstprüfungskonzept	06/92		WS
			Qualitätsbericht Quartalsgespräch	10/94	12/94	4x
2	Schulz Peter	478987	Einführung in das Unternehmen	03/89		
			Erfahrungsaustausch nach einem Jahr im Unternehmen	05/90		
			CAQ-Qualitätsdaten	01/91	WS	
			CAQ-Basiskurs	08/92		WS
			Werkerselbstprüfungskonzept	06/92		WS
			Qualitätsbericht Quartalsgespräch	10/94	12/94	4x
3	Bauer Helmut	456632	Einführung in das Unternehmen	10/94	•	
			Erfahrungsaustausch nach einem Jahr		08/95	
			CAQ-Basiskurs	08/95		WS
			Werkerselbstprüfungskonzept	06/95		WS
			Führungsgrundkurs Inselleiter		04/95	
			Aufbaukurs soziale Kompetenz in der Insel			07/96
4	Huber Harry	345565	Einführung in das Unternehmen	10/93		
			Erfahrungsaustausch nach einem Jahr		08/95	
			CAQ-Basiskurs	08/94		WS
			Aufbaukurs zum Qualitätsbeauftragten			
			Aufbaukurs soziale Kompetenz in der Insel			07/96

Legende: WS = Wiederholungsschulung erforderlich

Bild 4-76 Formular für ein Schulungskonzept

prüfkursen vollautomatisch durchgeführt wird. Der Mitarbeiter wird terminge-
recht zur Nachschulung oder zur zyklischen Augenüberprüfung eingeladen. Auf Knopfdruck kann dann zu jedem Mitarbeiter ein Bildungslebenslauf
mit allen Terminen, Nachqualifizierungen und zukünftig geplanten Schulungen erstellt werden (Bild 4-77).

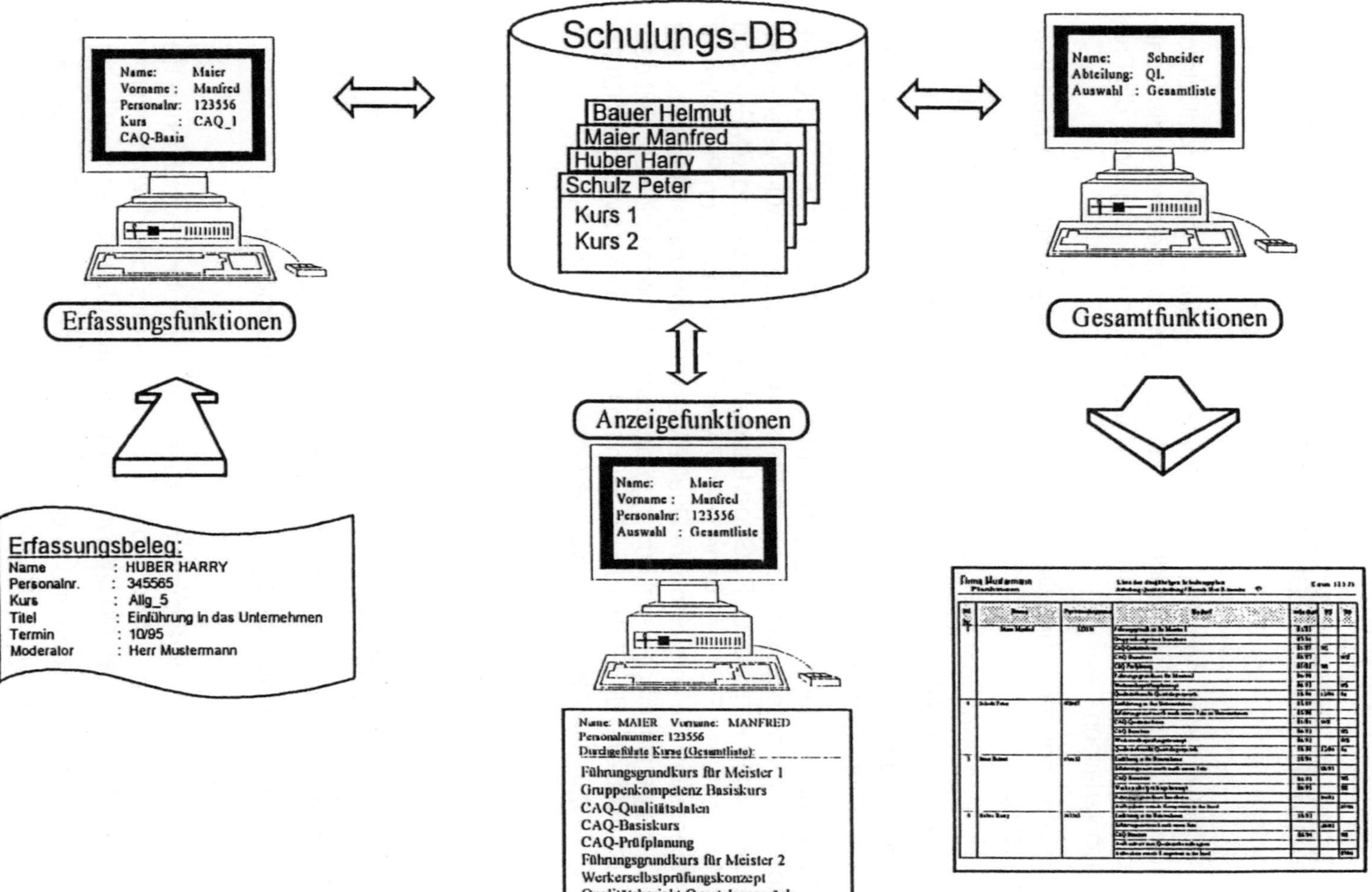

Bild **4-77** Auswertung der Schulungen für die Mitarbeiter

5 CAQ in der Prozeßindustrie

Die Prozeßindustrie begann schon sehr früh mit dem Einsatz qualitätsfördernder und qualitätssichernder Maßnahmen, um beispielsweise die Qualität von Medikamenten zu sichern. Keine Tablette konnte ungeprüft die Produktion verlassen.

In den vergangenen Jahren ist der Bedarf an CAQ-Systemen überproportional gestiegen. Gründe hierfür sind:

– Öffnung der internationalen Märkte, insbesondere des EG-Binnenmarktes, wobei Qualität eine herausragende marktpolitische Größe darstellt;

– Forderung nach auditierbaren Systemen in immer verflochteneren Kunden–Lieferanten–Beziehungen.

Forderungen aus einschlägigen Normen (EN 29000 ff., GLP und GMP), die sinnvoll arbeitssparend nur mit rechnergestützten CAQ-Systemen erfüllt werden können. GLP (Good Laboratory Practice) und GMP (Good Manufacturing Practice) haben den Zweck, die Qualität von Prüfdaten zu verbessern. Die vergleichbare Qualität der Prüfdaten bildet die Grundlage für die gegenseitige Anerkennung über Ländergrenzen hinweg. Seit dem 1.08.1990 sind die GLP-Grundsätze im Chemikaliengesetz verankert (BGBl. IS. 493) und gelten für alle Stoffbereiche.

Die wichtigsten Anforderungen an ein leistungsfähiges CAQ-System in der Prozeßindustrie lauten:

– hohe Anpaßbarkeit an die betrieblichen Gegebenheiten,

– einfachste Handhabung,

– geringe Laufzeiten und kurze Datenwege,

– universelle Erfassungsmöglichkeiten für Ausnahmefälle und

– Validierbarkeit.

Die behördliche Aufmerksamkeit, insbesondere im pharmazeutischen Umfeld, gilt dem letzten Punkt. Dabei ist *Validierung* als der dokumentierbare Nachweis definiert, daß ein DV-System genau das tut, was es tun soll.

Bei Systemerweiterungen und -ergänzungen muß für das CAQ-System eine ausführliche *Nachvalidierung* durchgeführt werden, bei der u.a. geprüfte Originaldaten nachweislich fehlerfrei ver- bzw. bearbeitet werden müssen.

Anhand differenzierter, typischer Beispiele aus der pharmazeutischen Herstellung werden im Abschnitt 5.4. die wichtigen Themen der computergestützten Qualitätssicherung im Bereich der Prozeßindustrie aufgezeigt.

5.1 Besonderheiten in der Prozeßindustrie

In Produktionsverfahren der Prozeßindustrie spielen weitaus mehr aus der Erfahrung gesammelte (empirische) Faktoren eine Rolle als in den Produktionsprozessen der diskreten Fertigung. Mechanische Prozesse lassen sich meist leichter steuern als chemische.

Daraus ergibt sich zwangsläufig die Notwendigkeit, ein breiteres Spektrum von Untersuchungen durchzuführen, um rechtzeitig qualitätssichernde Maßnahmen ergreifen zu können. Erhöhte Anforderungen an eingesetzte CAQ-Systeme zu den Themen Kapazität und Flexibilität, beispielsweise bezüglich Auswertungen oder Korrelationen, sind die Folge.

Themen, wie Stabilitätskontrolle, Rezeptur- und Chargenverwaltung, Verwiegung, Verwendungsentscheide und Batchprozesse sind besondere Themen der Prozeßindustrie. Sie sind unter den verschiedenen Aspekten im Abschnitt 5.4 beschrieben.

Das Thema statistische Prozeßregelung (SPC: statistical process control) und statistische Qualitätsregelung (SQC: statistical quality control), obwohl im Abschnitt 5.4.2 beschrieben, läßt sich nicht einfach nur dort zuordnen, da die Methoden sowohl im Wareneingang, als auch bei der Endkontrolle oder im Warenausgang ein sehr wichtiger Faktor bei der Beurteilung der Qualitätsdaten sind.

SPC hat in der Prozeßindustrie eine andere Aufgabe als in der diskreten Fertigung. In der diskreten Fertigung wird SPC eingesetzt, um mit den gemessenen Informationen den Fertigungsprozeß regeln zu können. In der Prozeßindustrie werden mit SPC Einflüsse und Gesetzmäßigkeiten eines Prozesses erkannt und analysiert, um daraus gezielt Maßnahmen für die Steuerung des Prozesses ableiten zu können. Diese Zielsetzung wird mit dem Begriff SQC besser beschrieben. In der Praxis wird für die Prozeßindustrie auch die Doppelbezeichnung SPC/SQC geführt.

5.2 LIMS (Labor-Informations- und Management-Systeme) und CAQ

Das klassische, probenorientierte LIMS wurde in den letzten Jahren zunehmend durch funktionale Anforderungen aus Auftrags- und Projektplanung, durch Themen der Lieferantenbewertung, Reklamationsbearbeitung und Prüfmittelmanagement zu einem umfangreichen CAQ-System erweitert. Aus der produktbegleitenden Qualitätskontrolle des LIMS hat sich bis heute die produktionsbegleitende Qualitätssicherung eines CAQ-Systems entwickelt. Die Entwicklung wird, wie Bild 5-1 zeigt, weiter in Richtung Integration aller qualitätsrelevanten Daten, entsprechend der CIM-Strategie des Unternehmens gehen.

Proben-orientiert

"vom Probeneingang bis zur Archivierung"

LIMS
plus
DIN/ISO 9000 ff.

» **Traceability**
» **Prüfmittelüberwachung**
» **Lieferantenbewertung**
» **FMEA; HACCP**
» **Reklamationswesen**
» **etc.**

CAQ
plus
Schnittstellen

» **Produktion**
» **BDE, MDE**
» **Prozeßleittechnik**
» **Werkstattsteuerung**
» **CAD/CAE**
» **EDIFACT**
» **etc.**

Transparente Kommunikation
einheitliches Datenmodell
TQM

Bild 5-1 Entwicklungstendenzen von LIMS

Der *LIMS-Aspekt* eines CAQ-Systems muß die Anforderungen hinsichtlich prüfbarer Arbeitsweisen gewährleisten und so die wesentlichen Voraussetzungen zur Realisierung der QS-Ansprüche schaffen. Ein LIMS ist somit ein wesentlicher und wichtiger Teil eines CAQ-Systems.

In der Praxis jedoch haben sich Begriffe und Inhalte so weit angenähert, daß der Begriff LIMS fast gleichbedeutend mit CAQ ist.

Wann immer derzeit Entscheidungen zur Einführung eines LIMS/ CAQ-Systems gefällt werden, trifft man sie zunehmend im Rahmen von CIM-Strategien. Die Verbindung von PPS-Systemen, Prozeßleitsystemen, Systemen zur

Werkstattsteuerung, CAD- und CAE-Systemen usw. mit LIMS/CAQ-Systemen zu einem gemeinsamen Qualitätssicherungssystem ist eine wichtige Anforderung auf dem Weg zum TQM.

5.3 Vorbeugende Qualitätsplanung mit HACCP (Hazard Analysis Critical Control Points)

Im Gegensatz zur diskreten Fertigung können in der Prozeßindustrie konventionell durchgeführte Wareneingangsprüfungen (AQL-Tabellen mit zugelassener Anzahl von Fehlern oder direkte Belieferung nach Skip-Lot) die Fehlerfreiheit der gelieferten Rohstoffe nicht endgültig gewährleisten. Für *Null-Fehler-Erzeugnisse* muß die Verschleppung von Fehlern aus Rohstoffen über Zwischenprodukte hin zum Endprodukt ausgeschlossen werden können. Das bedeutet, man muß präventiv ausgerichtete Qualitätssicherungssysteme einsetzen, die historienbedingte Informationen aus Analytik, Lieferantenbewertung, Reklamations- und Fehlermanagement, SPC und SQC berücksichtigen, andererseits aber zunehmend Fehlerverhütungsaspekte unterstützen.

Vor diesem Hintergrund hat sich in der Prozeßindustrie, als Modifikation und Erweiterung der FMEA-Technik, die Methode *HACCP* (Hazard Analysis Critical Control Points) herausgebildet. Mit einer Risikoanalyse werden alle Ursachen ermittelt, die negativen Einfluß auf die spezifizierte Produktqualität haben können, systematisch erfaßt, bewertet und aufbereitet. Ihr Einfluß auf die Elemente des Qualitätssicherungssystems ist in Bild 5-2 mit einem grauen Pfeil gekennzeichnet.

Kritische Kontrollpunkte (CCPs: Critical Control Points), an denen die Gefahren des Prozesses unter Kontrolle gebracht werden müssen, werden mit Hilfe des CCP-Entscheidungsbaums festgelegt. Ein CCP kann ein Ort, ein Produkt, eine Handlungsweise oder ein Verfahren sein, bei dem die Gefahr ausgeschlossen oder auf einen annehmbaren Grad vermindert werden kann.

Mit allen qualitätsrelevanten Elementen als Eingangsparameter generiert die HACCP Risikoprioritätszahlen, die direkt die Prüfplanung und damit den Umfang und die Intensität der Prüfungen auf allen Produktionsstufen steuern können.

Die HACCP ist damit der treibende Motor eines präventiv wirkenden Qualitätsregelkreises. Mit den Informationen aus allen qualitätsrelevanten Elementen als Eingangsparameter werden Umfang und Intensität der Prüfungen auf allen Produktionsstufen gesteuert. Ein derart integrierter Regelkreis schafft Synergien auf Basis aller qualitätsrelevanten Informationen.

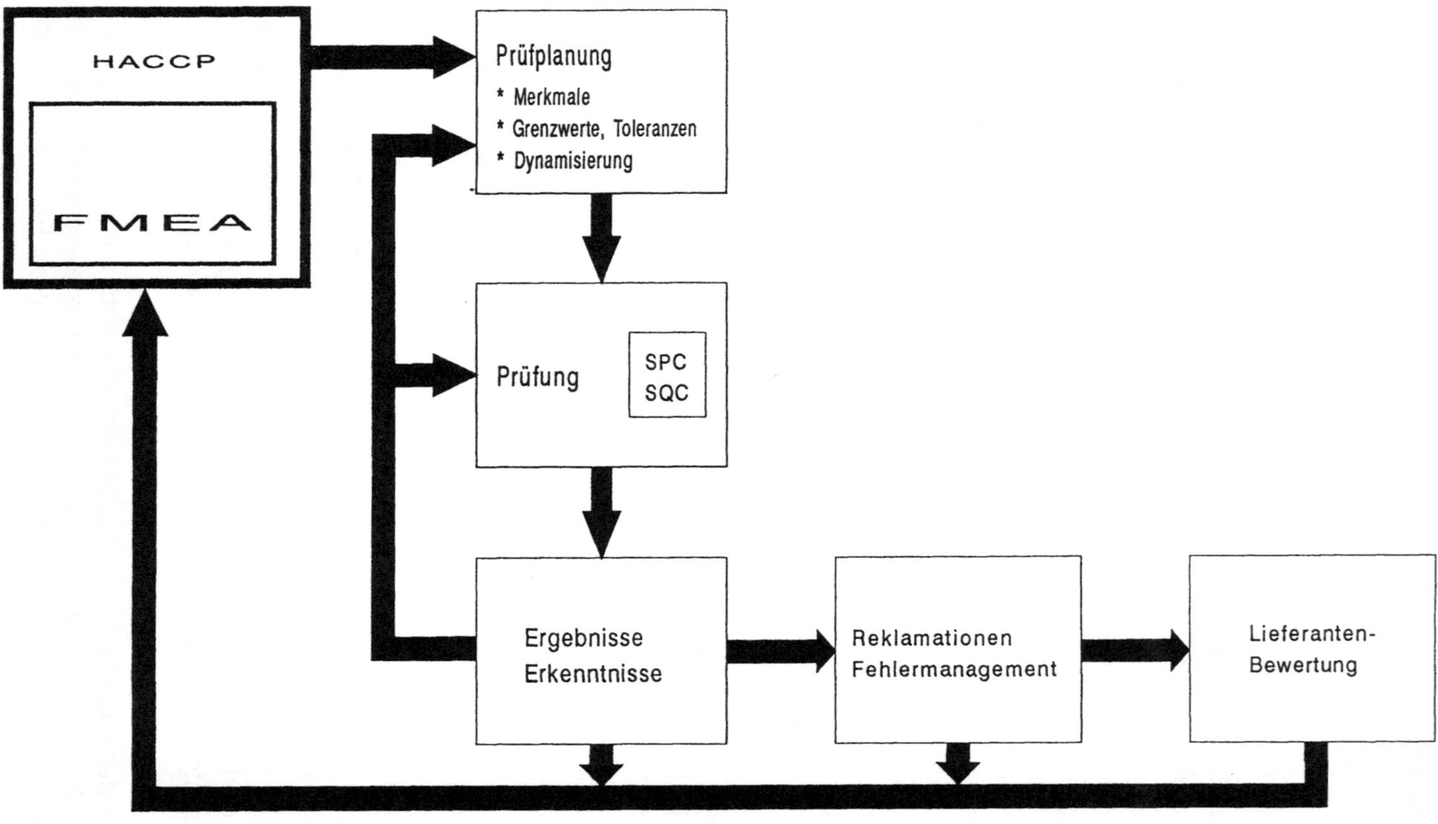

Bild 5-2 Präventive Prüfplanung als Motor integrierter Qualitätssicherungssysteme

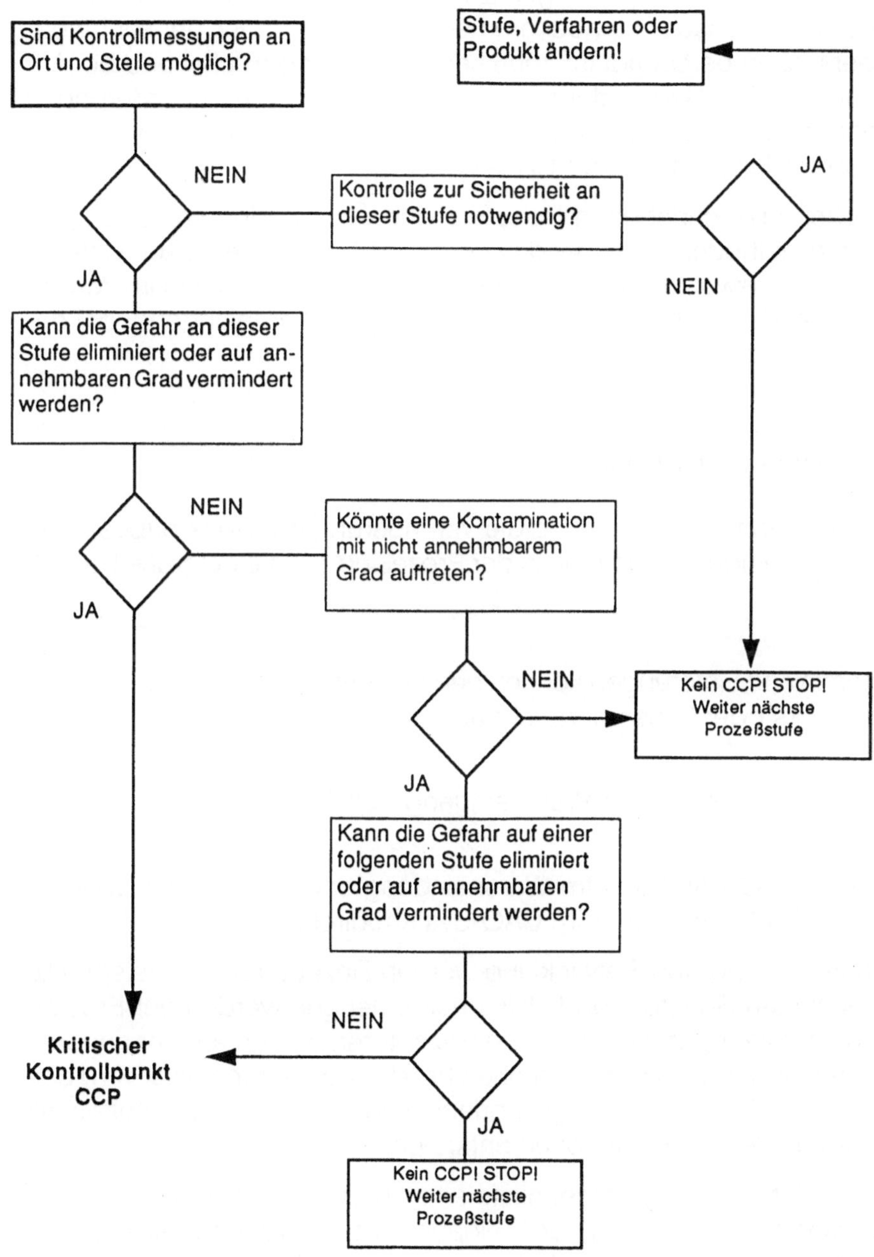

Bild 5.3 CCP-Entscheidungsbaum

5.4 Einsatzbeispiele im Produktionsprozeß

GLP und GMP verlangen die Nachvollziehbarkeit beim Zustandekommen von Ergebnissen und der zugehörigen Entscheidungen ohne Rücksicht darauf, wo diese Ergebnisse zustandekommen. Jeder Anwender, der zur Eingabe von Ergebnissen berechtigt ist, muß seinen Fingerabdruck – und bei Änderungen auch seine Begründung – hinterlassen, um diese Forderungen dokumentierbar zu erfüllen. Deshalb sind *Audit-Trail-Funktionen* ein notwendiger Bestandteil leistungsfähiger CAQ-Systeme.

Die nachstehend beschriebenen Beispiele sind nicht isoliert zu sehen: Die beschriebenen Methoden sind über den gesamten Bereich des CAQ-Systems einsetzbar. Beispielsweise findet man den Verwendungsbescheid im Wareneingang und bei der Endkontrolle, Verwiegungen im Wareneingang, bei der Produktion und in der Endkontrolle.

5.4.1 Wareneingang der Rohstoffe

Moderne Produktionsmethoden und die Verringerung der Rohstoffbestände geben der Wareneingangskontrolle in der Prozeßindustrie eine große Bedeutung:

> Kontaminierte Lieferungen können den gesamten Vorratsinhalt
> eines Tanks oder Silos unbrauchbar machen.

Aus diesem Grund werden im Wareneingang üblicherweise 100%-Kontrollen durchgeführt.

Der Anstoß eines QS-Auftrags im Wareneingang erfolgt entweder über ein verbundenes PPS-System oder im CAQ-System direkt (manuell).

Im Bereich Forschung und Entwicklung werden Rezepturen festgelegt. Die daraus errechneten Rohstoff- und Hilfsrohstoffmengen werden der Produktionsplanung zur Verfügung gestellt. Die Rezepturen dienen auf der anderen Seite im Wareneingang als Kontrollgrößen bei der Verwiegung. Hier wird beispielsweise kontrolliert, ob der vorgeschriebene Wasser- oder Wirkstoffgehalt eines Rohstoffes den Spezifikationen entspricht.

Nachdem die Untersuchungsergebnisse erfaßt und validiert sind, wird durch Verwendungsentscheid (Bild 5-4) die Freigabe, eingeschränkte Freigabe (z.B. für andere Produkte) oder ggf. auch die Sperrung des Rohstoffes für die Produktion bestimmt. Die Entscheidung wird an ein verbundenes PPS- oder Logistiksystem weitergegeben.

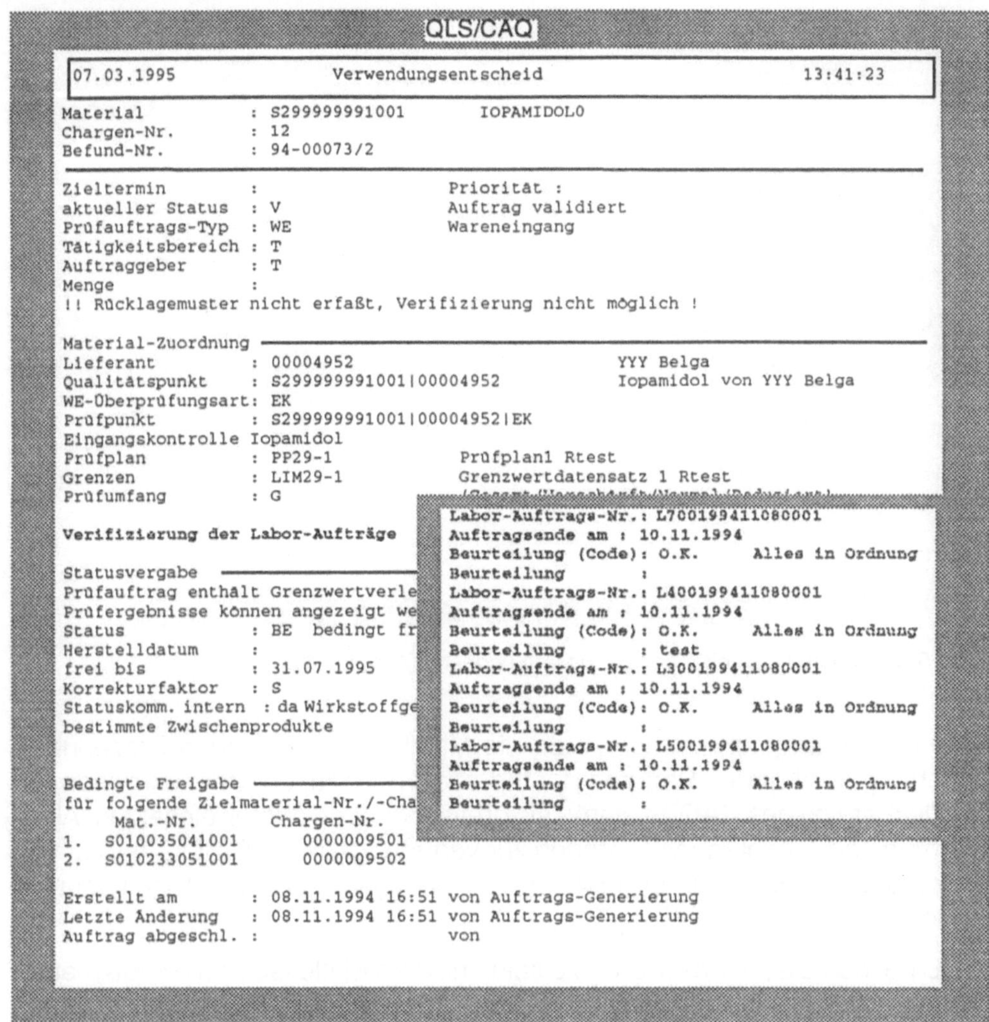

Bild 5-4 QLS/CAQ Verwendungsentscheid (Quelle: Friedrich & Co.)

5.4.2 Produktbegleitende Qualitätssicherung

Während der Produktion wird neben Produkteigenschaften auch die Einhaltung der Rezepturvorgaben geprüft. D.h., ein Mitarbeiter, der einen Produktionsansatz mittels Einwiegen der Einzelkomponenten laut Rezeptur vorbereitet, muß jede tatsächliche Einwaagemenge exakt protokollieren. Diese sogenannte *Batch-Kontrolle* (Bild 5-5) ist in chemischen und pharmazeutischen Produktionsverfahren ein absolutes Muß und eine spezielle Eigenart der Prozeßindustrie.

```
                                   QLS/CAQ

 03.03.1995                    Batchkontrolle                      11:41:23

 Komponente            : K000001          Füllstoff Typ A

 laufende Nr.          : 01
 Kalk./Rezept Nr.      : K000001|01
 aktueller Status      : A              Aktiv
 Beschreibung          : Kalk./Rezept Füllstoff Typ A 1/94
 Kommentar             :


 Sortier-Code          :
 Kalk./Rezept Größe:    80.00 kg
                                                        Tatsächl. Menge:
 Füllmenge             : 100.00 kg                         99.80 kg
 Ausbringungsmenge :     80.00 kg
 Verlust Warmbearb.:            %                              %
 Gewicht Netto         :
 Verlust Kaltbearb.:            %                              %
 Gewicht Brutto        :
 Betriebsmittel        : PFANNE 100 KG              PFANNE 100 KG

 gültig von            : 01.01.1994  bis  31.03.1995
 Vorgänger             :
 Nachfolger            : K000001|02
```

Bild 5-5 QLS/CAQ-Batchkontrolle (Quelle: Friedrich & Co.)

Wie bereits angeführt, lassen sich die Mittel der statistischen Prozeßüberwachung nicht nur im Rahmen der Inprozeßkontrolle, sondern im gesamten Einflußbereich des CAQ-Systems als grafischer Auswerteteil einsetzen. Algorithmen und Prozeßmodelle stehen zur Verfügung, die SPC/SQC zum unverzichtbaren Bestandteil von LIMS- und CAQ-Systemen der Prozeßindustrie machen.

SPC hat das Ziel, ein Werkzeug zu sein, mit dem Einflüsse und Gesetzmäßigkeiten eines Prozesses erkannt und analysiert werden können, um daraus gezielt Maßnahmen für die Regelung des Prozesses abzuleiten. Mit dieser Definition ist eine klare Abgrenzung zur APC (Automatic Process Control, z.B. Prozeßleitsysteme) getroffen, deren Aufgabe es ist, den Wert eines zu regelnden Merkmals auf dem Sollwert zu halten ohne Rücksicht darauf, warum der Prozeß abzuweichen droht. Trotzdem kommt es in der Praxis immer wieder zu Verwechslungen zwischen SPC und APC. Vor diesem Hintergrund beschreibt, wie bereits erwähnt, der Begriff SQC die Zielsetzung der Methode der Prozeßkontrolle genauer und setzt sich zunehmend durch.

Bereits während der Ergebniserfassung lassen sich definierte Regelkarten anzeigen, um Schwankungen innerhalb des Prozesses sofort zu erkennen (Bild 5-6).

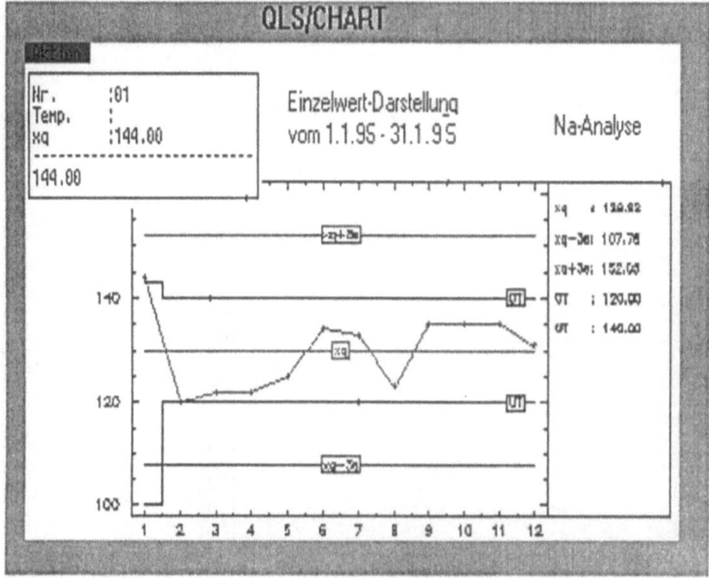

Bild 5-6 QLS/CHART (Quelle: Friedrich & Co.)

Diese Regelkarte gibt auf der x-Achse die Anzahl der Messungen an (numeriert von 1 bis 20), und auf der y-Achse die Meßwerte. Zur Unterstützung der Analyse sind die Achsen für den Mittelwert, die obere und untere Toleranzgrenze sowie die 3s-Grenzen aufgetragen.

Weitere wichtige Informationen liefern die Standardregelkarten, mit deren Hilfe man alle Einflüsse und Gesetzmäßigkeiten der Prozesse erkennen und analysieren kann.

In der xq/s-Regelkarte nach Bild 5-7 werden die Meßwerte im Vergleich zum Mittelwert- bzw. zur Standardabweichung dargestellt. Die einzelnen Messungen sind auch hier numeriert (x-Achse).

5.4.3 Endkontrolle

Quarantänelager sind eines der besonderen Themen der Prozeßindustrie. In den Quarantänelagern werden sowohl angelieferte Rohstoffe als auch Fertigprodukte unter Sperrvermerk zwischengelagert, bis beispielsweise ihre biologische Unbedenklichkeit bestätigt ist.

Solche *Unbedenklichkeitsuntersuchungen* können lange Zeit in Anspruch nehmen; vor allem dann, wenn zunächst Keime aus Materialproben in speziellen Brutschränken gezüchtet werden müssen.

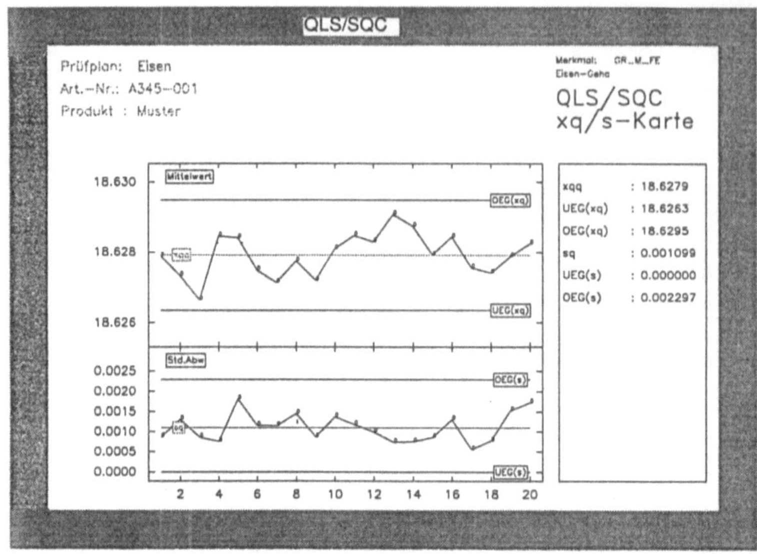

Bild 5-7 QLS/SQC xq/s-Regelkarte (Quelle: Friedrich & Co.)

Just-in-Time-Produktionsmethoden machen es manchmal notwendig, daß Produkte bereits *bedingt freigegeben* sind, bevor die Analysen endgültig die Freigabe bestätigen. Hier ist in einem integrativen DV-Konzept eine enge Kommunikation zwischen PPS-, CAQ- und Logistik-Systemen notwendig.

Die Fertig-Verpackungs-Ordnung (FVPO) reguliert, als weitere Besonderheit der Prozeßindustrie, die Menge der einzelnen Stoffe zur Einhaltung der Gleichförmigkeit abgefüllter Produkte und ihre Darreichungsform. Die Füllmengenkontrolle prüft dabei die Einrichtung der Nennfüllmenge unter Beachtung der FVPO.

Als Beispiel für die Endkontrolle wurde die *Stabilitätskontrolle* gewählt (Bild 5-8). Hier wird die Stabilität des Endprodukts unter definierten Umweltbedingungen geprüft. Eine Testmatrix bestimmt

– was (Prüfplan, Prüfpunkt),

– wann (Termin) und

– wie (Bedingungen)

geprüft wird, um die kontinuierliche Qualität ggf. bis zum Verfallsdatum klar dokumentiert sicherzustellen.

```
                              ┌──────QLS/CAQ──────┐
 ┌──────────────────────────────────────────────────────────────────────┐
 │07.03.1995              Stabilitätstests                    14:14:46    │
 └──────────────────────────────────────────────────────────────────────┘
 QS-Auftrag         : S100199412020001      (Nr. 0001 vom 02.12.1994)
 Datensatzstatus    : E                     Erstellt
 Bearbeitungsstatus : 4                     Testmatrix validiert

 Stabilitätstest    : 000029SW13
 Befund-Nr.         : 94-00079              Projekt-Nr. BY1023
 Material           : S000029SW1001         Füllstoff Typ A
 Charge             : 11
 Kommentar          :


 Parameter für Stabilitätstest ─────────────────────────────────────────

 Modus Prüfplanung  : A  (A/B/C)     Modus Etikettendruck : S  (Z/S/F)

 Qualitätspunkttyp  : END            Endkontrolle
 Prüfpunkttyp       :

 Qualitätspunkt     : S000029SW1001|00004952
 Prüfpunkt          :

 Prüfplan           :
 Grenzen            :

 Stabilitätstest: 000029SW13     ┌─────────────────────────────────────┐
                                 │ Testmatrix                          │
 Status-Verwaltung ──────────────│              B1      B2      B3     │
                                 │ Nr  Anz E St  25C   A 37C   A C   A │
 aktueller Status   : E   Erstellt├─────────────────────────────────────┤
 Bearbeitung        : 4   Testmatrix│1   0  T A  A   A  B   A  B   A  │
                                 │ 2   7  T A  A   A  B   A  B   A    │
                                 │ 3   1  M A  A   A  B   A  B   A    │
                                 │ 4   3  M A  B   A  C   A  C   A    │
 Ist die Testmatrixbefüllung abgeschl│5 6 M A  B   A  C   A  C   A  │
                                 │ 6  12  M A  A   A  B   A  B   A    │
                                 │ 7  24  M A  A   A  B   A  C   A    │
 Erstellt am        : 02.12.1994 11:44│8 36 M A A   A  B   A  C   A │
 Letzte Änderung    : 07.03.1995 14:14│9 60 M A A   A  B   A  B   A │
 * Aktivierung am   :              └─────────────────────────────────────┘
 * Deaktivierung am :
```

Bild 5-8 QLS/CAQ-Stabilitätstests (Quelle: Friedrich & Co.)

5.4.4 Reklamations- und Fehlermanagement

Es liegt in der Natur der Produktionsweise in der Prozeßindustrie, daß von
Fehlern immer ganze Chargen betroffen sind. Die Chargenverwaltung liegt
sinnvollerweise beim PPS-System, während die konsequente Chargenrückverfolgung bei komplexen Produktionsprozessen eine der wesentlichen Anforderungen an ein modernes CAQ-System darstellt. Auch die verschärfte
Produkthaftungsgesetzgebung macht die Rückverfolgbarkeit notwendig.

Die Chargenrückverfolgung wird am Beispiel einer Reklamation gezeigt:

> Bei der Einnahme einer Kopfschmerztablette kam es zu undoku-
> mentierten Nebenwirkungen.

Zur Verifizierung von Reklamationen müssen die zum Zeitpunkt der Produkt-
Herstellung relevanten Versionen von Prüfplänen, Prüfungen, Spezifikationen und Grenzwerten herangezogen werden. Da Prüfpläne und die anderen

Unterlagen in der Regel ständig an die sich wandelnden Produktanforderungen bzw. Innovationen im Prüfgeschehen angepaßt werden, muß ein CAQ-System die Versionsverwaltung ermöglichen. In einem speziellen QS-Auftrag „Reklamation" werden alle Prüfaufträge zusammengefaßt, die mit dem reklamierten Produkt in Zusammenhang stehen (Bild 5-9).

Bei den Prüfungen werden Eigenschaften zum Herstellungszeitpunkt mit den Eigenschaften zum Reklamationszeitpunkt verglichen, damit eine Bewertung erfolgen kann. In deren Folge werden zunächst Maßnahmen gegenüber dem Kunden (Nachbesserung, Ersatzlieferung oder dokumentierte Reklamationsrückweisung) getroffen und die Daten zur kaufmännischen Bearbeitung einem verbundenen PPS-System übergeben.

Der Kreis schließt sich, wenn im Fehlermanagement präventive Maßnahmen zur Vermeidung von Wiederholungen des Fehlers getroffen werden können, indem Meldungen an das HACCP-System bzw. die Prüfplanung erfolgen, die Einfluß auf das Produktionsverfahren selbst, zumindest aber auf das angewandte Prüfgeschehen, nehmen.

Die Untersuchungen infolge der Reklamation haben ergeben, daß der eingesetzte Rohstoff Phenol mit Fremdsubstanzen verunreinigt war. Mit Kenntnis der ausgelieferten Tabletten-Charge können die beteiligten Materialien (Zwischenprodukte, Rohstoffe) ermittelt werden (Bild 5-10).

Im zweiten Schritt wird es notwendig, die Produkte zu verfolgen, in die das kontaminierte Produkt (Phenol, Charge 111) eingeflossen ist (Bild 5-11). Dazu werden alle Fertigprodukte ab dem Lieferdatum des Phenols auf Verwendung der relevanten Charge überprüft. Unter Umständen muß der Rückruf eines oder mehrerer Produkte erfolgen.

5.4.5 Prüfmittelverwaltung und Kalibrierung

Das Prüfmittelmanagement des CAQ-Systems ist nahtlos in das Prüfgeschehen integriert. Die Erfassung aller Prüfmitteldaten (Bild 5-12) und -eigenschaften wie Bezeichnung, Inventurnummer, Garantiezeiten, Hersteller und Lieferant mit Ansprechpartnern, Wartungsvertragskennzeichen, Standort oder Verantwortlicher ist Teil der Prüfmittelverwaltung.

Ergänzend dazu wird in einem Tage- oder Log-Buch der komplette Lebenszyklus eines Prüfmittels dokumentiert. Dies sind Ereignisse wie:

– Erstinbetriebnahme,

– zeitliche und/oder einsatzanzahlabhängige Wartung und Kalibrierung,

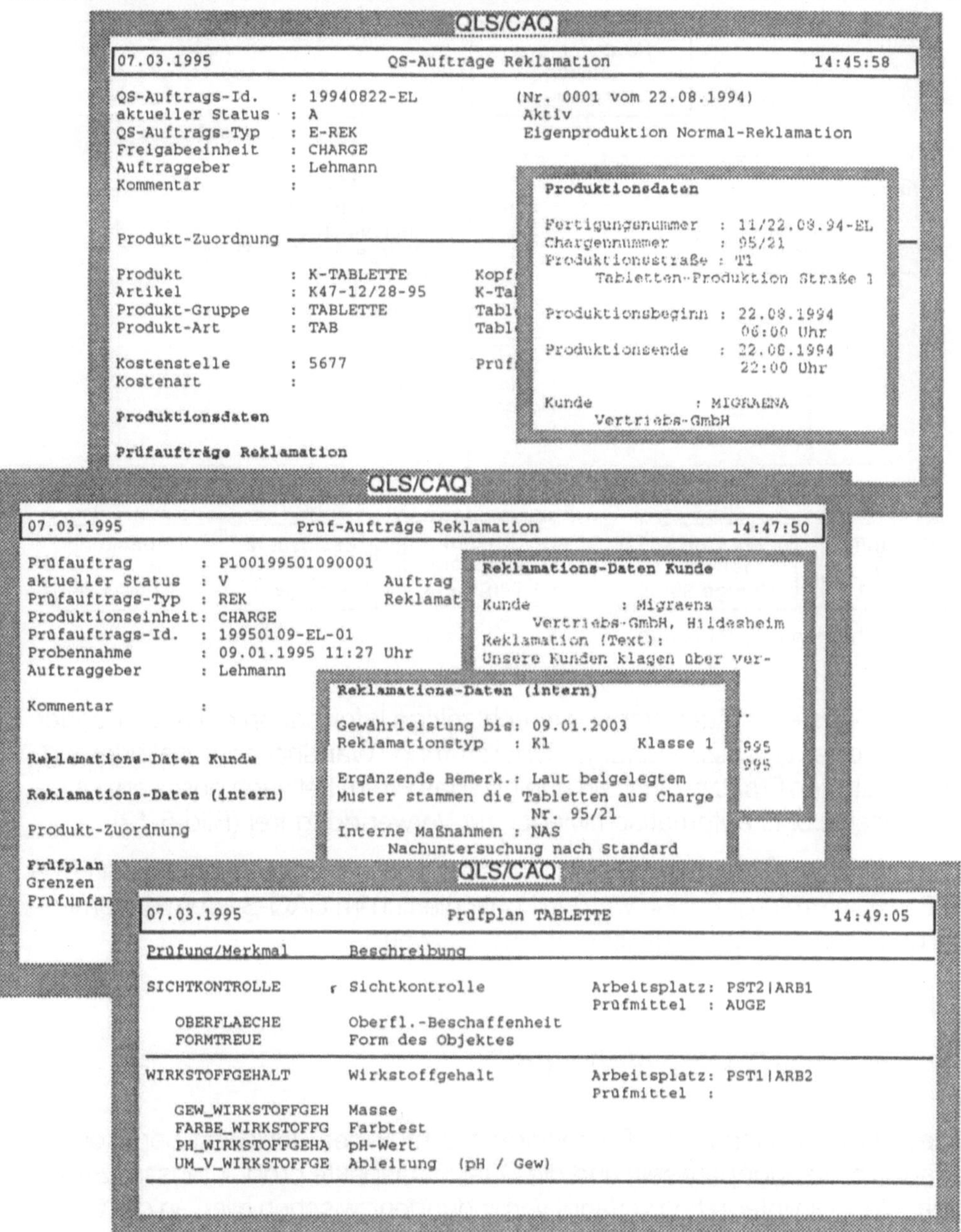

Bild 5-9 QLS/CAQ QS-Aufträge Reklamation (Quelle: Friedrich & Co.)

– Ausleihe und Rückgabe,

– Reparatur bis hin zur letztendlichen

– Ausmusterung.

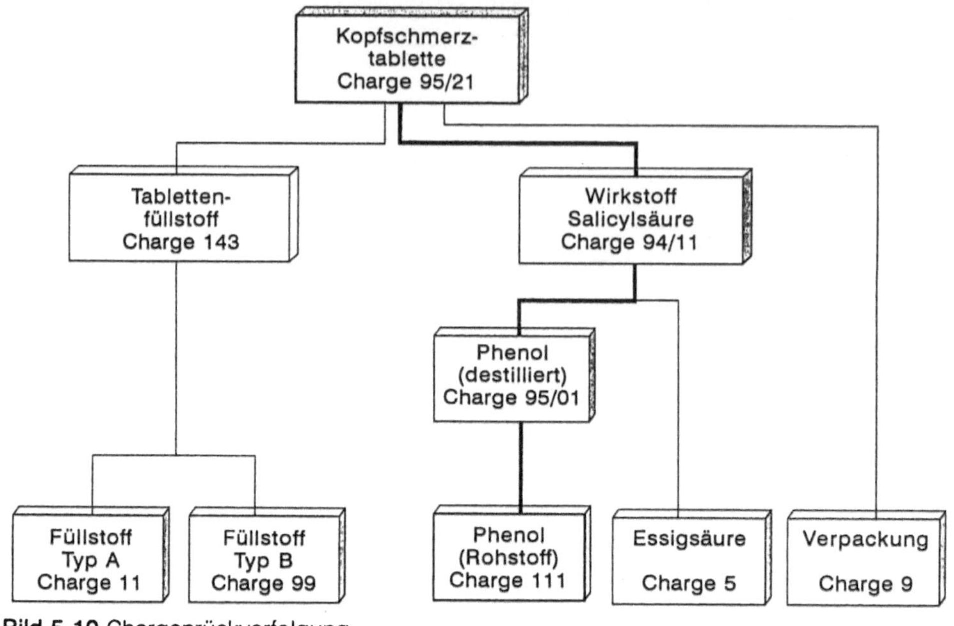

Bild 5-10 Chargenrückverfolgung

Das CAQ-System steuert dabei die rechtzeitige Information bei anstehender zeitlicher oder einsatzabhängiger Überprüfung, Wartung oder Kalibrierung, den Einsatz von Ersatzprüfmitteln und gibt das Prüfmittel nach positivem Überprüfungsergebnis automatisch wieder zur Verwendung frei (Bild 5-12).

Prüfmittel unterliegen ebenso der Prüfplanung wie jedes Produkt der Produktion. Die Prüfergebnisse werden kontinuierlich im CAQ-System dokumentiert und sind deshalb in gleicher Weise auswertbar.

5.5 Spezielle DV-Konzeptionen

Jede DV-Konzeption in der Prozeßindustrie muß der Flexibilität der Produktionsprozesse angepaßt sein und die Qualitätsaspekte produktionsspezifisch betrachten. Die Integration verlangt Verbindungen zwischen allen an der Qualität beteiligten Systemen im Rahmen einer CIM-Konzeption.

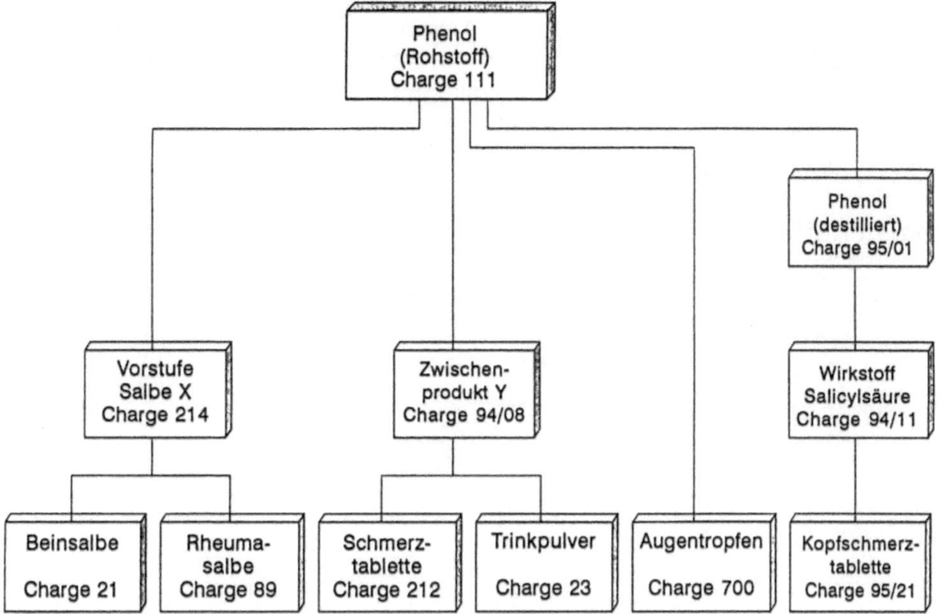

Bild 5-11 Chargenverfolgung

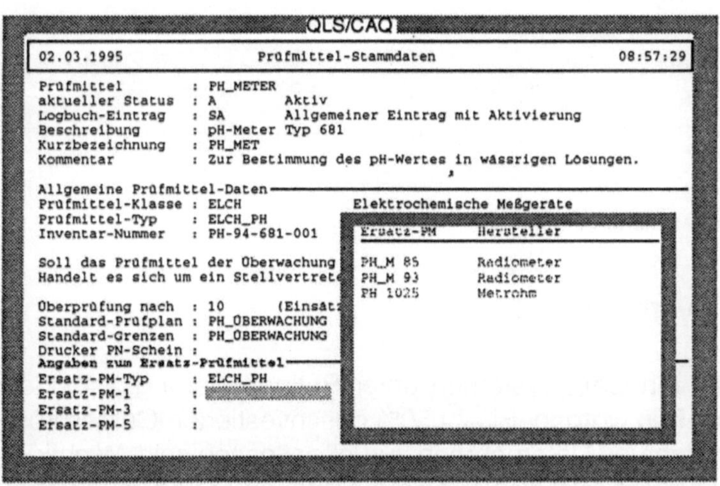

Bild 5-12 QLS/CAQ Prüfmittel-Stammdaten (Quelle: Friedrich & Co.)

Im Unterschied zur diskreten Fertigung wird in Bereichen der Prozeßindustrie häufiger im 24-Stunden-Betrieb gearbeitet. Den sich daraus ergebenden Forderungen an die Ausfallsicherheit von CAQ-Systemen wird durch den Einsatz von Parallelsystemen, Spiegelplatten und spezielle Backup-Prozeduren Rechnung getragen, wie Bild 5-13 zeigt.

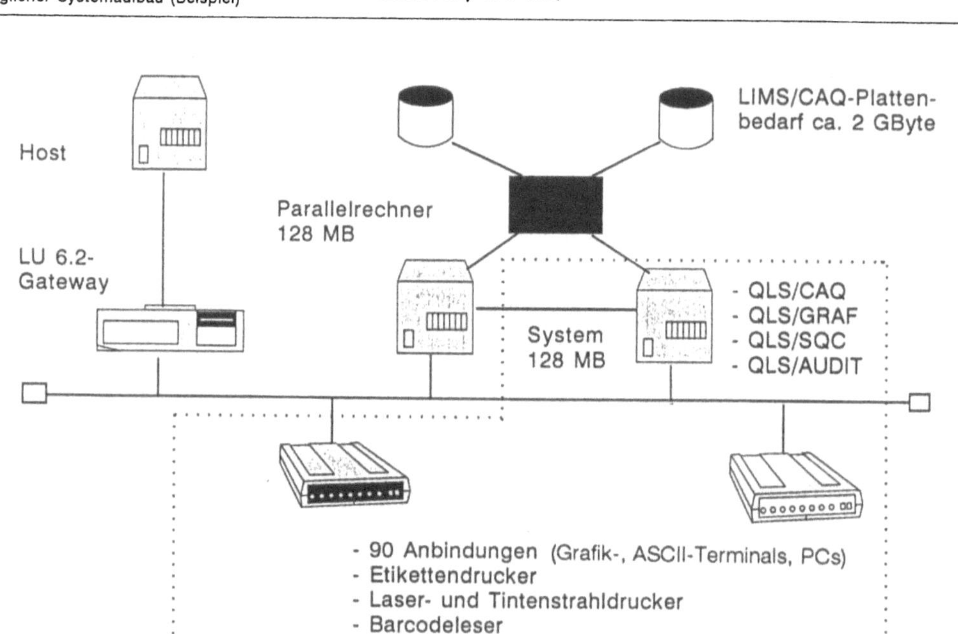

Bild 5-13 LIMS/CAQ Systemsicherheit

5.6 Vorteile des Systems

Über die Rentabilität von CAQ-Systemen unter Rationalisierungsaspekten ist schon viel geschrieben worden. Bis zu 50% des investierten Geldes können bereits in einem Jahr ins Unternehmen zurückgeflossen sein. Wichtiger als Rentabilitätsrechnungen sind die Vermeidung bekannter und vermeidbarer Risiken. Das betrifft folgende Aspekte:

– Produkthaftung,

– Rückverfolgbarkeit,

– rasches Erkennen von Fehlern,

– rasches Einleiten von Maßnahmen,

- Zertifizierung (DIN/ISO 9000 ff., EN29000 ff.),

- Akkreditierung (EN 45000 ff.),

- Forderungen von GLP/GMP nach Regeln für Auswertungen und Regeln für Systeme und

- Forderungen der Kunden nach auditierbaren QS-Maßnahmen.

Ein Vorteil ist sicher auch der einfach zu erbringende Nachweis der Erfüllung von Kundenforderungen. Die Zertifikatserstellung ist Teil eines jeden leistungsfähigen CAQ-Systems.

Weitere quantifizierbare Vorteile sind:

- Senkung der qualitätsbezogenen Kosten,

- hohe Auslastung der Prüfeinrichtungen,

- optimale Nutzung der Personalressourcen,

- Senkung der Prüfzeiten und

- Verringerung des Zeitaufwands in der Planungsphase.

6 IV-Komponenten für CAQ-Systeme

Neben der Erstellung leistungsfähiger Softwarefunktionen kommt der Auslegung der Hardware und der IV-Basissysteme bei der Realisierung eines rechnerintegrierten Qualitätsmanagement-Systems im Rahmen eines umfassenden IV-Konzeptes eine ebenso große Bedeutung zu. Dieser Aspekt ist auch bei der Auslegung von CAQ-Systemen zu berücksichtigen, die integrierender Bestandteil zukünftiger CIM-Konzepte der zweiten Generation sind.

6.1 Hardware-Plattform und Betriebssysteme

Viele Integrationsvorhaben scheitern u.a. daran, daß die Durchgängigkeit des Hardwaresystemkonzeptes über alle Ebenen der Auftragsabwicklung nicht gewährleistet ist.

Fast jedes mittlere und größere Unternehmen verfügt heute über eine zentrale EDV-Anlage für kommerzielle Anwendungen, sei es auf Basis einer Installation im eigenen Hause oder durch Zugriff auf ein externes Rechenzentrum. Damit war die Großrechnerlösung seit den Anfängen des DV-Einsatzes in der Produktion immer schon die Domäne der PPS-Systeme. Viele CAQ-Systeme wurden ebenso in dieser Systemumgebung implementiert.

Mit der Verbreitung des CIM-Gedankengutes und der systematischen Definition seiner CA-Komponenten setzte sich zu Beginn der 80er Jahre endgültig die Erkenntnis durch, daß unterhalb der Planungsebene in den produktionsnahen Betrieben für das Qualitätsmanagement eine dezentrale, prozeßorientierte Hardware zum Einsatz kommen muß (Bild 6-1).

Auf Basis dieser Forderungen werden sich Hardware-Konzeptionen entwickeln, deren Umsetzung jedoch oft schwierig ist, wenn die dezentrale, prozeßorientierte Rechnerebene mit dem übergeordneten, zentralen Rechnersystem gekoppelt werden muß. Dieses Problem trat vor allem immer dann auf, wenn Exoten-Rechnerfamilien systemseitig durchgängig miteinander verbunden werden sollten. Oft muß bis heute noch auf den Austausch von Datenträgern zurückgegriffen werden, womit jedoch die erforderliche Datenintegration zwischen Planungs- und Steuerungsebene nicht verwirklicht werden kann.

Diejenigen Unternehmen, die die Durchgängigkeit ihres Mehrebenenkonzeptes verwirklicht haben, können sich folgende Vorteile zunutze machen:

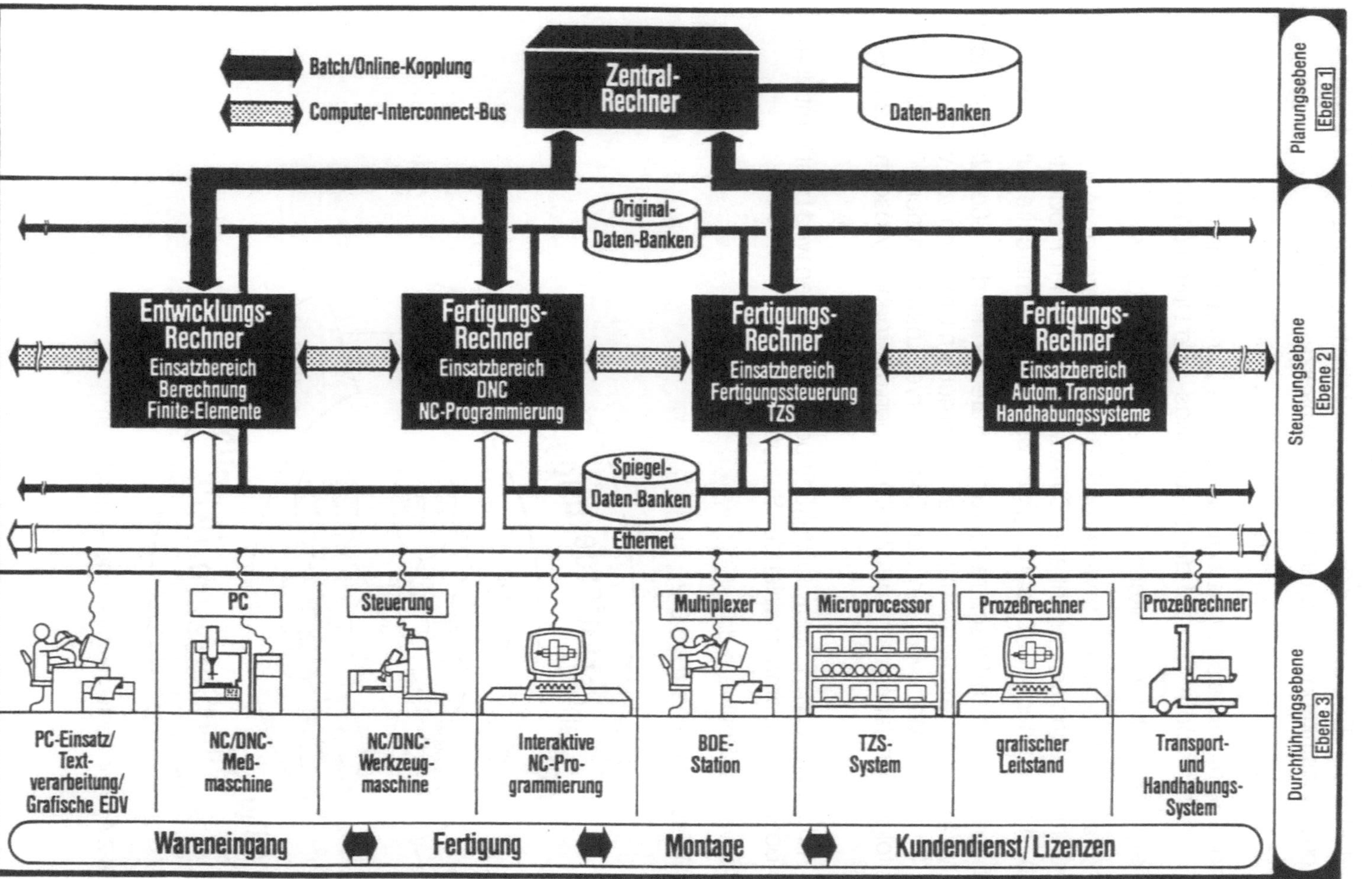

Bild 6-1 Drei-Ebenen-Konzeption

– 24-Stunden-Betrieb rund um die Uhr und damit Unabhängigkeit von zeitlichen Restriktionen des Großrechnereinsatzes;

– Möglichkeiten der Systemauslegung für die dritte Schicht;

– hohe Funktionssicherheit bei Ausfall des Zentralrechners und einzelner Systemkomponenten auf der Steuerungs- und Durchführungsebene;

– flexible Einsatzmöglichkeiten der dezentralen Hardware;

– einfache, stufenweise Erweiterbarkeit der Hardwarekonfiguration für zukünftige, technisch orientierte DV-Anwendungen im Produktionsbereich in Richtung herstellerunabhängiger, offener Systemarchitekturen.

Aufbauend auf den Dezentralisierungsstrategien in den 80er Jahren steht die IV-Welt in diesem Jahrzehnt vor einem erneuten Umbruch von weitreichender Tragweite. Man wird von den Client-Server-Lösungen der 90er Jahre in den folgenden Jahren auf verteilte Lösungen übergehen (Abschn. 3.2.2, Bild 3-4).

Die Wirksamkeit und Effektivität zukünftiger IV-Strategien wird bestimmt durch das optimale Zusammenspiel der Systemelemente

– Anwender-Software und

– IV-Basissysteme (Bild 6-2).

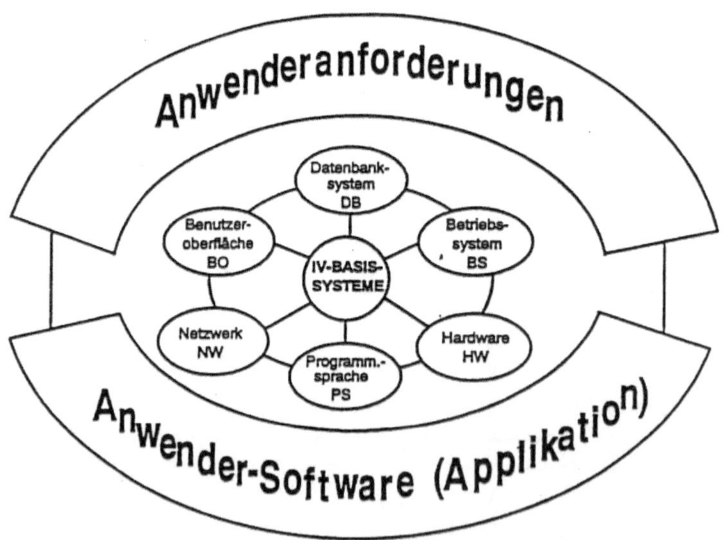

Bild 6-2 Anwenderanforderungen und Applikationen

In beiden Elementegruppen besteht die eindeutige Tendenz zur Standardisierung. Die meisten Unternehmen können sich die Eigenentwicklung von Anwender-Software in Anbetracht ihrer Kostensituation nicht mehr leisten und sind gezwungen, auf den Einsatz von Standardsoftware kompetenter Systemhäuser zu setzen. Daß dieses grundsätzlich richtige und strategisch sinnvolle Ziel nicht so einfach umzusetzen ist, liegt darin begründet, daß jedes Unternehmen seinen eigenen, historisch gewachsenen Entwicklungsprozeß durchlaufen hat. Die Vielfalt dieser Entwicklungszustände durch eine einheitliche Standardsoftware abzudecken, wird enorme Anstrengungen sowohl auf Seiten der Systementwickler als auch auf Seiten der Systemanwender erfordern. Eine einheitliche Beurteilung des Marktes im Hinblick auf den heutigen Stand und die Weiterentwicklung der in Bild 6-2 aufgeführten IV-Basissysteme gestaltet sich weitaus schwieriger. Das gilt insbesondere für die Auslegung der Hardware-Plattform und die Betriebssysteme. Jeder Systemlieferant versucht, sein Betriebssystem und seine Hardware-Plattform mit mehr oder weniger plakativen Argumenten am Markt zu positionieren.

In den technischen Einsatzbereichen bekennen sich die IV-Strategen und -Experten seit Jahren für die *offene Systemwelt* auf Basis einer *offenen Software-Umgebung* unter *UNIX* und leistungsfähiger *RISC-Hardware-Technologien*. Angeregt durch die Aktivitäten der weltweit eingerichteten Standardisierungsgremien wie OSF, IEEE, CIM-OSA, ANSI und X-OPEN werden die Systemlieferanten gezwungen, ihre Systeme offen, d.h. weitgehend herstellerneutral zu gestalten. Diese Verfechter der offenen Systemwelt verfolgen konsequent das erklärte Ziel ihrer Unabhängigkeit von den IV-Systemlieferanten.

Die schwierige Frage, die es bei der Systemauswahl zu beachten gibt, liegt darin, welcher IV-Hersteller und -Systemlieferant die größere Kompetenz bei der Ablösung der Altsysteme und deren Umgestaltung in die Systeme der Zukunft aufweisen wird.

Zur Zeit wird die Client-Server-Architektur bevorzugt eingesetzt. Bild 6-3 zeigt den prinzipiellen Aufbau eines modernen Client/Server-Konzeptes mit den heute verwendeten Hard- und Softwareelementen.

Strategisch gesehen, spielt der übergeordnete Zentralrechner beim Aufbau eines modernen IV-Konzeptes aus Sicht des Informatikers eine absolut untergeordnete Rolle. Seine Eigenschaften und Fähigkeiten, seine alphanumerischen Endgeräte ohne die Möglichkeiten der graphischen Benutzeroberflächen passen einfach nicht mehr in die Welt des Downsizing und der intelligenten Endgeräte in Form eines PCs oder einer Workstation. Trotzdem kann man sich nicht darüber hinwegsetzen, daß in vielen Unternehmen die sogenannten hostorientierten Altanwendungen z.Z. noch existent sind und vielleicht noch auf Jahre hinaus zur Anwendung kommen werden. Die Ablösung eines PPS-Systems oder einer zentralen CAQ-Anwendung kann nicht von heute

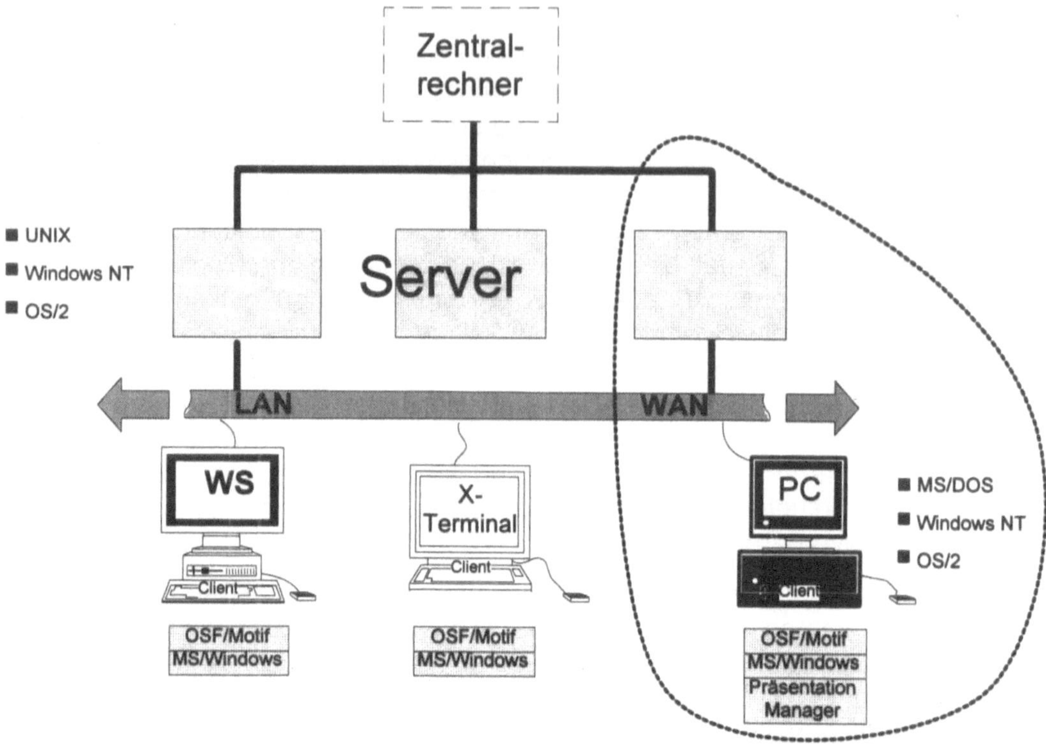

Bild 6-3 Client-Server-Architektur

auf morgen erfolgen. Hierfür bedarf es umfangreicher organisatorischer Veränderungen und hoher finanzieller Aufwendungen.

Dennoch sind die Jahre der Host-Systeme gezählt, da die dezentralen Hardware-Plattformen immer leistungsfähiger und kostengünstiger sind, und neue Standardsoftware auf die Belange moderner Client/Server-Konzepte ausgerichtet ist. Damit haben auch kleine und mittlere Firmen die Chance, ein leistungsfähiges und wirtschaftlich vertretbares IV-Konzept zu implementieren.

Vor diesem Hintergrund könnte sich auf der Server- bzw. Client-Ebene folgendes Szenario entwickeln: Als Hardware-Plattform für beide Ebenen können sowohl auf der Client- als auch auf der Server-Ebene sowohl PCs als auch Workstations zum Einsatz kommen. Die Domäne der Workstations ist die Hochleistungsanwendung, bei der vor Ort die entsprechende Performance benötigt wird. Als Beispiel sei der Aufbau und die Berechnung von komplexen CAD-/CAE-Modellen genannt. Es ist jedoch nicht zu verkennen, daß der PC immer mehr an die Leistungsfähigkeit der Workstations herankommt, so daß in Verbindung mit einem modernen Betriebssystem auch CAD-Anwendungen in dieser Umgebung möglich sind. Mit dieser Entwicklung steigt die

Verbreitung der Windows-orientierten Anwendungen zunehmend, da der PC-Benutzer an diese Umgebung gewohnt ist. Damit hat die im technischen Bereich bisher dominierende OSF/Motif-Oberfläche eine starke Konkurrenz bekommen.

Eine ähnliche Entwicklung mußte das Betriebssystem UNIX erfahren, das vor Jahren noch als absoluter Standard propagiert wurde. Unter den modernen Betriebssystemen wie OS/2, Windows NT und Windows 95 kommen zunehmend neue Anwendungen auf den Markt, die sich in einer kostengünstigen PC-Umgebung integrieren lassen. Für Hochleistungsserver wird aller Voraussicht nach bis auf weiteres UNIX zur Anwendung kommen. Es ist abzusehen, daß aufgrund dieser Entwicklungen das X-Terminal zunehmend an Bedeutung verlieren wird, zumal der PC unter X-Emulation dessen Anwendung abdecken kann.

6.2 Datenbanken

Ein nicht unerheblicher Teil der Anfang der 90er Jahre implementierten DV-Anwendungen basiert immer noch auf konventionell oder hierarchisch strukturierten Datenbanken. Die Erfahrungen der letzten zwei Jahrzehnte haben dazu geführt, daß in derartigen Systemumgebungen stabile Anwendungen mit nahezu unbegrenzten Transaktionsraten und Datenvolumina gefahren werden können. Der Nachteil der hierarchisch- bzw. netzwerkorientierten Datenbanken liegt jedoch aus Anwendersicht darin begründet, daß eine flexible Auswertung der gespeicherten Datenbestände nur begrenzt möglich ist, da ein schnelles Auffinden der Daten lediglich für die im hierarchischen System fest vordefinierten Verbreitungspfade realisiert werden kann. Sekundärindizes und andere organisatorische Lösungen führen letztlich zu Performanceproblemen mit langen Lauf- und Antwortzeiten. Derzeit sind 80% aller Daten in CAQ-Systemen hierarchisch organisiert und nur 20% relational.

Neue, modernere DV-Vorhaben verlangen einerseits aus Sicht der Anwender eine schnellere, flexiblere Verarbeitung der Informationen nach vielfältigen, nicht vordefinierten Kriterien bzw. Abfragen. Zur technischen Lösung dieses Problems werden schon seit Jahren relationale Datenbanksysteme angeboten. Weitere Hilfsmittel sind die sogenannten 4GL-Sprachen der vierten Generation sowie spezielle Abfragesprachen für die Endbenutzer.

Bild 6-4 stellt den strukturellen Aufbau sowie die Vor- und Nachteile hierarchischer bzw. relationaler Datenbanken einander gegenüber.

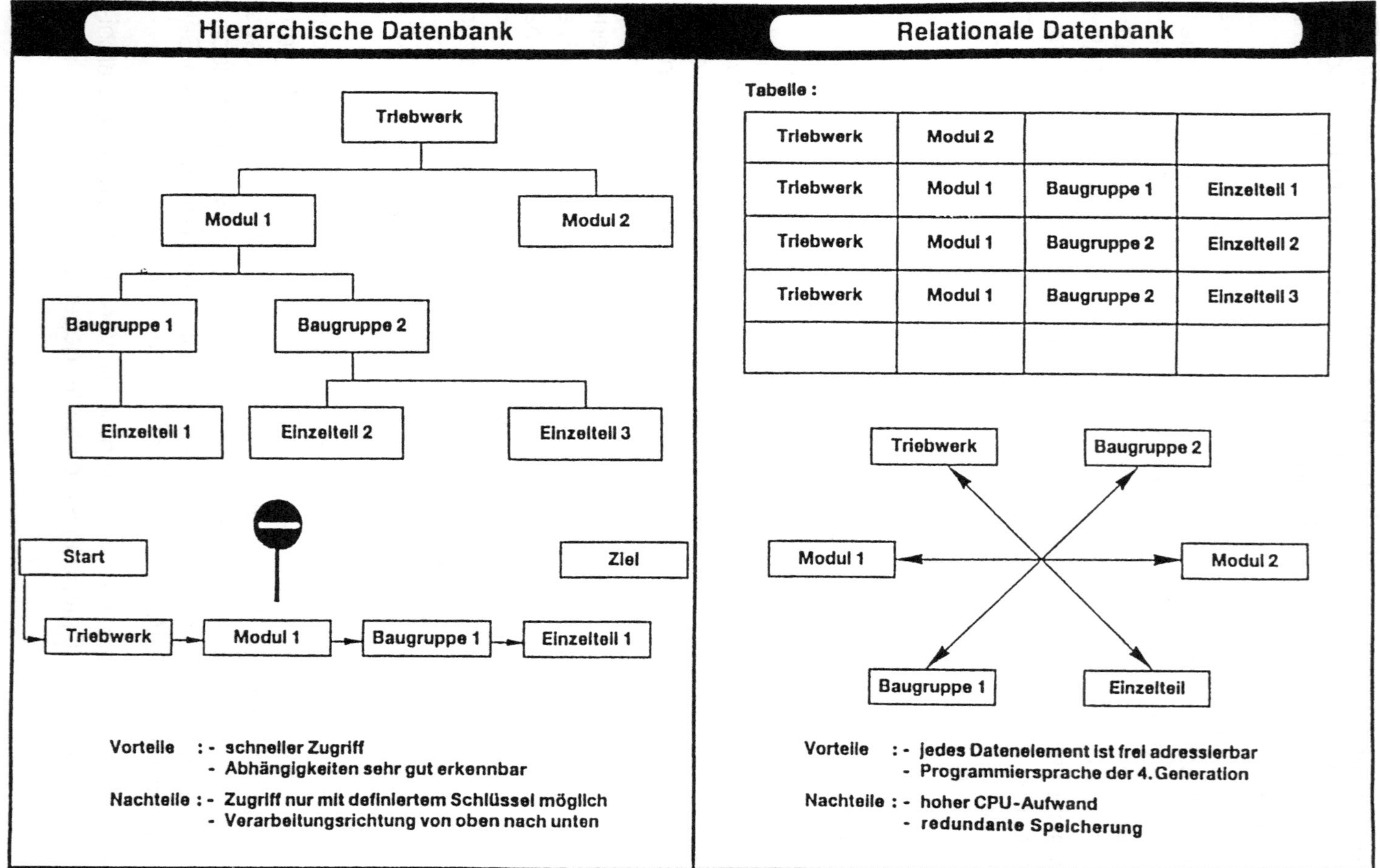

Bild 6-4 Gegenüberstellung hierarchischer und relationaler Datenbanken

Hieraus geht klar hervor, daß jede der beiden Speichertechnologien eindeutige Vor- und Nachteile aufweist. Aufgrund der Entwicklungen der letzten Jahre sowie infolge der strategischen Ankündigungen der Hard- und Software-Hersteller und Systemanbieter kommt heute niemand mehr am Einsatz relationaler Datenbanken vorbei. Eine einfache Übertragung hierarchisch organisierter Systeme in relationale Strukturen ist allerdings nicht ohne weiteres möglich.

Der Einsatz relationaler Datenbanktechniken bietet sich für Anwendungen an, wenn vielen Zugriffen bzw. Transaktionen auf große Datenbestände, aber relativ wenige unterschiedliche Transaktionen erfolgen. Kritisch im Hinblick auf das Performance-Verhalten sind Anwendungen, bei denen große Datenbestände und viele unterschiedliche Transaktionen zusammenkommen, wie beispielsweise bei PPS-Systemen oder komplexen CAQ-Anwendungen im Rahmen der Prüfplanung und -steuerung.

Die Euphorie der PC-Anwender über ihre positiven Erfahrungen mit relationalen Datenbanken sollte über diese Problematik bei komplexen Anwendungen nicht hinwegtäuschen, da diese Systementwicklungen nicht auf den Erfahrungen eines Viel-Benutzer-Systems basieren.

Diejenigen, die bei der Neuentwicklung auf relationale Datenbanken setzen, sollten u.a. überprüfen, ob ihr DB-System

– auf mehrere Platten zugreifen kann,

– die Datenbestände auf mehrere Platten gespeichert werden können,

– Rückwärtslesen problemlos möglich ist,

– auf welcher SQL-Version das jeweilige Datenbanksystem basiert und

– dieses Datenbanksystem die Konsistenzprüfung von Netzwerksystemen aufweist.

Abschließend sei an dieser Stelle auf die Methoden und Möglichkeiten der *objektorientierten* und *verteilten Datenbanksysteme* hingewiesen, die nach Aussagen der IV-Experten gegenüber der relationalen Systemen wesentliche Vorteile aufweisen.

Auch die Programmiersprachen werden sich weiterentwickeln. Wie Bild 6-5 zeigt, geht die Entwicklung von der strukturierten zur objektorientierten Programmierung (OOP), die von der *adaptiven Programmierung* abgelöst werden wird.

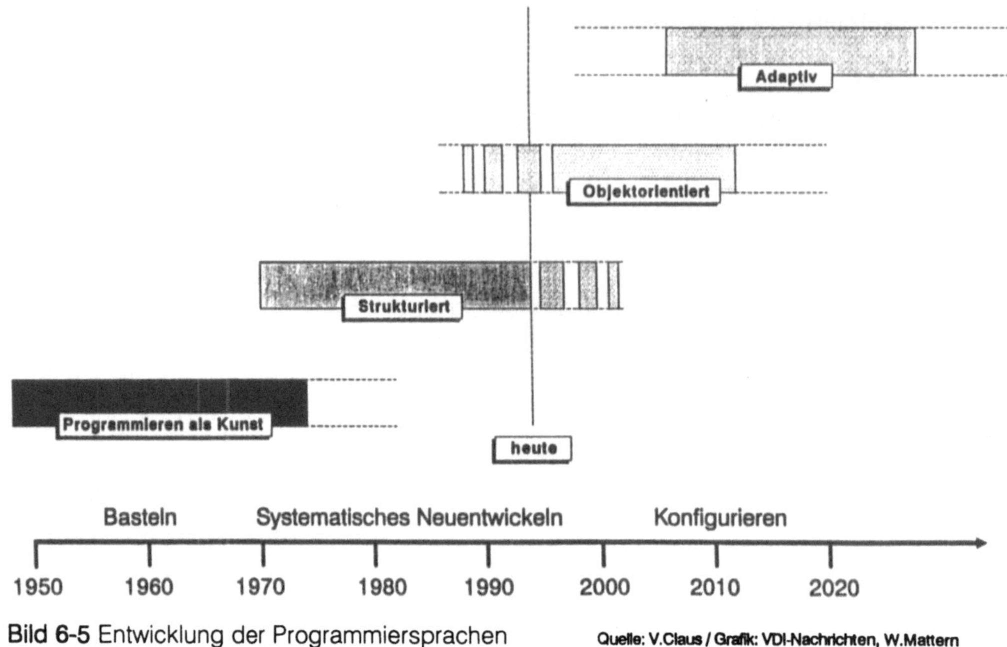

Bild 6-5 Entwicklung der Programmiersprachen   Quelle: V.Claus / Grafik: VDI-Nachrichten, W.Mattern

Das objektorientierte Programmieren (OOP) läßt sich im wesentlichen dadurch charakterisieren, daß der Entwickler eines neuen Programmiersystems beginnt, in abgrenzbaren Einheiten bzw. Objekten zu denken, also in Elementen, die selbst wieder aus Untereinheiten, Daten und Verfahren aufgebaut sind. Der gedankliche Ansatz der objektorientierten Programmierung soll es künftig erlauben, Objekte gleicher Art jeweils zu Klassen zusammenzufassen, um sie dann durch einheitliche Schemata zu beschreiben. Beim OOP werden die Programme so geschrieben, daß man gewissermaßen die einzelnen Objekte miteinander Nachrichten austauschen läßt. So kann beispielsweise Projekt N von irgendeinem Objekt M eine Nachricht bekommen, die Objekt N veranlaßt, bestimmte Aktionen auszuführen. Kennzeichnend für OOP ist aber auch, daß nicht nur gleichartige Objekte zu Klassen zusammengefaßt werden, sondern ebenso gemeinsame Eigenschaften und Strukturen bestimmter Objekte über diese Oberklasse zusammengefaßt werden, während ausgesprochene Spezialisierungen wiederum als separate Unterklassen betrachtet werden. Das objektorientierte Entwerfen eines Programmsystems hat gegenüber konventionellen Techniken den Vorteil, daß man einmal entworfene Programmstrukturen mühelos ändern kann. Zudem entstehen fast von selbst verteilte Systeme, die zu modernen zukünftigen Mehrprozessorsystemen passen, um deren zeitsparende Parallelität gut nutzen zu können. Überdies sind über objektorientierte Verfahren erstellte moderne Programmsysteme eher wiederverwendbar, als konventionell erarbeitete Programme.

6.3 Netze und Protokolle

Während sich innerhalb der Rechnerhardware trotz der unterschiedlichen Strategien im Laufe der Jahre eine relativ homogene Infrastruktur ergeben hat, gilt dies für die vorhandene Verkabelungsstruktur nur teilweise. Der obere Teil des Bildes 6-6 zeigt die historisch gewachsene Ist-Situation der Verkabelung, wie sie heute in vielen Firmen anzutreffen ist.

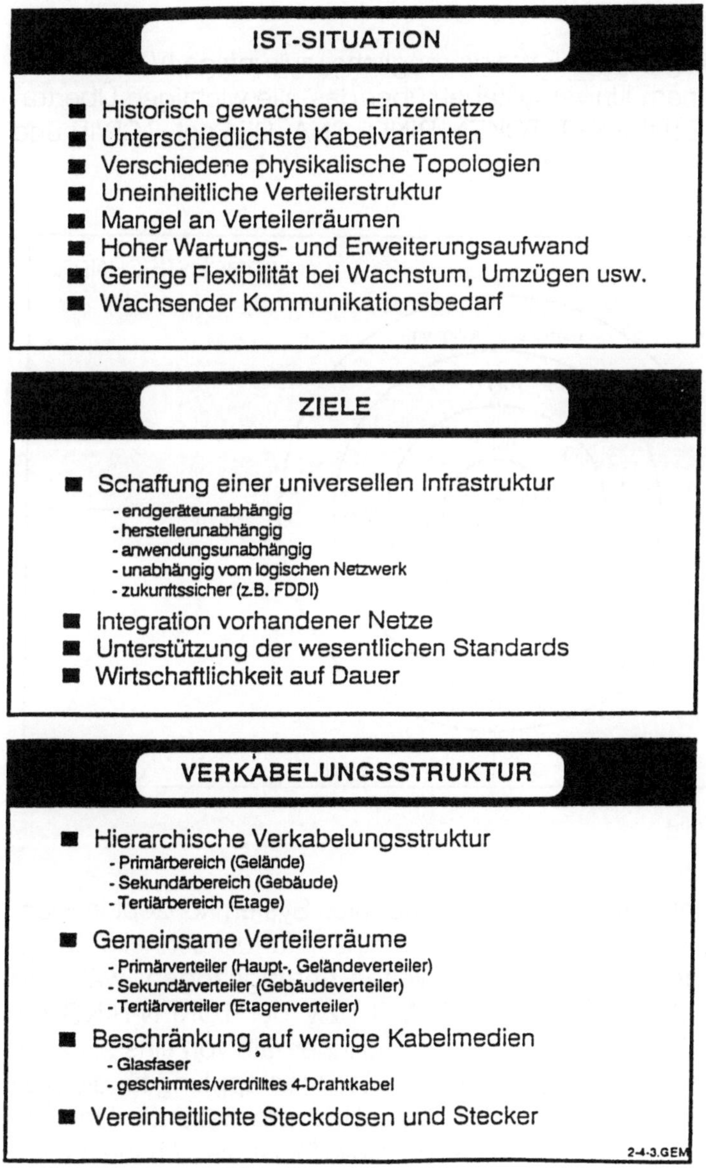

IST-SITUATION

- Historisch gewachsene Einzelnetze
- Unterschiedlichste Kabelvarianten
- Verschiedene physikalische Topologien
- Uneinheitliche Verteilerstruktur
- Mangel an Verteilerräumen
- Hoher Wartungs- und Erweiterungsaufwand
- Geringe Flexibilität bei Wachstum, Umzügen usw.
- Wachsender Kommunikationsbedarf

ZIELE

- Schaffung einer universellen Infrastruktur
  - endgeräteunabhängig
  - herstellerunabhängig
  - anwendungsunabhängig
  - unabhängig vom logischen Netzwerk
  - zukunftssicher (z.B. FDDI)
- Integration vorhandener Netze
- Unterstützung der wesentlichen Standards
- Wirtschaftlichkeit auf Dauer

VERKABELUNGSSTRUKTUR

- Hierarchische Verkabelungsstruktur
  - Primärbereich (Gelände)
  - Sekundärbereich (Gebäude)
  - Tertiärbereich (Etage)
- Gemeinsame Verteilerräume
  - Primärverteiler (Haupt-, Geländeverteiler)
  - Sekundärverteiler (Gebäudeverteiler)
  - Tertiärverteiler (Etagenverteiler)
- Beschränkung auf wenige Kabelmedien
  - Glasfaser
  - geschirmtes/verdrilltes 4-Drahtkabel
- Vereinheitlichte Steckdosen und Stecker

2-4-3.GEM

Bild 6-6 Entwicklung der Verkabelungsstruktur

Schwerpunktmäßig wurden innerhalb der IBM-Welt sternförmig vernetzte Koaxialkabel verlegt, während beispielsweise in der DEC-Welt das konventionelle ETHERNET-Kabel in vielen Unternehmensbereichen anzutreffen ist, nicht nur in der Produktion, sondern auch im Bürobereich. Der untere Teil der Darstellung veranschaulicht die Verkabelungsstrategie, bei der das strategisch wichtigste Ziel die Schaffung einer universellen DV-Infrastruktur ist. Wichtig ist hierbei, daß die Integration der vorhandenen Netze und die damit verbundenen hohen Investitionskosten in den neuen Verkabelungskonzepten auch zukünftig genutzt werden können.

Wie aus Bild 6-7 hervorgeht, basiert eine mögliche, zukünftige IV-Kommunikationsstrategie auf einem Universalkabel, über das alle wichtigen Übertragungsprotokolle, wie ETHERNET, TOKEN-RING, SNA, DECnet, TCP/IP und FDDI parallel betrieben werden können.

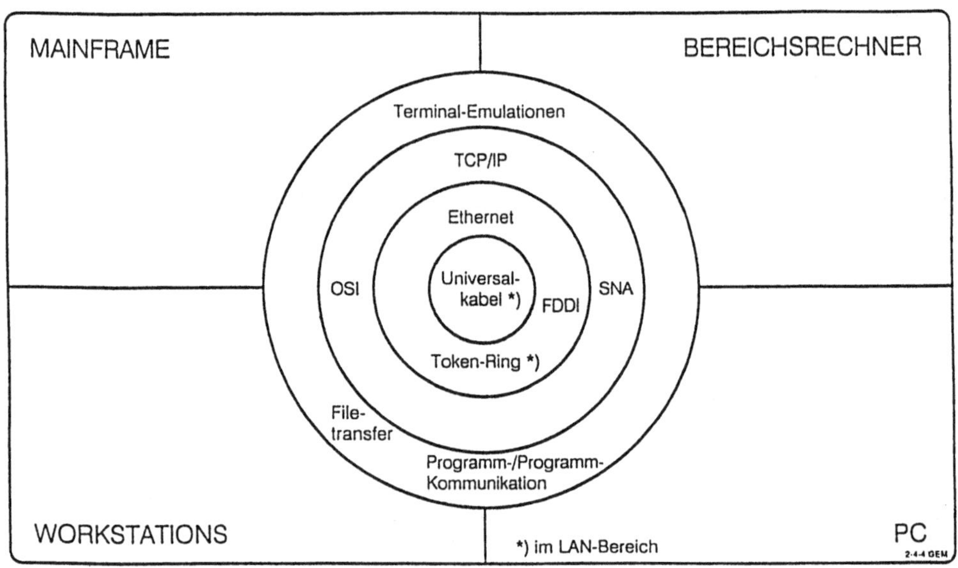

Bild 6-7 Netze und Protokolle

Auf diese Weise erreicht man ein herstellerneutrales Systemkonzept in Richtung offener Systeme. Das FDDI-Netz wird vereinzelt für die schnelle Kanalkopplung der unterschiedlichen Systemwelten herangezogen, während ETHERNET innerhalb der technischen DV-Welt bzw. der TOKEN-RING bei kommerziellen Anwendungen für die Vernetzung innerhalb von eins bis zehn Kilometern verwendet wird. Mit FDDI kann eine Rechnerkopplung für die Welt der verteilten Datenverarbeitung mit 100 Megabyte pro Sekunde Übertragungsleistung realisiert werden. Voraussetzung hierfür ist die LAN-herstellerunabhängige Grundverkabelung über Glasfaserkabel, das beispielsweise den oben genannten Parallelbetrieb von mehreren Protokollen zuläßt.

Die Vorteile der Glasfaserverkabelung gegenüber konventionellen Verkabelungseinrichtungen lassen sich wie folgt zusammenfassen:

- Auslegung system- und dienstneutral,

- Paralleleinsatz für die Übertragung von Daten, Video- und ISDN-Informationen,

- kein zusätzliches Netzwerkmanagement erforderlich,

- firmenneutral auf längere Sicht,

- aussagefähig, auch in Verbindung mit der vorhandenen Infrastruktur,

- offen für zukünftige Technologien,

- kostengünstig,

- ohne Fremdwartung zu betreuen,

- abgedeckt werden u.a. die Standards 802.3 bis 802.5 und 802.8.

Als Neuentwicklung auf dem Gebiet der Verkabelungstechnologie zeichnet sich mittelfristig der Einsatz von Plastikfiberkabeln ab, deren Kern aus billigem Kunststoffmaterial besteht und die mit sichtbarem Licht arbeiten. Derartige Kabel sind einfach zu verlegen und können an den Trennstellen sogar verklebt werden.

6.4 Schnittstellen zu anderen IV-Lösungen

Mit der Integration von CAQ-Systemen in das innerbetriebliche Umfeld befaßt sich u.a. der Bereich Qualitätstechnik des Fraunhofer-Instituts für Produktionstechnik und Automatisierung an der Universität Stuttgart.

Die Ergebnisse dieser praxisorientierten Forschungsarbeiten belegen, daß die Integrationstiefe zwischen heute eingesetzten CAQ-Systemen und tangierenden CA-Systemen durchaus unterschiedlich beurteilt werden muß.

- *PPS-CAQ-Kopplung*

  Funktional gesehen bestehen bei vielen realisierten Lösungen sehr enge Beziehungen zwischen PPS- und CAQ-Systemen (Bild 6-8). Hierin liegt die Erklärung dafür, daß am häufigsten die Kopplung eines CAQ-Systems mit einem übergeordneten PPS- bzw. Materialwirtschaftssystem in der Praxis anzutreffen ist.

Beziehungen zwischen CAQ– und PPS–System

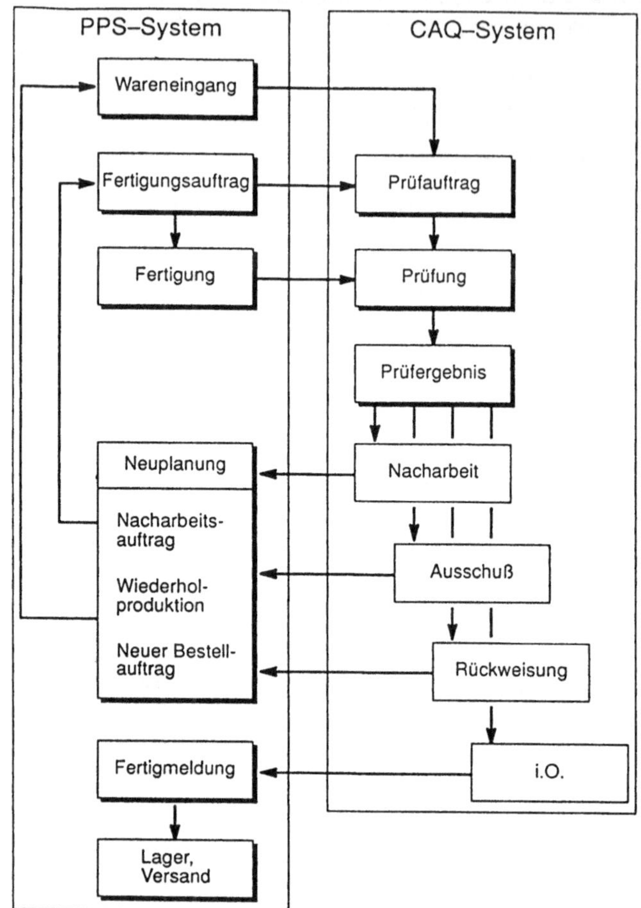

Bild 6-8 PPS-CAQ-Kopplung

Hierzu sind nach Bild 6-9 verschiedene Integrationsstufen denkbar, die vom DV-technischen bzw. organisatorischen Aufwand her gesehen unterschiedlich zu beurteilen sind.

In jedem Fall sollte nach Möglichkeit die dritte Stufe, d.h. die Kopplung über eine integrierte Datenbasis, angestrebt werden, um den Aufwand der Systemanwender zu minimieren. Der hierbei erzielbare Vorteil, wie redundanzfreier, einheitlicher Datenbestand, sichere Datenkonsistenz und kurze Reaktionszeiten steht auf der anderen Seite, je nach Ähnlichkeitsgrad der CAQ- und PPS-Lösung, ein hoher Anpassungsaufwand der zu koppelnden Applikationen gegenüber. Dabei sind nach den Erkenntnissen des IPA eine aufwendige Datenmodellierung und komplexe, logistische Schnittstellen in Kauf zu nehmen.

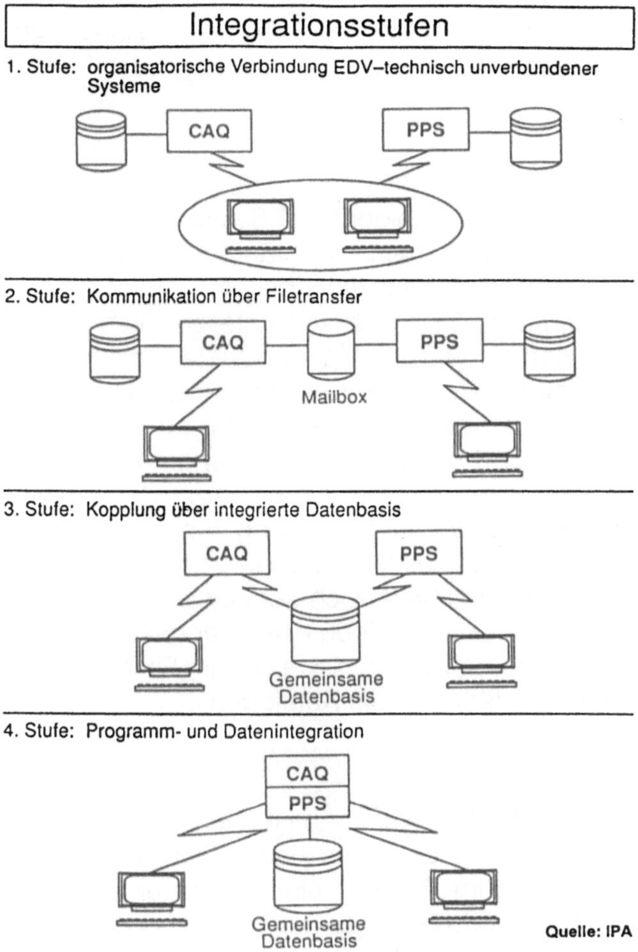

Integrationsstufen

1. Stufe: organisatorische Verbindung EDV–technisch unverbundener Systeme

2. Stufe: Kommunikation über Filetransfer

3. Stufe: Kopplung über integrierte Datenbasis

4. Stufe: Programm- und Datenintegration

Quelle: IPA

Bild 6-9 Integrationsstufen einer PPS-CAQ-Kopplung

Die wichtigste Integrationsstufe stellt die Programm- und Datenintegration auf einer gemeinsamen Datenbasis dar, deren prinzipieller Aufbau aus dem unteren Teil des Bildes 6-9 hervorgeht. Ein derartiger PPS/CAQ-Verbund kann sicherlich nur im Rahmen einer Neukonzeption unter Verwendung gleicher IV-Basissysteme und -Entwicklungswerkzeuge verifiziert werden.

– *BDE-CAQ-Kopplung*

Mit zunehmender Dezentralisierung der Hardware in den Bearbeitungsprozeß eröffnen sich seit Jahren gute Möglichkeiten zur Integration der Bearbeitungs- und Qualitätssicherungsprozesse in rechnerunterstützten Regelkreisen. Hierbei werden qualitätsrelevante Betriebs- und Maschinendaten an das CAQ-System übertragen. Nach ihrer Verarbeitung innerhalb der CAQ-Logik werden bei einer direkten Integration Steuergrößen für die aktive Prozeßregelung aktiviert.

– *CAD-CAQ-Kopplung*

Mit zunehmender Verbreitung leistungsfähiger CAD-Systeme, die es erlauben, Bauteile- bzw. Baugruppengeometrie vollständig dreidimensional abzubilden, eröffnen sich neue Möglichkeiten, über eine direkte Kopplung die Geometriedaten für ein CAQ-System bereitzustellen. Damit kann beispielsweise die Programmierung von 3D-Meßmaschinen rechnerunterstützt und automatisiert erfolgen. Bei einer mehr organisatorisch ausgerichteten Lösung wird dem Prüfer die Möglichkeit geboten, durch Zuordnung von CAD-Zeichnungen und Prüfplan sich im Rahmen der Prüfdatenaufbereitung und -erfahrung grafische Informationen zum Meßobjekt abzurufen. In der Praxis werden hierbei als Ergänzung zum Arbeitsplan für den Werker einfach verständliche Prüfskizzen angefertigt. Zur Erstellung dieser grafischen Arbeitshilfsmittel bietet sich der Einsatz von Grafikeditoren bzw. Low-cost-CAD-Systemen an. Noch einfacher gestaltet sich die Verwendung von Scanner-Systemen, beispielsweise zum Einlesen und Aufbereiten von Zeichnungen und Skizzen aus Katalogen.

– *CAP-CAQ-Kopplung*

Die Kopplung zwischen CAP- und CAQ-Systemen ist nach den Untersuchungen des IPA noch nicht allzu verbreitet, abgesehen von einigen firmenspezifisch erstellten Systemen, die im Rahmen einer Variantenfertigung eine enge Integration von Arbeitsvorbereitungs- und Prüfplanungsfunktionen ermöglichen.

Bei der zukünftigen Gestaltung unserer IV-Systeme wird der Einsatz von Engineering-Data-Management (EDM)-Systemen eine bedeutende Integrationsaufgabe zu lösen haben. Sie sollen die endgültige Kopplung zwischen den technischen und kommerziellen DV-Welten realisieren, indem durch die Bereitstellung einer gemeinsamen Datenbasis der primär technisch orientierte Informationsfluß (CAD, CAP, CAM, CAQ) mit dem primär betriebswirtschaftlich orientierten Informationsfluß (PPS) integriert wird (Bild 6-10).

Das Prozeßmanagement als wesentliche Komponente eines EDM-Systems ist die Voraussetzung zur Neugestaltung unternehmerischer Abläufe im Sinne des Bussiness Reengineering (Bild 6-11). An dieser Zielsetzung wird zur Zeit in vielen Unternehmen intensiv gearbeitet, wobei dem CAQ-System die Aufgabe zur Realisierung eines durchgängigen TQM-Systems übertragen wird.

EDM-Definition

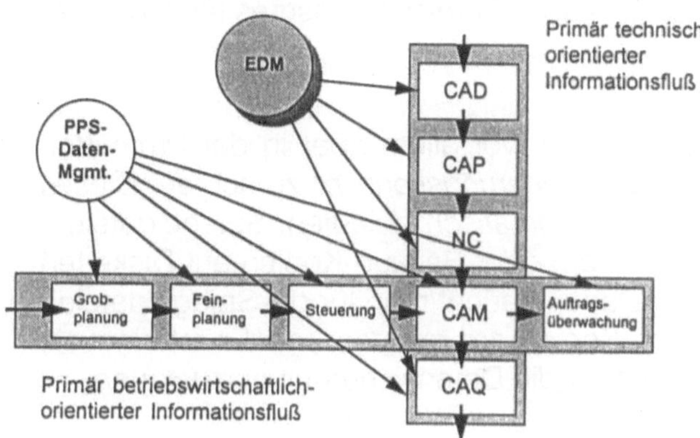

Engineering Data Management (EDM) Systeme

sind technische Datenbank- und Kommunikationssysteme zur Sicherung, Verwaltung und Bereitstellung aller produktbeschreibenden Daten während des gesamten Produktentstehungs-prozesses.

EDM-Systeme bilden damit die Basis, um

- Anwendungssysteme der technischen Bereiche (CAD, CAP, CAM, CAQ) über eine gemeinsame Datenbasis zu integrieren,

- alle betrieblichen Stellen mit aktuellen und konsistenten Daten anwendungs-orientiert zu versorgen,

- die Kopplung zwischen technischer und kommerzieller DV-Welt zu realisieren.

Quelle: PLOENZKE

Bild 6-10 Definition von EDM

Prozeßmanagement

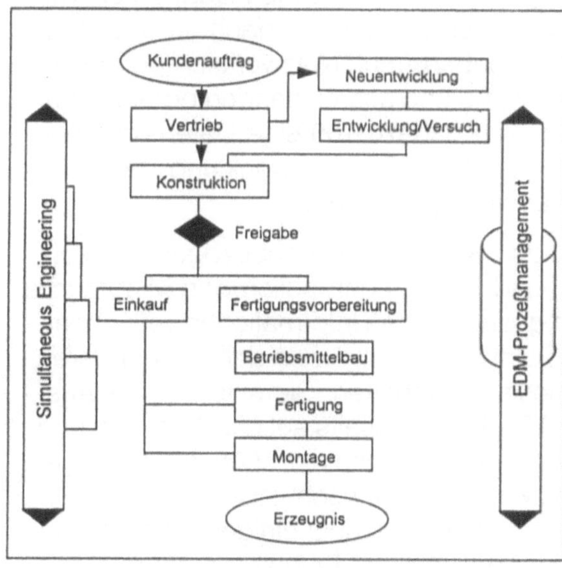

- Abbildung der Vorgangsketten
- Definition von "Projektmappen"
- elektronische Verteilerlisten
- "elektronische Unterschrift"
- Projekt-Status jederzeit abfragbar
- "elektronische Notizzettel"
- "prozeßgesteuerte Zugriffskontrollrechte"

Bild 6-11 Prozeßmanagement und EDM

6.5 Datensicherheit und Datenschutz

Mit dem Vordringen der IV-Systeme in allen Bereichen unseres täglichen Lebens wurden die Themenkomplexe Datensicherheit und Datenschutz zu bedeutenden IV-Komponenten.

In allen Bereichen des Qualitätswesens (vor allem aber in der Prüfmittelüberwachung) ist auf ein gutes *Datensicherungskonzept* zu achten. Dieses Sicherungskonzept sollte *möglichst automatisch* ablaufen. Spiegeldateien, zwei Festplatten, Einsatz von Streamern oder Backup-Kopien auf Disketten haben sich in der Praxis bewährt. Dabei braucht man für die Spiegeldateien am wenigsten und für die Backup-Kopien am meisten Zeit. Es ist sinnvoll, mindestens eine Stunde pro Woche für die Datensicherheit einzuplanen.

Moderne IV-Systeme sind hard- und softwareseitig so zu konzipieren, daß die Sicherheit der eingegebenen, verarbeiteten und gespeicherten Daten in Abhängigkeit vom Anforderungsprofil des Einsatzfalles gewährleistet ist. Dies gilt sowohl für das Einzelplatzsystem am Arbeitsplatz bzw. im privaten Bereich, als auch für Mehrplatzsysteme und vernetzte IV-Anlagen im weltweiten Computerverbund.

Maßnahmen zur Datensicherheit beginnen beim einfachen Duplizieren von Disketten und deren Verwaltung und enden bei der mehrfach redundanten Auslegung der Hard- und Software, Datenbank- und Netzwerkkomponenten. Mit entsprechendem technischen Aufwand und ausreichenden organisatorischen Vorkehrungen läßt sich heute eine nahezu 100%ige Datensicherheit erreichen. Voraussetzungen hierzu waren die Weiterentwicklung der Speicherungstechniken und der Datenverwaltungssysteme.

Beim Datenschutz geht es u.a. um den Schutz personenbezogener Daten. Detaillierte gesetzliche Vorschriften und Regelungen sollen den Mißbrauch personenbezogener, in IV-Systemen gespeicherten Informationen verhindern. Datenschutzbeauftragte wachen in Unternehmen, Behörden und anderen Institutionen über die Einhaltung dieser Vorschriften. Sie sind bei der Ausübung dieser verantwortungsvollen Tätigkeit einerseits auf die Unterstützung der IV-Verantwortlichen und andererseits auf die Hilfe der IV-Anwender angewiesen. Nur bei enger Kooperation zwischen Datenschutzbeauftragten, Systembetreuung und Anwendern kann der Datenschutz einigermaßen zufriedenstellend abgesichert werden. Die Erfüllung und Einhaltung der gesetzlichen Forderung gestaltet sich oft schwierig, da nicht nur technische, sondern vor allem organisatorische Maßnahmen einzuleiten sind. Der Erfolg dieser Maßnahmen hängt maßgeblich von der Kooperationsbereitschaft der Anwender ab und fordert intensive Aufklärungs- und Überzeugungsaktivitäten.

7 Planung, Auswahl und Aufbau von CAQ-Systemen

Vor der Auswahl eines CAQ-Systems bzw. dessen Programmierung ist eine gute Planung wichtig. Sehr viele der in einem CAQ-System benötigten Daten sind in anderen Systemen bereits vorhanden. Die Bündelung und Zusammenführung dieser Daten macht eine ausführliche, systematische Planung erforderlich und wirtschaftlich.

CAQ-Systeme arbeiten in der Regel auf der Basis von Rückschlüssen aus definierten Abläufen oder Verknüpfungen mit Vergangenheitsdaten. Sei es die Dynamisierungslogik für eine Zwischenprüfung oder die Prozeßfähigkeit eines bestimmten Fertigungsarbeitsgangs, Grundlagen sind immer Vergangenheitsdaten und Verknüpfungslogiken in CAQ-Datenbanken. Aus diesem Grunde ist eine gute Analyse und Anpassung an die unternehmensspezifischen Rahmenbedingungen erforderlich.

Bei der Auslegung von CAQ-Systemen ist der gesamte Aufgabenumfang von der Frage der Integration ins vorhandene PPS-System mit kleinen Modulen im entsprechenden Bereich bei Großunternehmen bis hin zur speziellen PC-Standalone-Lösung für die anfordernden Bereiche bzw. das Kleinunternehmen zu behandeln. Aus diesem Grund ist auch für die gesamte Planungsphase insbesondere bei mittleren und größeren Unternehmen ein interdisziplinäres Team erforderlich.

Entsprechend dem Arbeitsfortschritt im Rahmen der Detaillierungsphase des projektierten CAQ-Systems ist eine unterschiedliche Zusammensetzung des Teams und gegebenenfalls auch der Projektleitung zu empfehlen. Der zu erwartende Zeithorizont für die Einführung eines CAQ-Systems sollte 2 Jahre nicht übersteigen. Da die DV-Möglichkeiten und auch die interne Unternehmensorganisation immer einem dauernden Wandel unterworfen sind, ist ein längerer Zeitraum nicht sinnvoll. Besser geeignet ist ein Phasenplan für die Einführungsumfänge, der die zukünftigen Wünsche mit einschließt, aber die schnelle Realisierung der brennenden Probleme mit meist hoher Wirtschaftlichkeit zuerst abhandelt. Aufgrund der gröberen Projektierung für die in späteren Zeitabschnitten relevanten Inhalte, wirkt er nicht behindernd, da er den Planungshorizont in zeitlich aufeinanderfolgende Bausteine zerlegt, die immer tiefere Detaillierung erlauben. Daneben lassen sich auch Sonderwünsche, die meist modular realisierbar sind, in den verschiedenen Zeitabschnitte der Gesamtrealisierung berücksichtigen.

Während der ganzen Phase der Planung bis zur Realisierung ist eine begleitende Überwachung mit einem Software-Werkzeug sinnvoll.

In Bild 7-1 sind die Haupt-Phasen für die Einführung eines CAQ-Systems in einem Großunternehmen dargestellt. Im folgenden werden die einzelnen Phasen erläutert.

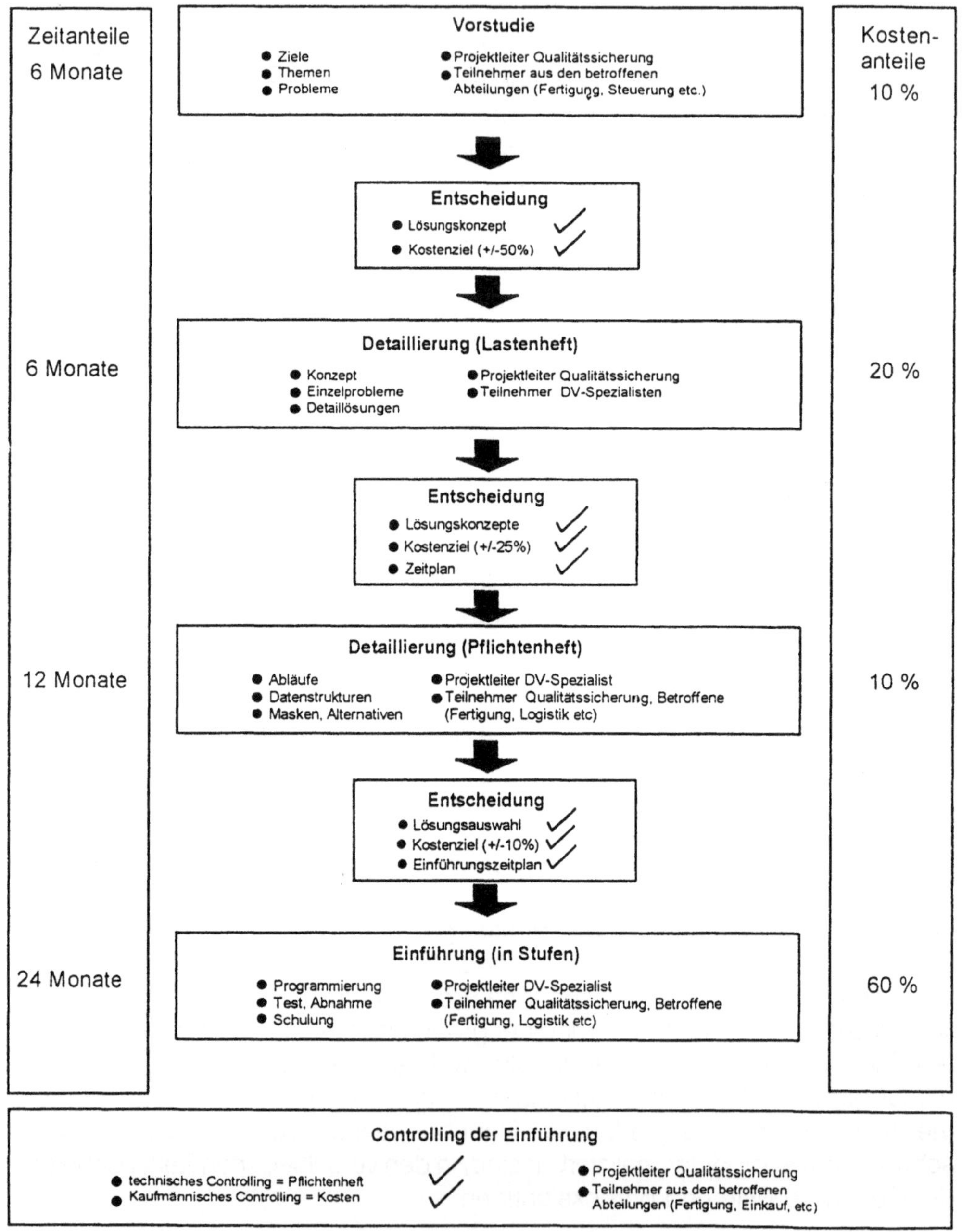

Bild 7-1 Phasen zur Einführung von CAQ in einem Großunternehmen

Phase 1: Vorstudie zur Definition der Themen und Ziele

Die Vorstudie hat zum Ziel, wichtige Planungsdaten im Team abzustimmen und den Planungsumfang abzugrenzen. Notwendige Datenbankstrukturen, die einbezogenen Bereiche bzw. Funktionsträger, die abzubildenden Abläufe und letztendlich die erforderlichen Bildschirmmasken und Batchprogramme sollen im Rahmen der Vorstudie unter Beteiligung aller beteiligten bzw. noch festzulegenden Bereiche und Funktionsträger diskutiert und abgeklärt werden. Diese Vorstudie sollte unter sehr straffer fachlicher Führung der Qualitätsmanagementorganisation ablaufen. In dieser Phase sind nur die Ziele, eine grobe Ist-Analyse und erste Lösungsideen zu entwickeln. Den Abschluß der Vorstudie bildet eine erste grobe Wirtschaftlichkeitsrechnung mit einer angestrebten Genauigkeit von ±25 %.

Phase 2: Problemanalyse und Konzeptphase zur Softwaredefinition

In dieser ersten Detaillierungs-Phase werden alle qualitätsrelevanten organisatorischen Abläufe des Unternehmens analysiert. Ziel ist es, die wesentlichen Prozesse mit funktionalem bzw. Datenbezug zu qualitätsbezogenen Ablaufketten herauszustellen.

Es sind folgende Fragen zu beantworten:

– Welche qualitätsrelevanten Prozesse sollen integriert werden?

– Wer liefert die Qualitätsdaten hierfür?

– Wie werden sie verarbeitet?

– Wer braucht die Ergebnisse?

Diese Detaillierung sollte bereits die Schwerpunkte des zukünftigen Systems umfassen. Bereits hier beginnen die ersten Selektionen bezüglich Qualitätsdatenerfassung, -verarbeitung, -darstellung. Selektionskriterien sind letztendlich immer die Kosten. Denn in dieser Phase der Planung sollte eine Wirtschaftlichkeitsbetrachtung mit einem Unsicherheitsfaktor von +/- 10 % angestrebt werden.

Wichtig in dieser Phase ist auch der Quercheck zu den im Unternehmen vorhandenen DV-Systemen, um eventuelle Doppelerfassungen oder Doppelverarbeitungen zu vermeiden. Bei dieser Analyse ist sehr schnell zu erkennen, daß eine enge Verknüpfung mit fast allen Systemen des Unternehmens vorhanden ist. Einkaufs-, Sachstamm-, Stücklisten-, Arbeitsplan-, Wareneingang-, aber auch das Kostenrechnungssystem sind hervorragend für den Austausch von Informationen und deren datentechnische Absicherung geeignet. Auch aus diesem Grund ist es unerläßlich, dieses Konzept nicht nur aus dem Qualitätsmanagementbereich heraus, sondern durch Zusammenarbeit möglichst aller tangierten Bereiche zu erarbeiten.

Die Zeitdauer für die Konzeptphase sollte auf etwa 6 Monate begrenzt werden, um Aktualität und ausreichende Genauigkeit zu gewährleisten. Das Pflichtenheft aus der Konzeptphase kann dann für die Anfragen an DV-Anbieter genutzt werden, um die Phase der Anfrage vor der endgültigen Planungsphase abwickeln zu können. Dies ist notwendig, wenn im eigenen Hause hierfür keine DV-Kapazität zur Verfügung steht. Der Abgleich in dieser Phase ist wichtig, da sich sonst der Kostenanteil für eventuelle unternehmensspezifische Einzellösungen stark vergrößert. Unternehmensspezifische Einzellösungen sind meist am teuersten, da jede Programmzeile speziell für diese eine Firma geschrieben, getestet, gewartet werden muß. Für die Konzeptphase müssen etwa 10 bis 15% der Gesamtprojektkosten für das CAQ-System eingeplant werden.

Phase 3: Pflichtenheft für die Softwaremodule

Wenn die Vorstudie und die erste Phase der Detaillierung aus Sicht der Qualitätsabteilungen beendet sind, erfolgt eine Verabschiedung im entsprechenden Lenkungsgremium. Dieses Gremium erstellt die Projektvorgaben, d. h. das Soll-Konzept und gibt die Gelder für die nächste Phase frei. Ist die Freigabe des Konzeptes beschlossen, gilt es, die Einzelbausteine detaillierter aus Sicht der Programmierer bzw. Informatiker auszuarbeiten.

Jeder einzelne Baustein ist zu präzisieren und es sind Antworten auf folgende Fragen zu geben:

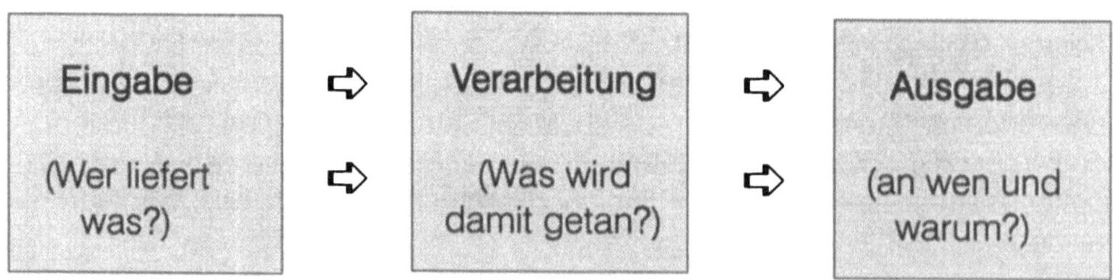

Auch diese Phase erfolgt zweckmäßigerweise in einem Team aus Mitarbeitern des Qualitätsmanagements, von Fertigung, Logistik, Montage, Planung und Programmierabteilung oder dem Softwarehaus. Allerdings ändern sich in der folgenden Phase in der Regel die Prioritäten, so daß auch der Teamleiter davon betroffen ist. Diese Phase sollte von einem späteren Umsetzer in die DV-Welt, d.h. dem DV-Verantwortlichen geleitet werden, um bereits in der

Planungsphase – soweit wie möglich – eine problemlose Integration in die vorhandene DV-Struktur des Unternehmens zu gewährleisten. Insbesondere der *notwendige* DV-Anteil ist hierbei klar herauszustellen.

Am Schluß der Detaillierung, mit dem Ziel der Pflichtenhefterstellung, liegen zu jedem einzelnen, in der Konzeptphase angeforderten Modul des CAQ-Systems detaillierte Angaben vor, die es dem Programmierer gestatten, genauere Vorhersagen über Bildschirmmasken, Verarbeitung- und Druckprogramme, Datenbankstrukturen und somit Realisierungskonzepte mit den voraussichtlichen Kosten zu erstellen. Meist liegen die gewünschten Bildschirmmasken zu diesem Zeitpunkt bereits als „Prototypen", d. h. als Wunschvorstellung des CAQ-Kunden, aus der Phase Detaillierung vor.

Nach Abschluß dieser Detaillierung, oder auch Problemanalyse, steht ein Nachschlagewerk bezüglich der vorgesehenen Module zur Verfügung, das mit einer Wirtschaftlichkeitsrechnung in der Genauigkeit im Bereich von +/-5%, die endgültige Entscheidungsgrundlage für die Einführung und Realisierung darstellt. Aus bisherigen Erfahrungswerten ordnet man der Problemanalyse etwa einen Anteil an den Gesamtkosten von 20% bis 25% zu. Die Problemanalyse ist aber besonders wichtig, da spätere Korrekturen in der Datenbanklogik teuer, evtl. sogar mit Datenverlusten, zu bezahlen sind.

In der Problemanalyse werden die einzelnen gewünschten Funktionen in die Teilschritte:

– Daten-Eingabe,

– Daten-Verarbeitung und

– Daten-Ausgabe

zerlegt.

In Bild 7-2 ist dies am Beispiel eines Erstmusterprüfberichts erläutert.

Über Erfassungsmasken am Bildschirm oder bei entsprechender Wirtschaftlichkeit über online verknüpfte Meßgeräte – wie z. B. vernetzte Meßmaschinen – werden die Ist-Daten zu dem auditierten Produkt erfaßt. Die Soll-Daten können aus den CAD-Systemen aus Datenmodellen des Produktes generiert oder im einfachsten Fall ebenfalls über Tastatur in einer Prüfplanung erfaßt werden. Im Verarbeitungsmodul werden dann die Soll-/Ist-Daten gegeneinander verglichen, bewertet und entstandene Abweichungen markiert. In einem weiteren Schritt kann dieses Verarbeitungsprotokoll noch mit Ergänzungen bezüglich Fehlerursache der Abweichung bzw. veranlaßte Fehlerabstellung erweitert werden. Das Ergebnis des Verarbeitungsmodules wird in den Datenbanken abgespeichert, als Ergebnisprotokoll ausgedruckt und verteilt. In vereinfachter Form wird dies bei allen üblichen Prüfberichts-

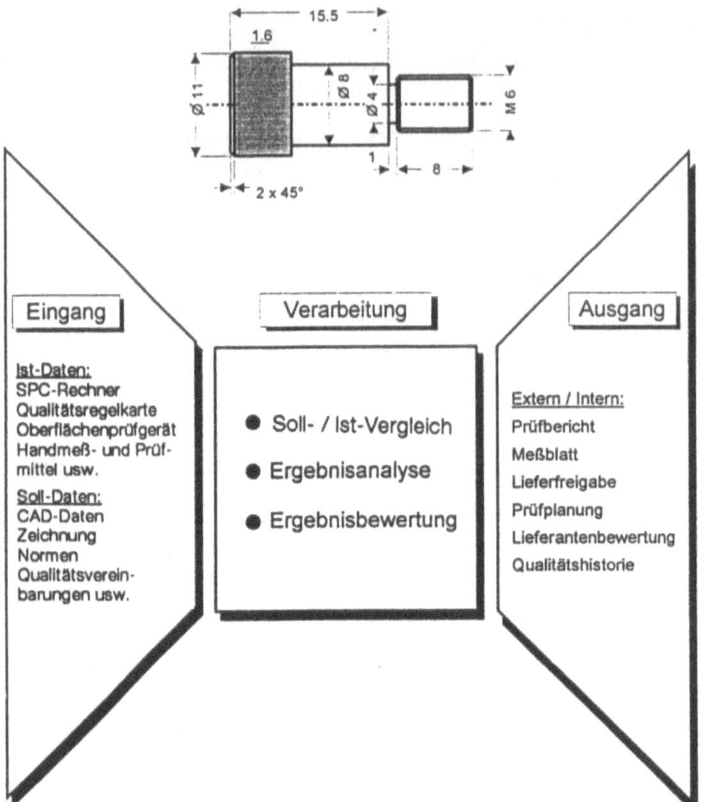

Bild 7-2 Beispiel für einen Erstmusterprüfbericht

programmen so abgewickelt. Hierbei ist jedoch eine Ergebnisinterpretation nicht enthalten, da die Abweichung ja dem Lieferanten zur Beurteilung und Fehlerbeseitigung zugesandt wird.

Phase 4: Anfrage bei den Softwareherstellern

Wenn keine spezielle Softwareabteilung im Unternehmen vorhanden ist, wird das erarbeitete Pflichtenheft jetzt bei verschiedenen Anbietern angefragt. Hierbei sollte jeder einzelne Programmodul einzeln mit dem Anbieter besprochen und bezüglich der Realisierungswünsche abgestimmt werden. Danach muß ein Angebot des Softwareanbieters auf Programmodulebene erstellt bzw. angefordert werden.

Dabei muß vom Anfragenden unter Umständen eine Überarbeitung der Anforderungen auf die vorhandenen Module des Systemhauses erfolgen.

Diese Phase läuft sinnvollerweise bei externer Programmierung bereits parallel zur Phase 3 (Pflichtenheft) ab, um eine zu starke Fixierung auf unternehmensspezifische Einzellösungen und damit verbundene hohe Kosten zu vermeiden.

Phase 5: Detaillierung und Realisierung der Software

Wenn Konzeptphase, Problemanalyse und Anfrage erfolgreich abgeschlossen sind und die Realisierung der einzelnen Module aus Wirtschaftlichkeitsgründen von den Entscheidern freigegeben ist, beginnt die arbeitsintensivste Phase – die Realisierung bzw. Einführung. In der Einführung sind nicht nur fachbezogene Punkte bei der Umsetzung der Anforderungen in Programmzeilen zu beachten, sondern auch psychologische, wie beispielsweise Maßnahmen zur Erhöhung der Akzeptanz beim Endbenutzer bei Einführung des neuen Systems.

Die Umsetzung der Logiken in Programmzeilen verläuft meist relativ problemlos. Die heutigen Werkzeuge und Qualitätsmanagementvorschriften für Softwareprodukte erlauben eine meist schnelle und sichere Umsetzung der Wünsche in Programmzeilen. Im Anschluß an die Softwareerstellung ist jedoch eine mehrstufige Testphase vor kompletter Inbetriebnahme einzuplanen.

Phase 6: Probeinstallation und Abnahme

In der ersten Testphase sind insbesondere Kriterien wie ökonomische Aufteilung der Bildschirmmasken, Bedienerfreundlichkeit, ähnliches Aussehen, gleiche Tasten, gleiche Funktionen, abzuprüfen. In dieser Phase werden auch die notwendigen Plausibilitätsprüfungen aufgrund der Dateninhalte der einzelne Datenfelder festgelegt. Alles, was der Rechner bereits weiß, muß vorbesetzt, jedoch wenn noch erforderlich, änderbar sein. Die Reihenfolge der Dateneingabe muß für den Endbediener sinnvoll gestaltet sein. Die Plausibilitätsprüfungen sollten so sicher wie möglich sein, ohne den Bediener bei seiner normalen Erfassungstätigkeit oder „Sonderfällen" zu stark zu behindern. Er muß die Möglichkeit, ja sogar die feste Überzeugung bekommen, daß sich der Rechner nach ihm richtet und nicht umgekehrt.

Wenn die erste Testphase im Dialog Programmierer bzw. CAQ-Lieferant und Systemeinführer beendet ist, kann dieses Funktionspaket trotzdem noch nicht problemlos freigegeben werden, denn jetzt beginnt die Testphase 2 in der Realität. Mit wirklichkeitsechten Daten, möglichst aus dem Alltag, in etwa 5 bis 10 Beispielen, beginnt die Bewährungsprobe für das Programmmodul. Hierbei zeigt sich auch, wie testfreudig ein System ist. Wenn zur Eingabe von 3

Zahlen eine langwierige Systemvorbereitung notwendig ist, ist die erste Enttäuschung für den Bediener unvermeidbar. Ideal sind Systeme, die eine gespiegelte Datenhaltung, beispielsweise die Daten des letzten Tages, zur Testphase zur Verfügung stellen. Hier kann dann mit wirklichen Aufträgen, Plänen und Daten wirklichkeitsgetreu getestet werden, ohne mit eventuellen Abstürzen oder Datenverlusten rechnen zu müssen.

Wenn auch diese Phase abgeschlossen ist, kann das Programmodul einzeln bzw. in Kombination mit anderen für den Endbenutzer freigegeben werden. Auch hier bietet sich eine fließende Einführung, zuerst an möglichst einer Stelle mit schrittweiser Erweiterung auf alle betroffenen Stellen der Organisation als sinnvollste Variante an. Das Programmodul wird beispielsweise über 4 Wochen von einem Endbenutzer, der speziell geschult wurde, unter wirklichkeitsgetreuen Anforderungen vollständig ausgetestet. In dieser Phase können dann noch vorhandene Mängel aufgespürt und bereinigt werden.

Es ist sicher einsichtig, daß mit nur einem Endbenutzer allein wesentlich einfacher und schneller Fehlersuche, Fehleranalyse und Fehlerbehebung möglich ist. In dieser Phase kann bei wenigen Beteiligten auch noch sehr viel auf Zuruf am Telefon ohne große schriftliche Ausarbeitung abgewickelt werden, da sich in der Regel nur 3 Personen (Programmierer, Systembetreuer, Tester) abstimmen müssen. Aufgrund der Ausnahmestellung als Tester ist dieser erste Endbenutzer wesentlich fehlertoleranter als seine späteren Kollegen, da er sich als quasi Mitentwickler des Moduls motiviert fühlt.

Diese letzte Phase der Realisierung ist sehr wichtig, da sie gewährleistet, daß der spätere Endbenutzer, der nicht speziell auf die Informationsverarbeitung geschult ist, sensibilisiert, motiviert und betreut werden kann. Dieser Testfahrer vor Systemfreigabe hilft den späteren Endbenutzern, die in der Testphase festgestellten Fehlern, die notwendigen Bedienerhinweise für Spezialfälle und Plausibilitätsabfragen zu ermitteln und ggf. zu beseitigen.

Wenn dann 100 bis 200 Anwendungen problemlos über das Modul abgewickelt wurden, kann das Modul zur freien Verfügung aller Endbenutzer gestellt werden. Vor Inbetriebnahme der einzelnen Funktionen im größeren Anwendungskreis ist jedoch eine ausgeprägte Schulung für die neuen Endbenutzer notwendig.

Ziel dieser Schulung muß es sein:

1. die handwerkliche Fertigkeit im neuen System zu vermitteln,

2. das notwendige Hintergrundwissen für die Änderung des Ablaufes zu vermitteln und

3. die Motivation zur positiven Aufnahme des neuen Systems zu wecken.

Insbesondere der 3. Punkt bereitet häufig die größten Schwierigkeiten, da die Hemmschwelle bezüglich Neuem erfahrungsgemäß bei dem Endbenutzer, der nicht dauernd mit der DV zu tun hat, groß ist. Aus diesem Grunde sollte die DV-technische Lösung möglichst nahe am bisherigen Ablauf orientiert sein, auch wenn dieser eventuell noch nach DV-Gesichtspunkten nicht ideal ist. Eine stufenweise Bereinigung nach Einführung wird meist besser akzeptiert, als eine totale Umkrempelung des bisherigen, eingeübten Ablaufes zu Beginn. Diese Vorgehensweise hat auch den Vorteil, daß dann die Punkte 1 (Fertigkeit) und 2 (Hintergrundwissen) bereits besser vorhanden sind.

Phase 7: Betreuung der Software im Betrieb

Nach Realisierung aller Funktionen, ist im Betrieb eine gute Dokumentation der Anforderungen an jede Funktion zu erstellen. Diese Dokumentation ist zweckmäßigerweise mehrstufig anzulegen.

Als erste **Phase** der Unterstützung der Benutzer ist eine Hilfefunktion online zu den einzelnen Funktionen zu installieren. Mit dieser Funktion werden dem Bediener bildschirmorientiert Hilfestellungen bei der Erfassung, der Verwaltung der Daten geliefert. In diesen Funktionen werden ihm Informationen bezüglich der Art der Eingabedaten – beispielsweise numerisch oder alphanumerisch – und der erwarteten Form in Abhängigkeit mit den Plausibilitätsuntersuchungen gegeben. Des weiteren werden die wichtigsten Schnittstellen, beispielsweise die verwendeten Tabellen für vorbesetzte Felder oder die Datenbankfeldnamen der Felder, angegeben. Diese Hilfetexte kann er zum Beispiel über eine spezielle Funktionstaste (möglichst in allen PPS-Systemen die gleiche) funktionsorientiert abrufen. Die Inhalte der Hilfemasken müssen vom Fachbereich vorgegeben werden, so daß der spätere Benutzer seine ihm bekannte sprachliche Umgebung hat und sich voll auf das Verstehen der Funktion konzentrieren kann, ohne sich an für ihn unpräzise Formulierungen zu stören. In Bild 7-3 wird ein solcher Hilfetext exemplarisch dargestellt.

Als nächste Stufe der Bedienerinformation sind, losgelöst von der Software, Arbeitsanweisungen für die meist neue bzw. stark angepaßte organisatorische Abwicklung der Aufgaben notwendig. In diesen Arbeitsanweisungen sind die Ziele, Geltungsbereiche, Verantwortungen und DV-Realisierungen bzw. Abwicklungen zu beschreiben.

In der dritten und letzten Säule der Betriebsunterstützung sind die Schulungsunterlagen und Schulungsprofile für die Erst- und Nachschulung zu erstellen und entsprechende Schulungspläne zu definieren.

Neben dieser organisatorischen Unterstützung ist auch ein Systembetreuer im Bereich des Qualitätsmanagements und ein Systembetreuer aus der Pro-

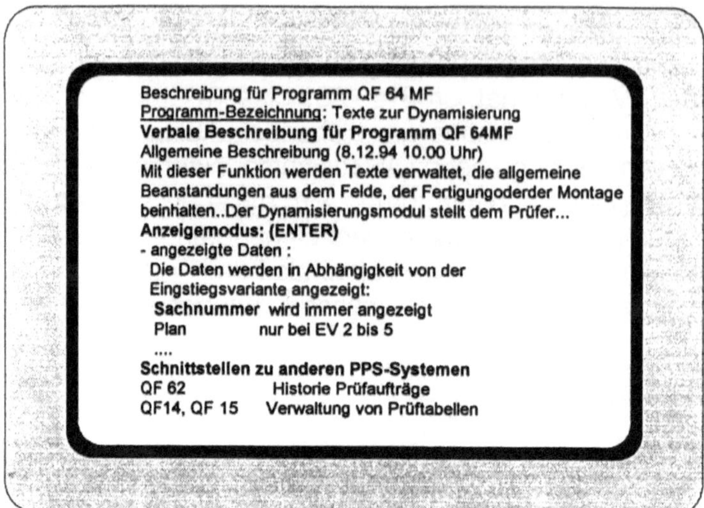

Bild 7-3 Online-Hilfetext für eine Programmfunktion

grammierabteilung bzw. dem Softwarehaus zu benennen. Bei Einschaltung eines Softwarehauses sind entsprechende Wartungsverträge abzuschließen. Über diese Mitarbeiter werden alle Probleme mit dem System abgearbeitet, um somit einen qualifizierten Regelkreis zur Aktualisierung und Problemabwicklung zu schaffen.

Die Phasen der CAQ-Auswahl in einem Klein- und Mittelbetrieb sind ähnlich (Bild 7-4). Die Auswahl und die Einführung geschieht meist schneller, da in der Regel auf dem Markt befindliche CAQ-Module bzw. CAQ-Systeme verwendet werden, die nur einer geringen Anpassung an die betrieblichen Bedürfnisse erfordern.

In Bild 7-5 sind die Erfahrungen bei der Einführung eines CAQ-Systems dargestellt.

Die entstandenen Schwierigkeiten reichen von Soft- und Hardwareproblemen aufgrund von Schnittstellen, über organisatorische Schwierigkeiten aufgrund von Kapazitätsengpässen, über systembedingte Mehraufwände während der Anfangsphase, bis hin zu Akzeptanzproblemen bei Mitarbeitern.

– *Wirtschaftlichkeitsrechnung und Review*

Parallel zu den verschiedenen Einführungsphasen wird, wie bereits erwähnt, eine immer feiner werdende Wirtschaftlichkeitsrechnung durchgeführt. Auf Basis dieser Wirtschaftlichkeitsrechnung werden die entstandenen Kosten, die zweckmäßigerweise bereits nach getrennten Kontierungen erfaßt werden, den Planwerten gegenübergestellt. Bild 7-6 zeigt dies für die CAQ-Einführung in einem Großbetrieb.

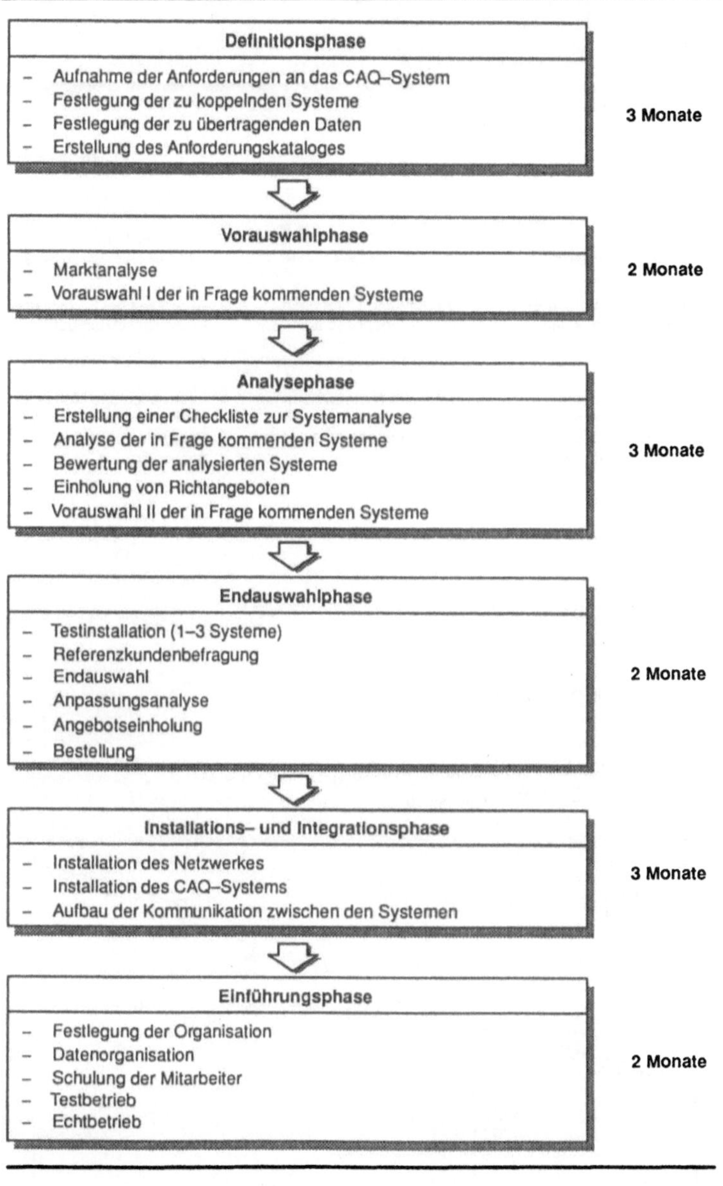

Bild 7-4 Phasen zur Auswahl von CAQ-Systemen in Klein- und Mittelbetrieben

Über die reine kostenmäßige Überwachung hinaus ist auch auf eine technische Überwachung der Einführungsphasen der einzelnen Funktionen zu achten. Jede Bildschirmmaske, jedes Hintergrundprogramm und jeder Ausdruck muß vom Systembetreuer als Vertreter des Qualitätsmanagements freigegeben werden.

Erfahrungen bei der Einführung eines CAQ-Moduls

System-bezogen	Software-bezogen	Konzept-bezogen	Mitarbeiter-bezogen
■ Probleme bei der Online-Schnittstelle Host/Bereichsrechner (Nicht-verfügbarkeit des Host)	■ Terminplan der Software-Erstellung um ca. 2 Jahre verzögert	■ Prüfaufwand steigt nach Einführungsphase an	■ Akzeptanz bei Prüfern und Prüfvorgesetzten gut
■ Häufige Systemausfälle nach externer Verlagerung des Host-Rechners	■ Engpässe bei der Mit-arbeit der Fachbereichs-vertretung im Projektteam (Planungs-, Testphase)	■ Definierte Prüfanweisungen zeigen Zeichnungs- und Fertigungsfehler deutlicher auf	■ Information und Motivation für Führungskräfte der Produktion unbedingt notwendig
■ Schlechtes Antwortzeit-verhalten des Bereichs-rechners aufgrund konkurrierender Systeme			
■ Verfügbarkeit des Systems muß auf vollen 2-Schicht-Betrieb und Samstag erweitert werden			

Bild 7-5 Erfahrungen bei der Einführung eines CAQ-Systems

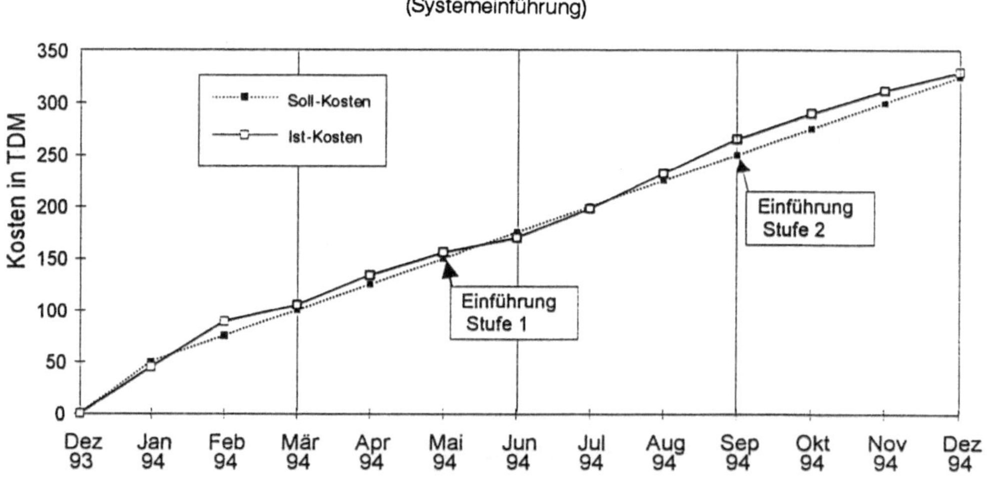

Bild 7-6 Soll-Ist-Vergleich der Kosten für die Einführung eines CAQ-Systems

In Bild 7-7 ist das Einsparungsverhalten bzw. die Kostenentwicklung über die einzelnen Lose in Abhängigkeit mit der Zeit dargestellt.

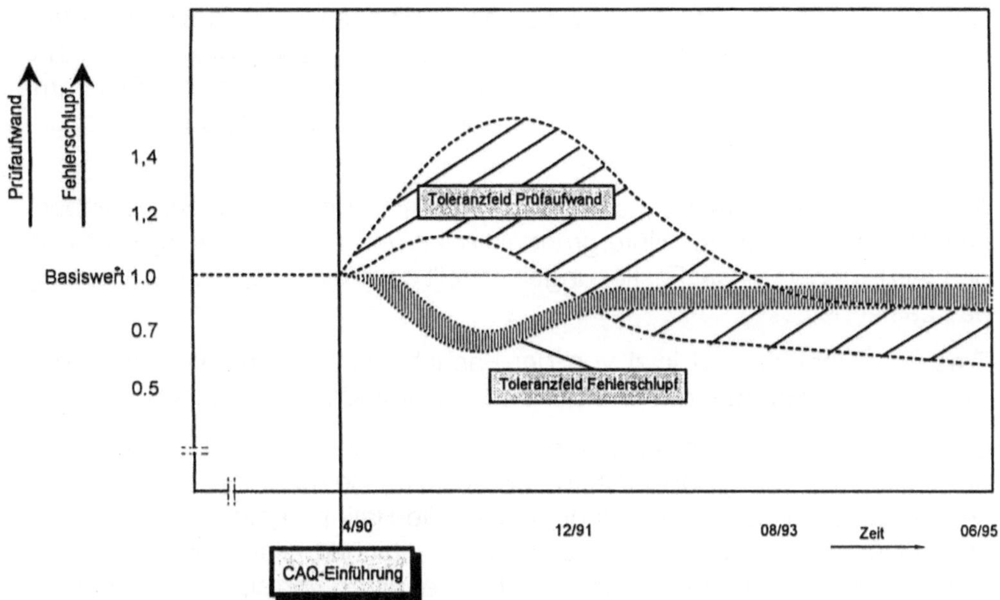

Bild 7-7 Einsparpotentiale durch ein CAQ-System

Zu Beginn der Einführung sind die Aufwände aufgrund der Sensibilisierung der Mitarbeiter zunächst angestiegen. Die Vorgesetzten vor Ort haben die Grundwerte der Prüfplanung zuerst manuell angehoben, um eine sichere Ausgangsbasis für die einzelnen Merkmale pro Sachnummer zu erhalten. Mit zunehmender Datendichte zur Qualitätshistorie kann dann aufgrund der vorhandenen fundierten Datenbestände eine systemseitige maschinelle Absenkung der Prüfschärfen, begleitend von einer sukzessiven manuellen Anpassung der Prüfschärfen aufgrund der Informationen aus den Gutlosen erfolgen. Zusätzliche Einsparungseffekte liegen in den schnelleren und besseren Informationen sowie in den schnellen Eingriffsmöglichkeiten.

– Minimalanforderungen

Das Minimalkonzept für die Einführung eines neuen CAQ-Systems umfaßt die Phasen :

– Pflichtenheft,

– Wirtschaftlichkeitsbetrachtung und

– Modulabnahme.

Unabdingbar für die Vermeidung von Störungen und größeren Nachbesserungen im späteren Betrieb ist ein ausgereiftes Pflichtenheft. Die schriftliche Ausarbeitung und Fixierung der notwendigen Funktionen sowie ihre Wechselwirkung ist zwingend erforderlich. Die Fachabteilung ist somit gezwungen, ihre Forderungen ausführlich niederzuschreiben. Dies ermöglicht der Programmierabteilung oder dem externen Softwarehersteller erste grobe Festlegungen und Schätzungen.

Auf Basis des Pflichtenheftes kann die Anzahl der notwendigen Datenbanken, Bildschirmmasken, Hintergrundaktionen und ähnliches festgelegt werden. Als Ergebnis dieser Festlegungen erstellt dann die Programmierabteilung das Lastenheft.

Dieses Lastenheft wird jetzt von der Fachabteilung nochmals gegen das Pflichtenheft gegengeprüft und bei Übereinstimmung freigegeben.

Die Wirtschaftlichkeit der erdachten CAQ-Systeme wird dann von den beiden Beteiligten aufgrund einer Kosten-Nutzen-Betrachtung ermittelt. Von seiten des Qualitätsmanagement werden die Ratiopotentiale aufgrund der einzuführenden Module in bezug auf Prüf-, Nacharbeits-, Ausschuß-, und Garantiekosteneinsparung abgeschätzt und ermittelt. Von seiten der Programmierabteilung wird die Erstellung der einzelnen Masken, Datenbanken und der Testphase (ca. 40 % des Gesamtaufwandes) bewertet. Bei erfolgreicher Wirtschaftlichkeitsbetrachtung steht der Realisierung dann nichts mehr im Wege.

Am Schluß der Programmierung und Testphase muß jede einzelne Bildschirmmaske hinsichtlich der erwarteten Funktionalität überprüft und freigegeben werden. Diese Abnahmephase wird sehr oft aufgrund von Zeitmangel übergangen. Insbesondere bei externen Programmen kann dies unter Umständen die Benutzung des gesamten Software-Paketes in Frage stellen, wenn einzelne Module zu fehlerhaften Ergebnissen kommen.

– *Typische Ausbaustufen*

Als erste weitere Ausbaustufe bei der Einführung eines CAQ-Systems ist das Lastenheft des Betreibers zu nennen. In diesem schreibt der Betreiber die Funktionalität, die er benötigt, in seiner heutigen CA-Umgebung nieder.

Weitere Ausbaustufen sind in Form eines Phasenkonzeptes möglich. Typische Phasenkonzepte für CAQ-Systemen sind:

1. Wareneingangsprüf-Modul,

2. Prüfmittelüberwachung,

3. Fertigungsprüf-Modul,

    – Prüfplanung,

    – Dynamisierung,

4. Montage-Modul,

5. Delddaten-Modul,

6. Qualitätsplanungsmodul,

   – Fehlermöglichkeit und Einflußanalyse,

   – Qualitätsmanagementhandbuch,

   – Ist-Datenbank.

Diese fünf Phasen, von Beginn bis zur vollständigen CAQ-Durchdringung, sind in der Praxis realistisch, da die Vernetzung der einzelnen Phasen nicht zu stark sind und somit eine Umsetzung zeitlich gestaffelt voneinander realisierbar ist.

Eine wichtige Stufe zum Schluß ist, eine Nachkalkulation der umgesetzten Funktionen durchzuführen. Daran ist festzustellen, wie gut oder schlecht die Schätzungen am Anfang waren. Auch ein eventuell notwendiger Nachbesserungsaufwand kann in dieser Betrachtung erkannt werden, um das gesteckte Ziel zu erreichen.

Als letzte dauernde Ausbaustufe, ist die permanente Wartung bzw. Anpassung des Systems an die veränderten Bedingungen zu erwähnen. Bereits bei der Realisierung sollte deshalb bereits großer Wert auf die schnelle und effektive Anpaßbarkeit der Systeme gelegt werden.

– *Trends*

Künftig werden die Bediener, Programmierer und Systemeinführer mit den Werkzeugen der Künstlicher Intelligenz, beispielsweise auf Basis von neuronalen Systemen oder der Fuzzy-Logik deutlich entlastet. Da neuronale Systeme, wie auch die Fuzzy-Logik, mit unscharfen Entscheidungen funktionieren können, – wie der Mensch übrigens auch – und in gewissem Maße lernfähig sind, ist hierin eine Hoffnung für Programmgeplagte zu sehen. Durch Prototyping der Programmodule und Tests in besseren Erprobungsumgebungen, ohne bereits den Gesamtumfang von Bildschirmmasken und Programmen festgelegt zu haben, ist in Zukunft mit einer stark verkürzten Abwicklung von der Idee bis zur Realisierung zu rechnen.

8 Trends, Ausblick und Grenzen für CAQ-Systeme

Rechnerunterstützung für die Qualitätssicherung und das Qualitätsmanagement darf auch künftig kein Selbstzweck sein und muß sich am Wandel und der Fortentwicklung folgender Einflußgrößen orientieren:

- Struktur und Organisation des Unternehmens,

- Qualitätssicherung und Qualitätsmanagement als Unternehmensaufgabe,

- TQM-Philosphie im Unternehmen,

- CIM- und Logistik-Systeme im Unternehmen,

- externe Beziehungen des Unternehmens, insbesondere hinsichtlich Kommunikation und

- Hard- und Software von CAQ.

Voraussagen für deutliche Entwicklungstrends zu diesen Kriterien zu treffen, ist wegen der derzeit instabilen Verhältnisse in großen Teilen der industriellen Welt schwierig. Seit dem Rückgang konjunktureller Zuwächse ist ein Umdenkprozeß in vielen Betrieben initiiert worden, der eine Abkehr von einer überzogenen Technik-Hörigkeit und von überbetonten zentralistischen Prinzipien zur Folge hatte. Einflüsse aus diesen neuen Bewertungsgrundlagen findet man in nahezu allen technischen Systemen sowie in vielen Bereichen der Unternehmensorganisation wieder. Unter Berücksichtigung dieser neuen Denkungsart sind folgende Trends wichtig:

8.1 Aspekte zur Struktur- und Organisationsentwicklung

Die Erfolge japanischer Unternehmen haben gezeigt, daß kleine, überschaubare Unternehmenseinheiten, auch wenn sie einem Konzern zugeordnet sind, hinsichtlich Kostenverantwortung und -minimierung, Flexibilität, Innovation und auch Qualitätserfüllung die besten Voraussetzungen bieten. Eine Unternehmensgröße von etwa 1000 bis 1500 Mitarbeitern gilt dabei als Obergrenze für effizientes Management mit unternehmerischem Handlungspotential. Wo dies räumlich, produktmäßig oder aus Gründen logistischer Überlegungen nicht gegeben ist, beginnt man derzeit, Leistungs- oder sogenannte Cost-Center mit weitgehend zugeordneter Kosten-Verantwortung und erweiterten Handlungsspielräumen für den Leistungs-Centerleiter einzurichten. Die sich hieraus für ein CAQ-System ergebenden Konsequenzen liegen auf der Hand:

– Nachweisbarkeit für die Wirtschaftlichkeit von CAQ-Systemen oder -Elementen hat die erste Priorität. Es gelten Kostengesichtspunkte vor technischer Perfektion.

– CAQ-Systeme müssen ein geeignetes Instrumentarium für Kostencontrolling beinhalten.

– CAQ-Systeme beschränken sich nicht allein auf das Leistungscenter, sondern dienen auch als Führungs- und Informationssystem für das konzern- bzw. unternehmensbezogene Qualitätsmanagement.

– *Aspekte zur Entwicklung des Qualitätssicherungssystems und des Qualitätssicherungsmanagements unter TQM-Zielen*

Der heute erkennbare Trend zur Auflösung tayloristischer Prinzipien und Übertragung der operativen Prüfaufgaben in den Bereich Eigenverantwortung und Selbstprüfung wird sich zunächst konsequent fortsetzen, solange die Herstellkosten aufgrund des Konkurrenzdrucks im Vordergrund stehen müssen.

Für Leistungscenter innerhalb eines Unternehmens oder Konzerns mit übertragener Qualitätsverantwortung für den eigenen Produktbereich steigt natürlich das Risiko im gemeinsamen Qualitätsverständnis bzw. im Spannungsdreieck: Menge – Termin – Qualität, die gleichen und richtigen qualitätsrelevanten Entscheidungen zu treffen. Hinzu kommt, daß die heutigen Aufgaben der Institution Qualitätssicherung in ihrem fachlichen Anspruch bei der gegebenen Komplexität der Produkte und Produktionsstrukturen zumindest nicht ohne gründliche Vorbereitung verlagert werden können.

Ein Unternehmensmodell sollte sich zweckmäßigerweise an folgenden Leitlinien für das Qualitätssicherungssystem orientieren:

– QS-Management – als Leitungsebene innerhalb der Institution der QS oder als Qualitätsverantwortliche in den Leistungscentern – werden von einem für das Gesamtprodukt verantwortlichen Qualitätssystem-Manager geführt, der der Geschäftsleitung direkt unterstehen sollte.

– Das Prinzip: Fehlerverhütung geht vor Fehlerbehebung ist konsequent umzusetzen. Daher werden, wie Bild 8-1 zeigt, die präventiven QS-Methoden und damit auch die entsprechenden CAQ-Tools enorm an Bedeutung gewinnen. Die CAQ-Elemente müssen für Simultaneous Engineering und Teamarbeit geeignet sein.

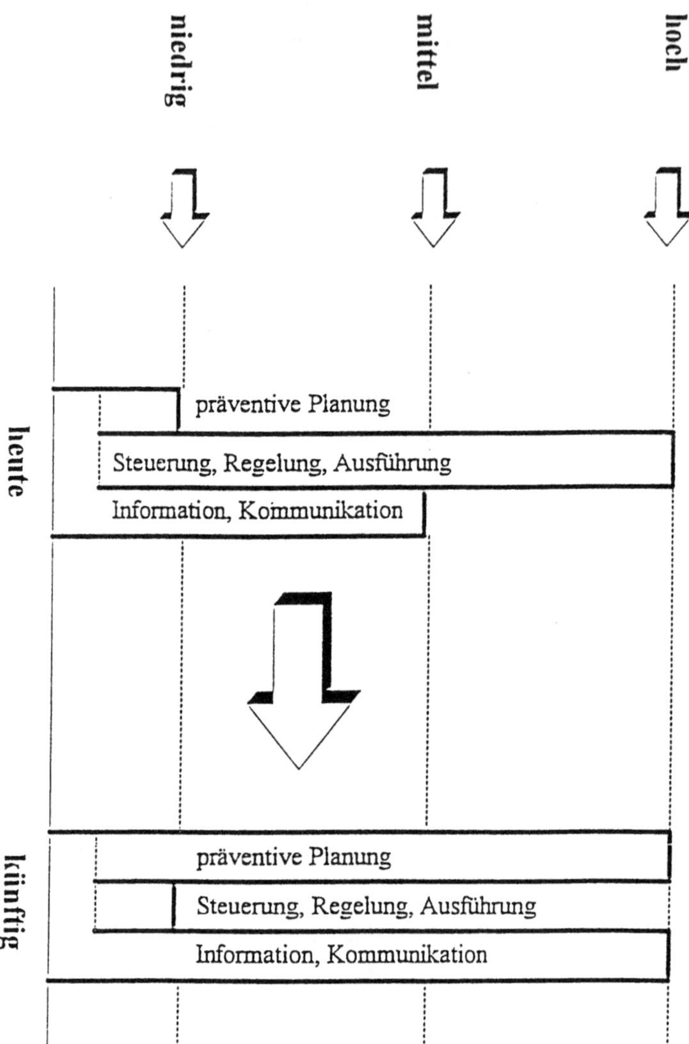

Bild 8-1 Bedeutung des präventiven Qualitätsmanagements

— In der Produktion ist das QS-System für die Teilequalität weitgehend auf Selbstprüfung und Überwachung durch die QS aufgebaut. Zweckmäßigerweise werden fachlich anspruchsvolle oder auch auf längerer Erfahrung oder Gewöhnung an Prüfbedingungen basierende Prüfaufgaben durch das QS-Personal ausgeführt. Dazu gehören beispielsweise: Meßtechnik, Prüfmittelüberwachung, Werkstoffprüfung, insbesondere Rißprüfung an Bauteilen, die nicht in Linien produziert werden. Die Überwachung durch die QS stützt sich auf eine kleine repräsentative Stichprobe oder ein Audit. Für die Stichprobe müssen die Vorgaben auf der Prüfgeschichte der Bauteile aufbauen, was zumeist nur mit DV-Unterstützung möglich ist. In Bild 8-2 ist beispielhaft ein Lösungskonzept für ein für Produktion und QS gemeinsam genutztes CAQ-System mit Prüfanweisungen im Arbeitsplan für die Selbstprüfung und Stichprobenplänen für die überwachende QS dargestellt.

- Im Unterschied zur Stichprobenüberwachung geht ein Audit von einem funktionierenden Qualitätssicherungssystem aus, so daß prinzipiell eine Auditvorgabe nur einen Zufallsgenerator benötigt.

- Das Auditsystem ist jedoch, wie Bild 8-3 zeigt, inzwischen für alle Elemente in der Produktentstehung notwendig und hinsichtlich der Auditergebnisse informationstechnisch einzubinden.

- Für die Großserienfertigung ist das kombinierte QS-System mit SPC in den Fertigungslinien und Audit-Haltepunkten in Produktlinien, Montageabschnitten oder Produktionsinseln vielfach bereits realisiert. CAQ-Unterstützung für SPC ist hier unverzichtbar, zumal sich die statistischen Methoden beispielsweise durch multivariate Analyseverfahren dauernd erweitern.

- Im Sinne des TQM-Gedankenguts ist dem Werkstattpersonal eine hohe Verantwortung zur Qualitätserfüllung und Mitgestaltung aller Prozesse zu übertragen. Dazu müssen die Voraussetzungen in umfassenden Schulungs- und Qualitätsförderungsprogrammen – auch im Sinne der Einrichtung eines Kontinuierlichen Verbesserungsprozesses (KVP) – geschaffen werden. Hierbei können CAQ-Elemente Arbeitserleichterung bringen.

CAQ-Systeme müssen sich diesen Trends in der Fortentwicklung von QS-Systemen anpassen. Auch die im folgenden aufgeführten beiden weiteren Schwerpunkte der Unternehmensentwicklung tangieren die Auswahl und den Betrieb von CAQ-Systemen.

8.2 Aspekte zur Logistik und künftigen CIM-Konzepten

Die Logistik hat in den letzten Jahren in den Betrieben einen deutlichen Einfluß auf das Auftragsgeschehen und die Kosten gewonnen. Ziel der Logistik ist es, Aufträge mit größtmöglicher Flexibilität und kürzester Durchlaufzeit zu niedrigsten Kosten im Betrieb abzuwickeln. CIM-Systeme unterstützten bisher diese komplexen Abläufe. Auf diesem Feld zeichnen sich folgende Entwicklungstrends ab:

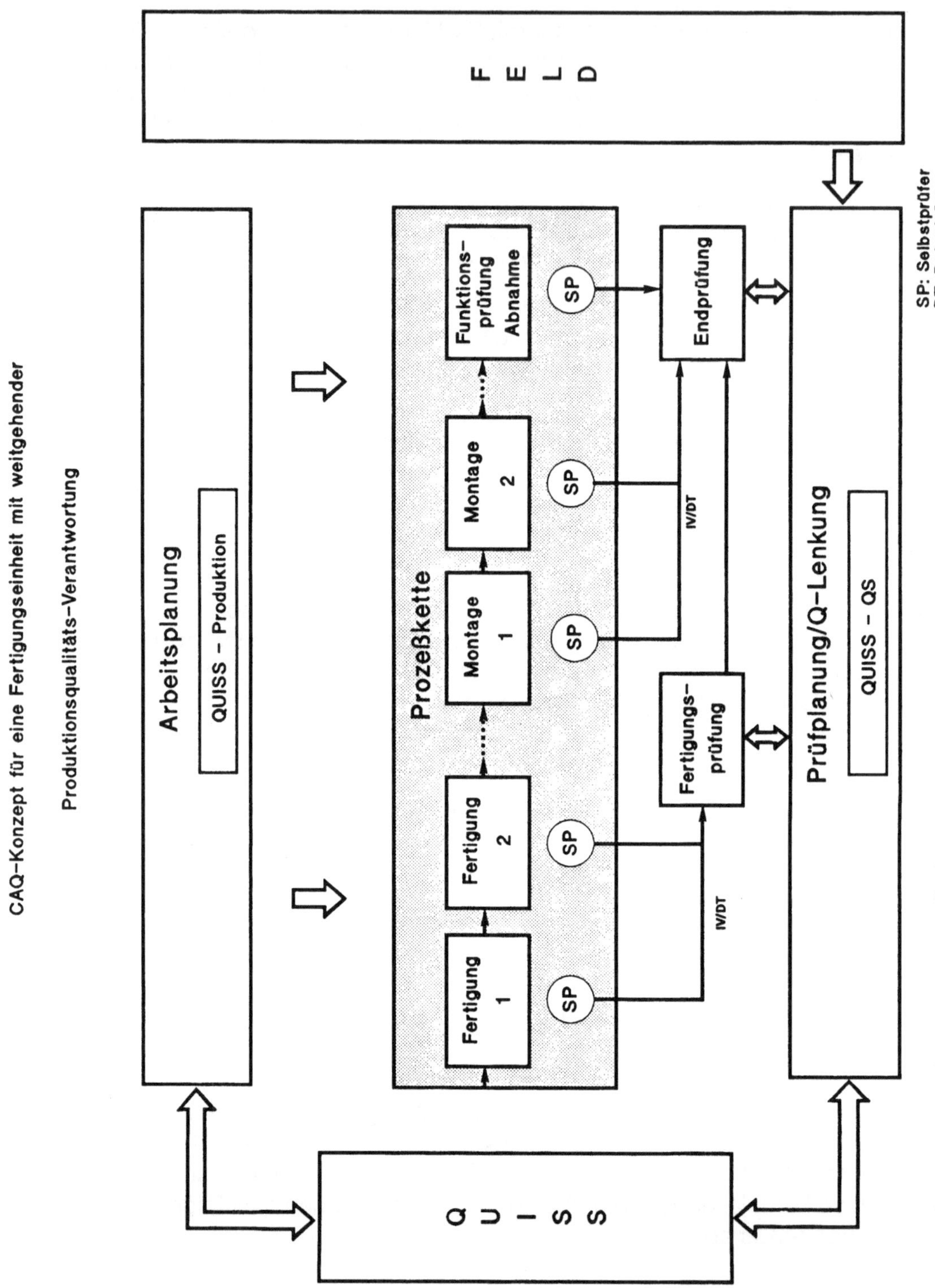

Bild 8-2 CAQ für die Prüfplanung und die Werkerselbstprüfung

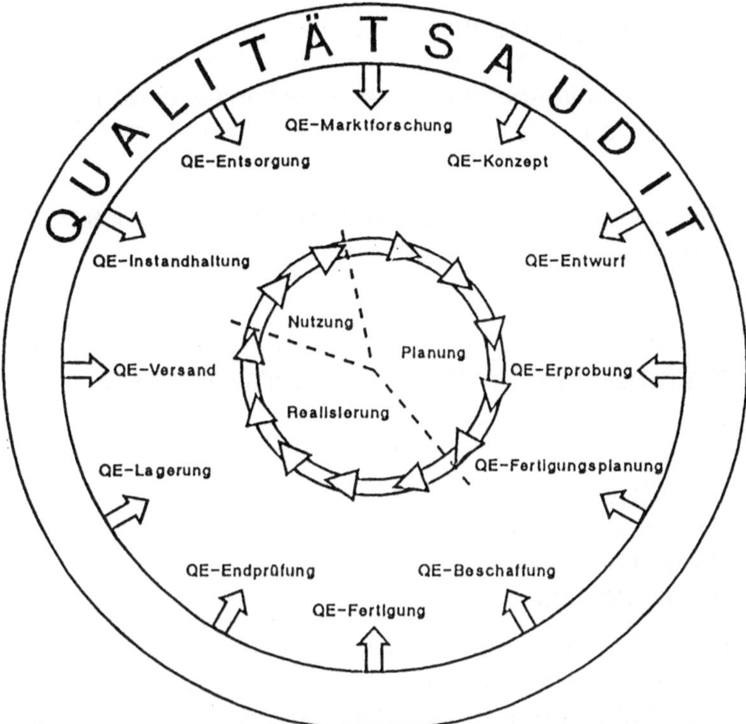

Bild 8-3 CAQ und Auditsysteme

- Voraussetzung für eine effiziente Logistik ist eine Produktbereinigung durch variantenbezogenes Vielfaltsmanagement. Dies setzt eine Variantenbeschränkung auf optimal in der Logistikstrecke produzierte Serienprodukte voraus. Wenn auch ein Ausrüstermarkt bedient werden soll, können gegebenenfalls parallel dazu die kundenspezifischen Varianten mit entsprechend höherer auftragsbezogener Kostenverrechnung hergestellt werden.

- Neuentwicklungen müssen wesentlich rascher – und auf die primären Kundenerwartungen abgestellt – in den Markt einfließen.

- Kürzeste Durchlaufzeiten eröffnen neue Kundenmärkte.

- Alle Prozesse im Ablauf der Produktentstehung und -fertigstellung ordnen sich prozeßkettenartig der Logistik unter. Dies gilt auch für Prüfprozesse und weitere QS-Aktivitäten.

- CIM-Systeme müssen sich ebenfalls der Neuausrichtung anpassen. Dies beginnt schon im Bereich der Zulieferungen. Es ist ein deutlicher Wandel zu geringeren Fertigungstiefen und Beschränkung auf wenige Hauptbauteile oder -komponenten zu beobachten. Diese Hauptbauteile werden in eigens dafür angelegten Fertigungseinheiten (Fertigungsinseln) produziert. Das CIM-System mit den steuernden und überwachenden Elementen wirkt als Dachstruktur über die weitgehend sich selbst organisierenden Fertigungseinheiten. Dies gilt auch für den Einsatz der technischen CA...x-Systeme.

Innerhalb der logistischen Gesamtkette müssen sich die CAQ-Bausteine oder auch ein integriertes Gesamtsystem an diesen Vorgaben orientieren.

8.3 Aspekte der Kommunikation des Unternehmens nach außen

Im Mittelpunkt aller Qualitätssicherungsstrategien steht der Kunde. Somit muß auch das CAQ-System der Zukunft darauf ausgerichtet sein. Die Notwendigkeit, CAQ in den externen Beziehungen des Unternehmens zu nutzen, wird aus Bild 8-4 deutlich erkennbar.

In dieser Darstellung sind die Funktionen der Qualitätslenkung im Rahmen der Prozeßkette der Produktentstehung als auch der Prozeßkette der Produktbetreuung visualisiert. Im Ablauf der Produktentstehung wird die Forderung nach Qualitätsdatentransfer im Rahmen des Simultaneous Engineering mit Lieferanten, der Qualitätsüberwachung von Zulieferungen und Zulieferern und der Abwicklung von Beanstandungen bei Zulieferungen immer zwingender. Dies gilt um so mehr, je stärker die *Globalisierung* von Produktionsstätten aus Gründen zu hoher Standortkosten und der Zuliefermärkte aus Preisgesichtspunkten oder der Notwendigkeit einer *Nationalisierung* voranschreitet. Im Bereich der Endprüfung/Abnahme können Kommunikation bzw. Datenaustausch zwischen Tochtergesellschaften, Großkunden, weltweiten Niederlassungen, Klassifikationsgesellschaften oder auch Genehmigungs-Behörden sinnvoll sein.

Für die rückführende Prozeßkette der Produktbetreuung ist die Kommunikation zum CAQ-System noch wichtiger – laufen doch hierüber auf schnellstem Wege die Beanstandungsmeldungen, Reparaturaufträge und gegebenenfalls aktionsorientiert die Fehlerabstellmaßnahmen ab. Für das Marketing bzw. den gesamten Vertriebsbereich bietet ein CAQ-System die Chance, alle qualitätsrelevanten Kundeninformationen für das Lastenheft und in der Entwicklung für das Pflichtenheft der folgenden Neuentwicklung zu berücksichtigen. Von der QS können rechnergestützt Fehleranalysen und -verdichtungen für die Fachstellen intern und extern für die betroffenen Lieferanten aufbereitet werden.

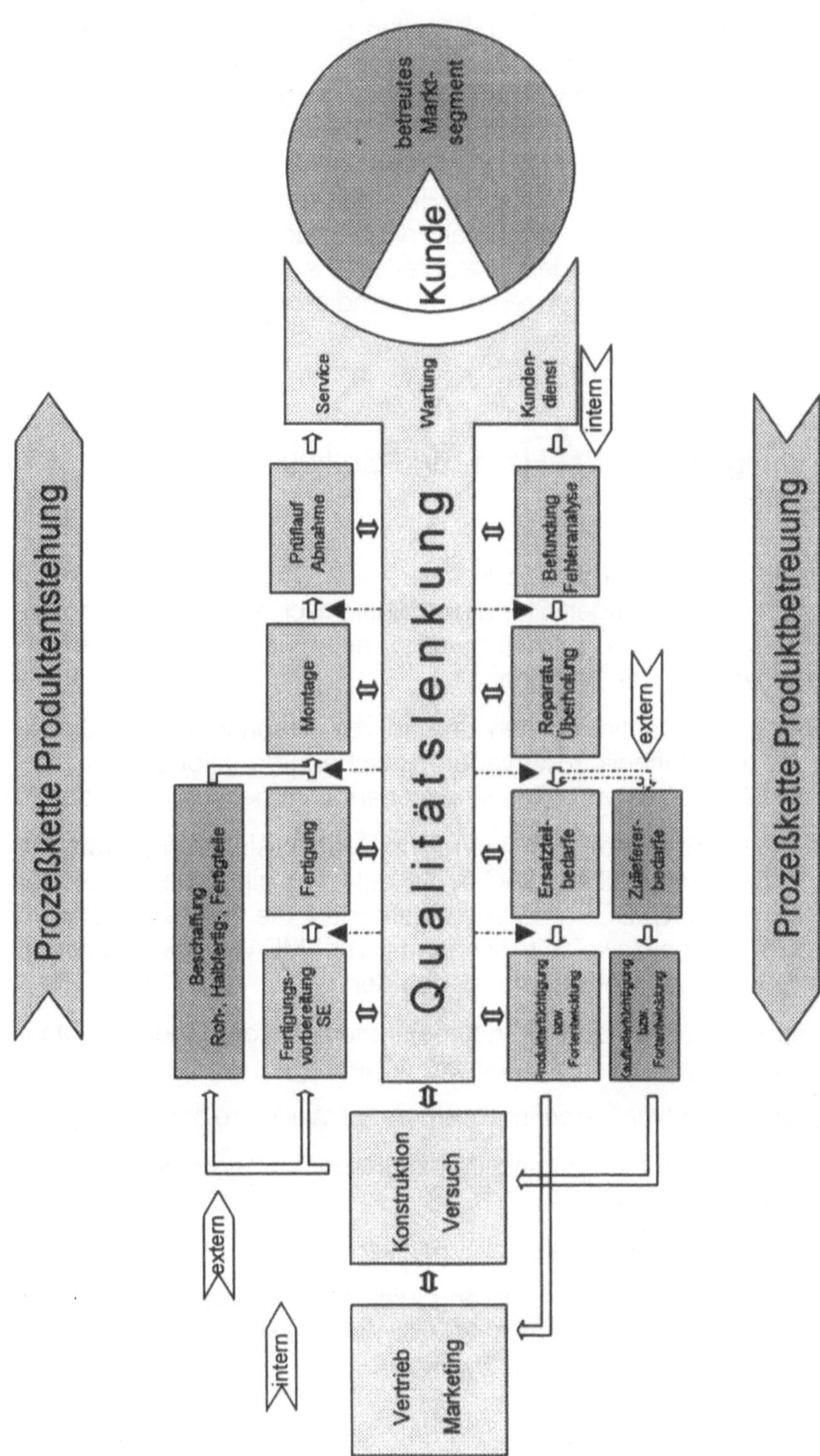

SE = Simultaneous Engineering

Bild 8-4 CAQ und die Einbeziehung der Kundenwünsche

Als Kommunikationsmittel mit externen Stellen bieten sich Rechnerkopplungen über Netzwerke oder Modem und weitere Mittel der Datenfernübertragung (DFÜ) an. Zunehmend werden solche Datentransferstrecken auch für Ferndiagnosen von beispielsweise vom Lieferanten des CAQ-Systems im Rahmen des Kundendienstes und der Fehlerabstellung genutzt. Ein weiteres interessantes Mittel für die QS ist die Bildübertragung, mit der Möglichkeit, objektivere Analysen im Expertenteam anhand der visualisierten Beanstandungen vornehmen zu können. Darunter sind auch die immer stärker sich etablierenden *Video-Konferenzen* mit ausländischen Kooperationspartner zu zählen.

8.4 Entwicklungstrends bei Hard- und Software für CAQ-Systeme

Da die Konzeptionen für Hard- und Software von CAQ-Systemen im Abschnitt 6 bereits für den heutigen Stand und hinsichtlich zu erwartender Weiterentwicklungen ausführlich diskutiert wurde, soll hier nur eine kurze Anmerkung zu dieser Thematik erfolgen.

Großes Entwicklungspotential für den Betrieb von integrierten CAQ-Systemen ist von der Netz-Technik zu erwarten. Rasche Informationsweitergabe und akzeptables Antwortzeitverhalten sind hier erste Verbesserungsansätze.

Betrachtet man die Software-Entwicklung für Qualitätssicherungssysteme, so stellt man immer ausgefeiltere CAQ-Tools fest. Dies gilt insbesondere für die Anwendung von SPC, DOE und auch Methoden, die auf Künstlicher Intelligenz basieren, beispielsweise wissensbasierte FMEA. Schwerpunkte in der Software-Entwicklung werden die Fragen der:

— Datensicherheit und Datenzuordnung im Rahmen der vorbeugenden Maßnahmen für Haftungsfälle und für Gütezertifzierungen,

— Lösung *chaotischer Meßfolgen* im Rahmen der Werkerselbstprüfung,

— Unterstützung von Schulungs- und Trainingsprogrammen in IV und fachlichen Problemfällen sowie

— Unterstützung von Problemlösungs-Techniken

sein. Auch die Fragen nach praktikablen Qualitätskennzahlen als auch die Bearbeitung von qualitätsbezogenen KVP-Daten müssen hinsichtlich DV-technischer Unterstützung noch behandelt werden.

– Grenzen von CAQ-Systemen

Wie bei jedem technischen System müssen auch bei CAQ Grenzen aufgezeigt und berücksichtigt werden. Besonders wichtig ist, folgendes zu betonen:

> Qualität wird in erster Linie durch den Menschen erbracht – die technischen Hilfsmittel, so auch CAQ, dienen lediglich der Unterstützung in der Ausführung bzw. zum Erreichen des Ziels.

Diesen Leitsatz sollten alle mit CAQ befaßten Menschen sich immer wieder neu vergegenwärtigen, damit die Gefahren von DV-Hörigkeit oder auch Entfremdung des Qualitätsgeschehens vermieden werden.

9 Verzeichnisse

9.1 Glossar

AA

Arbeitsausschuß

Audit

Beurteilung der Wirksamkeit eines QS-/QM-Systems oder seiner Elemente, der QS in einem Verfahrensablauf oder der Übereinstimmung der Qualität eines Produktes mit der Qualitätsforderung

Ausfallrate Z(t)

Anzahl der zu erwartenden Ausfälle pro Zeiteinheit

Ausfallwahrscheinlichkeit F(t):

Verteilungsfunktion der Lebensdauer t

AWF

Ausschuß für wirtschaftliche Fertigung

Badewannenkurve

Typischer Verlauf einer Ausfallratefunktion Z (t)

BDE

Betriebsdatenerfassung

Benchmarking

Vergleich der Leistungsfähigkeit mit den besten Wettbewerbern

CA...x-Techniken

Computer Aided ... = rechnerunterstützte Techniken

CAD

Computer Aided Design = rechnerunterstütztes Konstruieren

CAE

Computer Aided Engineering = rechnerunterstütztes Ingenieurwesen

CAM

Computer Aided Manufacturing = rechnerunterstützte Fertigung

CAP

Computer Aided Planning = rechnerunterstützte Arbeitsplanung

CAQ

Computer Aided Quality
Assurance/Management = rechnerunterstützte Qualitätssicherung/
Qualitätsmanagement

CIBO

Computerintegrierte Betriebsorganisation

CIM

Computer Integrated Manufacturing = rechnerintegrierte Produktion

CIQ

Computer Integrated Quality
Assurance/Management = rechnerintegrierte Qualitätssicherung/Qualitäts-
management

DFÜ

Datenfernübertragung

DOE

Design of Experiments = statistische Versuchsplanung zum Optimieren von
Prozessen

Feststellen der wesentlichen Einflußfaktoren. Daraus werden die Qualitätsmerkmale gezielt bestimmt. Es entstehen Versuchspläne, die sich mit gerin-
gem Kosten- und Sachaufwand nutzen lassen zur Optimierung

Dynamisierung

Prüfschärfen werden in Abhängigkeit der Meßergebnisse für die Folgelose
verändert

Dynamisierungstabelle

Algorithmus (Rechenmodell) für die Dynamisierung

EGMR

EG-Maschinenrichtlinie

EMV-R

Richtlinie zur Elektromagnetischen Verträglichkeit

Expertensystem

System, welches das Wissen und die Verknüpfungen (Regeln) der Experten
zur Problemlösung nutzt

FMEA

Failure Mode and Effects Analysis = Fehlermöglichkeits- und Einflußanalyse

FTA

Fault Tree Analysis = Fehlerbaumanalyse nach DIN 25424
Ermittlung der logischen Verknüpfungen von Komponenten- oder Teilsystem-
ausfällen, die zu einem unerwünschten Ereignis führen. Damit kann ein System hinsichtlich Betriebssicherheit beurteilt werden.

FUZZY Logik

unscharfe Logik

IPAS

Eigenname für ein rechnerunterstütztes System der Auftragsabwicklung bei
MTU Friedrichshafen

IDV

individuelle Datenverarbeitung

IV

Informationsverarbeitung

KVP

Kontinuierlicher Verbesserungsprozeß

Lean Techniken

Magertechniken
Neuorientierung zu schlanken Organisationsstrukturen, Techniken, Prozessen und Abläufen

Lebensdauer t

Zufallsgröße der Zeitspanne bis zum Ausfall der Einheit

MDT

Mean Down Time = mittlere Ausfalldauer

MIT-Studie

Studie des Massachussetts Institute of Technology über die Wirtschaftlichkeit, Konkurrenzsituation im internationalen Automobilbau

MODEM

Datenübertragungssystem mittels Modulator und Demodulator

MODOK

Eigenname für ein Felddatenverarbeitungssystem „Motordokumentation" der MTU Friedrichshafen

MTBF

Mean Time Between Failures = Mittlerer Ausfallabstand.
Hiermit ist die mittlere Zeit zwischen dem Eintreten von Fehlern als Information im Rahmen der Planung der Langzeitbewährung, Reparatur und Ersatzteilversorgung zu verstehen.

MTTF

Mean Time to Failure = mittlere Zeitdauer bis Fehler eintritt

NA

Nacharbeit

Neuronales Netz

Verknüpfungen von Elementen wie sie bei Neuronen im menschlichen Gehirn geschehen

NSpR

Niederspannungsrichtlinie

PPS-System

Produktions-Planungs- und Steuerungs-System

QE

Qualitäts-/Qualitätsmanagement-Element nach DIN EN ISO 9000 ff

QFD

Quality Function Deployment
Systematische und ganzheitliche Produkt- und Qualitätsplanung. Die Kundenanforderungen werden systematisch unter Berücksichtigung der Wettbewerbssituation und unter Beachtung von Qualitätsaspekten in technische Funktionen umgesetzt.

QDE

Qualitätsdatenerfassung

QM

Qualitätsmanagement

QMH

Qualitätsmanagement-Handbuch

QS

Qualitätssicherung

Qualitätshaus

Begriff aus dem QFD, der die Systematik zur Erfüllung der Kundenanforderungen beschreibt

QUISS

Eigenname für Qualitäts-Informations- und Steuerungssystem der MTU Friedrichshafen

REFA

Verband für Arbeitsstudien und Betriebsorganisation e.V., Darmstadt

SE

Simultaneous Engineering = Simultanes Entwickeln/Arbeitsvorbereitung

SEML

Simultaneous Engineering mit Lieferanten
Einbezug der Lieferanten in den SE-Prozeß für Kaufteile

SPC

Statistical Process Control = statistische Prozeßregelung
Möglichkeiten, den Fertigungsprozeß mittels statistischer Auswertung zu regeln unter Verwendung von Qualitätsregelkarten

Taylorismus

Nach Taylor benannte Methode der arbeitsteiligen Fertigung

TGA

Trägergemeinschaft für Akkreditierungswesen, Köln
Institution zur Akkreditierung von Zertifizierungsgesellschaften von QM-Systemen in Deutschland

TQM

Total Quality Management
Umfassendes Qualitätsmanagement über alle Stufen des Prozesses der Produktentstehung und unter Einbeziehung aller an den Prozessen beteiligten Mitarbeiter

Überlebenswahrscheinlichkeit R(E)

Komplement zur Ausfallwahrscheinlichkeit

VPS

Vertriebsplanungs-System

ZIS

Zuverlässigkeit/Instandhaltbarkeit/Sicherheit

9.2 Literatur

AEG: Produktinformation zu AEG-System „Audit".

Aubele P. und H. Lambert: Das CAQ-Konzept eines Automobil-Zulieferers. QZ 34, Heft 10, S. 544 - 548 (1989).

Aufbau von Qualitätssicherungssystemen in kleinen und mittleren Unternehmen. Herausgeber DGQ und VDMA Maschinenbau Verlag GmbH, Frankfurt (1992).

Bender, K.: Kommunikations- und Datenbanktechnik als Integrationsbasis für CAQ in CIM. Teil 1: Kommunikationstechnik. VDI-Berichte Nr. 929, S. 255-276 (1991).

Bläsing, J.P. und R. Göppel: CAD/CAQ-Kopplung – Prüfplanung mit CAD-Technik – Praxishandbuch Qualitätssicherung, Band 5, Baustein B4, gfmt (1/1989).

Bläsing, J.P.: CAQ-Qualitätssicherung unter CIM-Zielen. Vieweg-Verlag Braunschweig/Wiesbaden (1990).

Bläsing, J.P.: Ohne CIM-Konzept bleibt CAQ eine Insellösung. Kontrolle 3, S. 4 - 6 (1988).

Bläsing, J.P.: Praxishandbuch der Qualitätssicherung. Band 1 bis 5, gfmt-Verlag, München (1987).

Blödt, E. und J. Triemel: MTU – ein Unternehmen auf dem Weg zum CIM. Teil 4: die rechnerunterstützte Qualitätssicherung. Fortschrittliche Betriebsführung und Industrial Engineering, Heft 5, 10/1988, 37. Jahrgang S. 256 - 261.

Box, G. und W. Hunger: Statistik für Experimenters. John Wilay u. Sons, New York (1979).

Brunner, Franz, J.: Wirtschaftlichkeit industrieller Zuverlässigkeitssicherung. In der Reihe: Qualitäts- und Zuverlässigkeitsmanagement (Hrsg.: Brunner, Franz, J.): Vieweg Verlag; Wiesbaden (1992).

Bullinger, H.-J. und H.J. Warnecke: Objektorientierte Informationssysteme. Forschung und Praxis Band T22. Springer Verlag; Berlin, Heidelberg (1991).

Bullinger, H.-J. und H.J. Warnecke: Objektorientierte Informationssysteme – Forschung und Praxis. Band T22, Springer Verlag, Berlin, Heidelberg (1991).

Coenenberg, A. G. und Fischer, T.: Prozeßkostenrechnung – strategische Neuorientierung in der Kostenrechnung, Die Betriebswirtschaft (DBW) 51, Bd. 1, S. 21 - 38 (1991).

Computerintegrierte Betriebsorganisation (CIBO), REFA-Fachbuchreihe Betriebsorganisation. Carl Hanser Verlag, München (1993).

DGQ: Einführung in die Zuverlässigkeitssicherung. DGQ-Schrift 17 - 33, Beuth-Verlag, Berlin, 3. Auflage (1987).

DGQ/FQS: Rechnergestützte, wissensbasierte Erstellung von FMEA. DGQ-Schrift 85-02, Beuth-Verlag, Berlin (1994).

DGQ: Rechnerunterstützung in der Qualitätssicherung (CAQ). DGQ-Schrift 14-20.

Fendrich, J.C.: Die Bedeutung der psycho-sozialen Fakten für den Erfolg von Projektmanagement bei internen Technik-Projekten. Vortragsmanuskript zum Fachseminar „Erfolgsfaktoren von Logistikprojekten" am 27./28.11.1991, Frankfurt Institut for International Research (1991).

Gaster, D.: Produkt und Verfahrensaudit. DGQ-Schrift, Nr. 13 - 41 Beuth-Verlag, Berlin, 1. Auflage (1987).

Gaster, D.: Systemaudit – Die Beurteilung des QS-Systemes, DGQ-Schrift Nr. 12-63 Beuth-Verlag, Berlin 1. Auflage (1987).

Gesellschaft für Management-Methodik: SEP-Systematische Entscheidungsfindung und Problemlösung. Seminarunterlagen der Gesellschaft für Management-Methodik GmbH (GMM), Wiesbaden.

Gimpel, B.: Qualitätsoptimierte Prozesse. VDI Verlag, Düsseldorf (1991).

Hackstein, M.: CIM-Begriffe sind verwirrende Schlagwörter, die AWF-Empfehlung schafft Ordnung! Veröffentlichung des Forschungsinstituts für Rationalisierung an der RWTH Aachen, (1986).

Hartung, J., R. Elpelt und K. Klösener: Statistik – Lehr- und Handbuch der angewandten Statistik. R. Oldenbourg, Verlag München 6. Auflage (1987).

Hering, E., J. Triemel und H.P. Blank: Qualitätssicherung für Ingenieure. VDI-Verlag, Düsseldorf (1993).

Hering, E.: Qualitätssicherung im Klein- und Mittelbetrieb. VDI-Z 136/1994, S. 61 ff.

Hölterhoff, K, F. Oehmke und P. Zeller: Systematische Auswahl von CAQ-Systemen. Praxishandbuch Qualitätssicherung Band 5, Baustein C2, gfmt, (1/1989).

IBM: IBM-Bildungszentren Anwendungsmanagement 1990. SAA-AD/Cycle-Tagungsunterlagen, Berlin (1991).

IDOS: Produktinformation zu IDOS-Reklamationssystem.

Illik, J.A.: Unabhängigkeitserklärung der Software-Entwickler. Computerwoche S. 19/28 (1991).

ITEM: Grundlagen des Qualitätsmanagements. Kurs in Rorschach 11/1991, Seminarunterlagen.

John, B.: Statistische Verfahren für Technische Meßreihen. Carl Hanser Verlag München (1979).

Kastreuz, G.: Management von Qualität und Zuverlässigkeit in Einkauf. In der Reihe: Qualitäts- und Zuverlässigkeitsmanagement (Hrsg.: Brunner, Franz, J.): Vieweg Verlag; Wiesbaden (1994).

Kepner, C.H. und B.B. Tregoe: Entscheidungen richtig treffen. Verlag moderne Industrie, Landsberg (1985).

Klein, B. und F. Mannewitz: Statistische Tolerierung. In der Reihe: Qualitäts- und Zuverlässigkeitsmanagement (Hrsg.: Brunner, Franz, J.): Vieweg Verlag; Wiesbaden (1993).

Klüngel M.: Versuchsplanung nach Shainin. VDI Seminar Individuelle Versuchsmechanik. VDI Bildungswerk Düsseldorf (1990).

Kranich, G.: Prozeßsicherung in der mechanischen Fertigung. In der Reihe: Qualitäts- und Zuverlässigkeitsmanagement (Hrsg.: Brunner, Franz, J.): Vieweg Verlag; Wiesbaden (1994).

Krupp: Technische Mitteilungen Krupp Dezember (1993).

Kuhn, H.: Möglichkeiten und Grenzen der Taguchi-Methode. VDI Seminar 47-04-91, VDI Bildungswerk, Düsseldorf (1990).

Lange P.: Software-Entwicker greifen zur objektorientierten Programmierung. VDI-Nachrichten, S. 4, 10 (1991).

Masing, W.: Fehlleistungen sind vermeidbar. Produktionstechnisches Kolloquium Berlin 21. - 23.10.94.

Masing, W.: Handbuch Qualitätsmanagement. Carl Hanser Verlag, München/ Wien 3. Auflage (1994).

Mehdorn und Töpfer: TQM-Total Quality Management – Anforderungen und Umsetzung im Unternehmen. Luchterhand-Verlag, 2. Auflage (1993).

Mercedes Benz: IQ-Audit Systembeschreibung von Mercedes Benz.

Meyna, A.: Zuverlässigkeitsbewertung zukunftsorientierter Technologien. In der Reihe: Qualitäts- und Zuverlässigkeitsmanagement (Hrsg.: Brunner, Franz, J.): Vieweg Verlag; Wiesbaden (1994).

Minolta GmbH: Rechnerunterstützte Dokumentation des Qualitätssicherungssystems umspannt das gesamte Unternehmen. Veröffentlichung Minolta GmbH, Kontrolle 12 (1991) S. 18 ff.

Neipp, G.: Entwicklung maschinenbaulicher Produkte im Informationsverbund. Produktionstechnisches Kollegium Berlin S. 103-111 (1989).

Neipp, G.: Künstliche Intelligenz in der Produktion. gfmt-Verlag, Expertensysteme in der Produktion. München S. 58-111 (1987).

Oehmke, R., T. Zahner und K. Scheiber: Erfahrungsbericht dreier Auditoren über typische Schwächen bestehender QS-Systeme. Sonderteil in Hanser Fachzeitschriften, (April 1993), ZG 52/57.

Penz, T.: Ergebnisse einer Unternehmensbefragung zum Thema: Simultanes Qualitätsmanagement. IFA-Institut für Fabrikanlagen, Universität Hannover, (Sept. 1993).

Quentin, H.: Versuchsmethoden im Qualitäts-Engineering. In der Reihe: Qualitäts- und Zuverlässigkeitsmanagement (Hrsg.: Brunner, Franz, J.): Vieweg Verlag; Wiesbaden (1994).

Pfeifer, T. und N. Schmidt: CAQ-Komponenten und deren Integration im Unternehmen. VDI-Berichte Nr. 929, S. 177 - 197, (1991).

Pfeifer, T., Z. Spiekermann und T. Zenner: Konsequente Fehlervermeidung durch FMEA. QZ 39 (1994) 3, S. 285 - 293.

Pfeiffer, T.: Qualitätssicherung in der integrierten Produktion. Vortragsveröffentlichung anläßlich des Seminars: Rechnerunterstützte Qualitätssicherung der Gf QS im CIM-Center Aachen, Aachen 05./06.03.1991.

Porter, L.J. und P. Rayner: BS 5750/ISO 9000 – The experience of small and medium sized firms. International journal of Quality & Reliability Management, Vol. 8, No. 6, 1991, MCB University , Press S.16-28.

Q-DAS: Produkte und Schulungen Q-DAS Ausgabe 2 HJ (1993).

Q-DAS: Produkte und Schulungen. Q-DAS Ausgabe 2 HJ (1993).

Rechnerintegrierte Konstruktion und Produktion. Band 7, Qualitätssicherung. Herausgeber: VDI-Gemeinschaftsausschuß CIM, VDI-Gesellschaft Produktionstechnik (ADB). VDI-Verlag GmbH, Düsseldorf (1992).

Rohte, H. und C. Woldenga: CAQ mit multivarianten statistischen Methoden. QZ 39 (1994) 3, S. 274 - 278.

Rück, R., A. Stockert und F.-O. Vogel: CIM und Logistik im Unternehmen – Praxiserprobtes Gesamtkonzept für rechnerintegrierte Auftragsabwicklung. Carl Hanser Verlag, München, Wien (1992).

Schwenke, R.: Qualitätssicherungs-System planen, ausarbeiten, einführen, kontrollieren. Maschinenbau Verlag GmbH, Frankfurt (1991).

SIEMENS: Organisationsplanung. Herausgeber: Siemens AG. Siemens-Verlag, Berlin, München (1985).

Steinecke, V.: Das Lebensdauernetz – Erläuterung und Handhabung. DGQ-Schrift 17-25, Beuth-Verlag, Berlin, 2. Auflage (1979).

Taguchi, G.: Indroduction to Quality Engineering. Asia Productivity Organisation, Tokyo (1986).

Tönshoff, H.K. J. Büttner und K.R. Henning: CAQ-Systeme praxisgerecht auswählen. QZ 39 (1994) Heft 1, S. 53 - 56.

Triemel, J.: Erfahrungen bei der Einführung von CAQ bei einem Motorenhersteller. Vortragsveröffentlichungen zum Seminar: „Qualitätssicherung im Produktionsbetrieb". CIM-Fabrik Hannover, (1991).

Triemel, J.: Integration von CAQ-Komponenten in die CIM-Welt eines Motorenherstellers. VDI-Berichte Nr. 929, S. 209 - 231. VDI-Verlag (1991).

Triemel, J.: CAQ-Erfahrungen in einem Fertigungsbetrieb für Motoren. Vortragsveröffentlichungen zum Seminar: Rechnerunterstützte Qualitätssicherung. GfQS Aachen, (1991).

Triemel, J.: Integration von CAQ-Bausteinen in ein PPS-System. VDI-Bericht Nr. 826, S. 243 - 260. VDI-Verlag (1990).

VDA: Qualitätssicherung Systemaudit. VDA Schrift 6, (1991).

VDA: Sicherung der Qualität vor Serieneinsatz. VDA Schrift 4, 2. Auflage (1986).

Vorwerk, R.: Die Umsetzung objektorientierter Prinzipien in klassische Großrechnerumgebungen. Online-Kongreß, Hamburg 2 (1991).

Vorwerk, R.: Praktische Anwendungen objektorientierter Technologien in der Software-Entwicklung IAO-Forum am 27.11.1990. Springer Verlag; Heidelberg (1990).

Westkämper: Zertifizierung. Sonderteil in Carl Hanser Fachzeitschriften, April (1993).

Wiendahl, H.P. und T. Penz: Technisches und logistisches Qualitätsmanagement – eine Bestandsaufnahme in deutschen Unternehmen. FB/IE 43 (1994) 1, S. 26 - 31.

Wildemann, H.: Kosten- und Leistungsbeurteilung von Qualitätssicherungssysteme. Zeitschrift für Betriebswirtschaftslehre 7, S. 761-782, ZfB 62 (1992).

Womack, J.P., D.T. Jones und D. Roos: Die zweite Revolution in der Automobilindustrie-Konsequenzen aus der weltweiten Studie aus dem Massachussetts Institute of Technology (MIT). Originalausgabe: „The Machine that changed the world". New York, Rawson Associates 1990. Deutsche Ausgabe: Frankfurt, New York, Campus Verlag (1991).

9.3 Normen und Richtlinien

A: Normen zum Qualitätsmanagement – DIN EN ISO 9000 –

DIN EN ISO 9000-1:   Normen zum Qualitätsmanagement und zur Qualitätssicherung/QM-Darlegung
Teil 1: Leitfaden zur Auswahl und Anwendung
Beuth Verlag, Berlin, Köln; Ausgabe 8/1994

DIN EN ISO 9000-2:   Qualitätsmanagement- und Qualitätssicherungsnormen;
Allgemeiner Leitfaden zur Anwendung von ISO 9001, ISO 9002 und ISO 9003
Beuth Verlag, Berlin, Köln; Ausgabe 3/1992

DIN EN ISO 9000-3:   Qualitätsmanagement- und Qualitätssicherungsnormen;
Leitfaden für die Anwendung von ISO 9001 auf die Entwicklung, Lieferung und Wartung von Software
(dreisprachig deutsch, englisch, französisch)
Beuth Verlag, Berlin, Köln; Ausgabe 6/1992

DIN EN ISO 9000-4:   Normen zum Qualitätsmanagement und zur Darle-
                      gung von Qualitätsmanagementsystemen; Leitfaden
                      zum Management von Zuverlässigkeitsprogrammen
                      Beuth Verlag, Berlin, Köln; Ausgabe 6/1994

DIN EN ISO 9001:   Qualitätsmanagementsysteme, Modell zur Qualitäts-
                      sicherung/QM-Darlegung in Design/Entwicklung,
                      Produktion, Montage und Wartung
                      Beuth Verlag, Berlin, Köln; Ausgabe 8/1994

DIN EN ISO 9002:   Qualitätsmanagementsysteme, Modell zur Qualitäts-
                      sicherung/QM-Darlegung in Produktion, Montage
                      und Wartung
                      Beuth Verlag, Berlin, Köln; Ausgabe 8/1994

DIN EN ISO 9003:   Qualitätsmanagementsysteme, Modell zur Qualitäts-
                      sicherung/QM-Darlegung bei der Endprüfung
                      Beuth Verlag, Berlin Köln; Ausgabe 8/1994

DIN EN ISO 9004-1:   Qualitätsmanagement und Elemente eines Qualitäts-
                      managementsystems, Teil 1: Leitfaden
                      Beuth Verlag, Berlin, Köln; Ausgabe 8/1994

DIN EN ISO 9004-2:   Qualitätsmanagement und Elemente eines Qualitäts-
                      sicherungssystems, Leitfaden für Dienstleistungen
                      Beuth Verlag, Berlin, Köln; Ausgabe 6/1992

DIN EN ISO 9004-3:   Qualitätsmanagement und Elemente eines Qualitäts-
                      sicherungssystem; Leitfaden für Verfahrenstechni-
                      sche Produkte
                      Beuth Verlag, Berlin, Köln; Ausgabe 7/1992

DIN EN ISO 9004-4:   Qualitätsmanagement und Elemente eines Qualitäts-
                      sicherungssystems, Leitfaden für Qualitätsverbesse-
                      rung
                      Beuth Verlag, Berlin, Köln; Ausgabe 7/1992

DIN EN ISO 9004-7:   Qualitätsmanagement und Elemente eines Qualitäts-
                      managementsysteme; Leitfaden für Konfigurations-
                      managements
                      Beuth Verlag, Berlin, Köln; Ausgabe 12/1993

B Sonstige Normen zur Qualitätssicherung

DIN ISO 8402::   Qualitäts-Begriffe
                       Beuth Verlag; Berlin, Köln, Entwurf 1987

DIN 55350:   Begriffe der Qualitätssicherung und Statistik,
                       Grundbegriffe der Qualitätssicherung, Teil 11
                       Beuth Verlag; Berlin, Köln, Ausgabe 1987

DIN ISO 10011:   Leitfaden für das Audit von Qualitätssicherungssyste-
                       men
                       Beuth Verlag; Berlin, Köln, Entwurf 1990

DIN ISO 10012:   Forderungen an die Qualitätssicherung für Meßmit-
                       tel
                       Teil 1: Bestätigungssystem für Meßmittel
                       Beuth Verlag; Berlin, Köln, Ausgabe 1992

DIN EN 45012 :   Allgemeine Kriterien für Stellen, die Qualitätssiche-
                       rungssysteme zertifizieren.
                       Beuth Verlag; Berlin, Köln, Ausgabe 1990

KTA 1401:   Allgemeine Forderungen an die Qualitätssicherung
                       Carl Heymanns Verlag KG; Berlin, Köln, Ausgabe
                       1987

DIN 40041:   Zuverlässigkeit – Begriffe
                       Beuth Verlag, Berlin Ausgabe Dez. 1990

DIN 40042:   Zuverlässigkeit elektrischer Geräte, Anlagen und Sy-
                       steme – Begriffe
                       Beuth Verlag, Berlin, Köln; Vornorm Juni 1970
                       (in 3/1986 zurückgezogen)